LUMINAIRE

光启

守 望 思 想　　逐 光 启 航

An
Object
of
Seduction

Chinese Silk
in the Early Modern
Transpacific Trade
1500—1700

尤物

太平洋的丝绸全球史

段晓琳——著
柴梦原——译

上海人民出版社　LUMINAIRE BOOKS 光启书局

总 序

刘　东　刘迎胜

自石器时代人类散布于世界各地以来，由于地理和区隔的作用和自然禀赋的差异，不同人群沿着各自的社会轨迹运行，发展出不同的文明。

“丝绸之路”这个词背后所含的意义，主要是指近代以前各国、各民族间的跨文化交往。从地理上看，中国并非如其字面意义所表示的“天下之中”，而是僻处于旧大陆的东部，与世界其他主要文明中心，如环地中海地区与南亚次大陆相距非常遥远，在 20 世纪初人类发明航空器以前很长时期内，各国、各民族间的交往只有海陆两途。

讲起“丝绸之路”，很多读者也许会认为中国是当然的主人和中心。其实，有东就有西，既然讲交往，就有己方与对方之别，因此以“大秦”所代表的古希腊、罗马等东地中海世界，以印度所代表的佛教文明，以大食为代表的伊斯兰文明，在汉文语境中一直是古代东西远距离交流中主要的“西方”和“他者”。

“东方”与“西方”之间并非无人地带，沿陆路，若取道蒙古高原和欧亚草原，会途经各游牧部落和草原城镇，若择路沙漠绿洲，则须取径西域诸地、“胡”、“波斯”和“大食”等概念涵盖的中亚、西亚；而循走海路，则必航经南海、东南亚和北印度洋沿岸与海中名称各异的诸番国——它们不仅是东西交通的中继处，那里的人民本身也是跨文明交往的参与者。而东西交往的陆路（transcontinental routes）和海路（maritime routes）研究，正是我们这套丛书的主题。

东西交往研究关注的不仅是丝路的起点与终点，同时也涉及陆海沿线与之相联系的地区与民族。自司马迁编《史记》时撰《匈奴传》《朝鲜传》与《西南夷》之始，古代中国的史学就形成了将周边地区纳入历史书写的传统。同时，由于历史上的中国作为一个亚洲大国，其疆域北界朔漠以远，南邻东南亚与印度次大陆，西接内陆亚洲，因而依我们的眼界而论，汉文与边疆民族文字史料对丝路沿线地域的记载，既是“他者”性质的描述，在某种程度上也是一种“在地化”的史料。而地中海世界的文明古国希腊和罗马，以及中世纪的欧洲也与东方有着密切的联系，因而欧洲古典文明研究中原本就包含了对古波斯、埃及、红海与北印度洋以及中世纪中近东交往的探索。“文艺复兴”与“大航海”以后，随着殖民主义的扩张，欧洲人与东方的联系更为密切，“东方学”（Oriental Studies）也因之兴起。

记录东西交往的史料，以东方的汉文世界与西方的希腊、罗马（古典时期）和伊斯兰（中世纪）为大宗，还包括居于东西之间的粟特、突厥和蒙古等文字材料。进入20世纪，丝路沿线地区发现与发掘了许多古遗址，出土了大量文物与古文书。新材料的发现为丝路研究注入了新动力。20世纪后半叶以来，随着民族解放运动的发展，亚非国家学界对自身历史与文化的研究也发展起来，学者们通常将中国史料与西方史料视为“他者”视角的记载，在运用东、西史料时，则以“在地化”的视角加以解释。日本明治以后师法欧洲形成的“东洋学”，也是一种以“他者”视角为中心的学问，而与中国有所区别。所以从整体而言，东西交流史研究涉及地域广，时间跨度长，有关民族与语言各异，出版物众多，是其重要的特点。

20 世纪以来，在我国新史学形成的过程中，中西交流研究也有了长足的进步。有汇集汉文史料与将欧洲学者研究集中介绍入华者，如张星烺；有以译介欧洲汉学成果为主者，如冯承钧；有深入专题研究者，如向达。他们都是与西方学界有较密切关系的学者。而我国当代学界主流，迄今研究所据史料以汉文或边疆民族文献为主，受关注较多者基本为国内的遗址与文物，引述与参考的大致限于国内学术出版物的特点是明显的，换而言之，我们的话语多聚焦于东西交往的中国一端，对丝路沿线国家的史料、遗址、文物及研究团体和学者知之甚少，而对欧美日等发达国家同行的新近成果、研究进展以及学术动向也不够了解。这不仅与我国当今的国际地位不符，也不利于提升我国学术界在世界的话语权。因此东西文化交流的研究如欲进一步发展，就应花大气力填补知识盲点，不但要借鉴欧美日学术同行的成果，也需不断跟踪与了解丝路沿线国家的考古新发现与本地学者的研究。

我们希望通过这部丛书，逐步将国外与丝路研究有关的重要学术著述与史料引入国内，冀他山之石能化为探索未知和深化研究之利器，也相信将有助于我国学界拓宽视野，能促进新一代学人登上更高的台阶。

目录

中文版序

写这篇序的时候，我正在从西班牙回美国的飞机上，除了有不受干扰的七个小时之外，这段行程本身就给了我很多写序的契机。一方面，我和《尤物》的译者柴梦原终于见面了，从2020年他联系我，要翻译我的第一本书迄今已经四年，我们终于在收到《尤物》校样的第二周，在格拉纳达的一个工作坊里碰面，我得以当面致谢，也得以一起感佩出版社和编辑肖峰老师的效率。另一方面，这本书中的故事，可以追溯到另一段从西班牙到美洲的旅程，那就是西班牙人来到美洲的历史，西班牙人想在美洲推广蚕桑业，从而满足欧洲对中国丝绸的痴迷追求，他们更想通过美洲去寻找通往亚洲市场的航线，从而获得更多的瓷器丝绸。1571年，在这个航线终于建立之后，亚洲和美洲有了直接的联系，两地的丝绸生产有了交织，长达三个世纪之久的跨太平洋丝绸贸易开始了。

在写这本书的过程中，我往往惊叹于“没有人是一座孤岛”（no one is an island），着迷于不同地方千丝万缕的联系。诚然，人类的悲喜并不相通，但是人们和自然界的种种交换互动和此消彼长的关系却往往有可以相互印证的地方。墨西哥的印第安人用小刀从仙人掌上收割胭脂虫的身影和中国江南蚕桑期夙兴夜寐的蚕农身影逐渐重合。对不同的人来说，“全球”是完全不一样的概念，但是当漳州的文人热议各种海外珍奇的时候，他们大概能够理解那些在阿卡普尔科港口翘首期盼的西班牙商人——后者在等待一年一度到港的马尼拉帆船。不同文化总有着不同的时尚潮流，但是在16—17世纪的中国和墨西哥，人们却有着对于红色的一致追求，即便他们喜爱使用的染料大相径庭，但他们赋予红色的意义却在无形中契合了。

由于中国丝绸贸易，大批美洲白银流入明代中国，一部分被直接换成黄金带回美洲赚取差价，更多的则进入了福建商人的口袋，以及充实了明朝的军费。一同来到亚洲的还有新世界的作物，以及后来风靡全球的巧克力。西班牙的旅行者千里迢迢来到马尼拉，在写给国王的信中，他们探讨中国的政治历史，表达对神出鬼没的海盗的畏惧，商量如何才能更大限度地获利。亚洲的船员、商人和工匠也漂洋过海，被葡萄牙人从印度带去菲律宾的“中国姑娘”，搭上了马尼拉大帆船，到了墨西哥城，在民间故事的刻画中，她参与设计了墨西哥的国服。与此同时，信息和知识经历了大爆炸一样的发展和传播。很多面向普通人的技术性记录被保存了下来，比如蚕桑图民谣记载的浴蚕，墨西哥社区法典记载的散落在桑叶上的蚕，还有欧洲植物学家笔记本记录的不同桑树。在笔记、小说、游记、信件，还有许多地图中，知识发生了流转。

全球化经常伴随着国家之间的利益冲突。明代中国经常忧虑于海防的不稳定，希望能严密监控出海的船只数量，西班牙的王室则不断颁发禁止中国生丝进入墨西哥的法令，甚至进行一些突击检查来惩罚那些运输过量商品的船只。虽然两个国家对彼此都充满了怀疑，希望保持距离，但它们是历史中的难兄难弟。明朝不断重申的禁奢令和西班牙殖民地的卡斯塔画一样，都成为那个时代遍身罗绮的一个无奈注脚。

我们今天耳熟能详的很多政策、经济和社会发展，比如太平洋周边贸易、“一带一路”倡议，其实都由来已久，其中不仅有我们津津乐道的文化交流、发明、商业大发展，更有背后的困惑、挣扎、对本土传统的执着和对不确定性的适应。我们不禁要发问：全球化意味着什么？在全球化的进展中，个体之间的对话是创造性的还是误读的？个体和社会之间的对抗和消磨是否有更好的解决办法？当知识和信息开始呈现爆炸式积累的时候，原有的知识体系是否做好了包容的准备？也许更进一步，我们可以反思，何为国家的概念，何为市场的边界？时尚是什么，时尚的诱惑物究竟触碰了谁的利益，激发了谁的想象，以及造成了什么样的发展？在人和环境的不断拉锯中，我们对于异域的想象，对等级的挑战，对国家的归属，得到了怎样的展开和消亡？

这些问题是我一直在思考的。从十多年前我还没有决定选择历史专业的时候，钱穆先生在《国史大纲》中说的温情和敬意就给我带来了巨大的震撼。后来在北京大学几位先生的指引下，我读了《全球通史》，读了不同学者对中国史的解读，这种温情和敬意变得具象化，与个体命运和文化追求息息相关。而更多的问题来自我真正开始在跨文化的语境中研究、写作和教课。在美国研读特别是教授中国史，我总是感觉同时在被两方的文化和学术语境所加持和拉扯。这是一种幸运，也是一种挣扎。如何在讲述自我历史的同时保持局中人的温情和他者的敬意，是不断困扰但也启发着我的命题。从全球的视角看中国史，在某种程度上成为我能自洽的一种方式。我的第一本书是从地方研究的视角看宋代的西湖文化（中文版《西湖的诞生》，北京师范大学出版社即出），在求职的过程中，我学到了如何在大的背景下讲具体的故事，如何与研究古代地中海还有近代拉美史的同行对话。这个有些挣扎的过程让我学会了在全球史背景下类比，也让我接触了很多跨国别和跨时代的理论框架。做20世纪巴西国家公园历史研究的同事也许无法明白“浓妆淡抹总相宜”如何被不断地引用生发，但是他能理解凝视风景的意义，以及城市与自然之间的角力。做古罗马城市史研究的同事可能会觉得南宋的笔记传统令人困惑，但她能够明白我对水利治理的探讨。

这种不断的叙述和讲解让我总是不自觉地追问：在这个时间的另外一块大陆上发生了什么？海外访客对于中国的书写是什么样的？物质和视觉文化能给历史研究带来什么？这样的诉求让我注意到了植根在杭州的丝绸生产（在我写第一本书的时候，新的丝绸博物馆在杭州开放）和历史上东南沿海的外贸，更鼓励我设计了几门后来颇受欢迎的本科生课程，其中一门就是“全球史中的中国，1500—1800”。在准备这门课的时候，我和研究墨西哥史的同事聊天，他提到一个印第安社区给西班牙国王的请愿书，要求开始桑树种植和丝绸生产。这个契机让我开始关注墨西哥的桑树种植和中国丝绸消费。

讲一个能让不同文化和学术背景的人都感兴趣、都能找到共鸣的故事，是开始这本书的研究的初衷。我发现学生对于不同的桑树有浓厚的兴趣，做欧美史研究的同事对红色染料的不同也颇有兴致。在2019年的一次世界史会议之后，我被邀请拍摄一个关于宋代丝绸史的教学视频，再设计一份针对高中的教学材料。设计的过程让我发现有很多可以深入探讨的问题，也让我克服了研究者的写作困境（毕竟写讲义要比写论文的心理压力小一些）。对很多没有中国史甚至亚洲史背景的学生来讲，这种和美洲的联系让他们觉得中国史是亲切的、可以触摸的、多彩的。而对于我来讲，那些从前一知半解的太平洋地理、社区法典中使用的杂糅语言，还有美洲大陆复杂的种族体系也变得熟悉和生动起来。

我亚洲史课上的学生总是问为什么不能多讲一些东南亚历史，这些学生很多是在东南亚出生的华人，或者是对太平洋市场好奇的美国学生。我一方面解释学术界过去的局限和教科书的缺乏，还有我知识储备的限制，另一方面也在反思，为什么我们不能多讲讲东南亚的历史，毕竟在历史上这里的海域连接了全球的商品和好奇心，是个名副其实的外交舞台。就像当年的马尼拉在西班牙移民和中国移民之间寻求自己的认同一样，我的很多学生也在这个国际化的语境下寻求作为亚裔的认同，这样的认同在当今的美国政治环境下变得异常重要甚至生死攸关。通过具有温情和敬意的全球故事，也许我们能找到跨越时空的共鸣，今人不见古人月，今月曾经照古人。也许我们的某些伤怀能够被来自历史的共情所抚平，也许对于历史复杂性和移民普遍性的认识能让我们重新看待当今社会很多人为设置的界限。如果像我的学生说的那样，他们很高兴能在美国的文化中听到全球的和亚洲背景下的中国史，那么《尤物》这本书的抛砖引玉也许就获得了哪怕微不足道的现实和人文关怀的意义。

我后来在上海的大学讲了“全球史中的中国”这门课。这里有不一样的听众，但有同样的对于全球视角的兴趣。国际化的影响凸显了中国丝绸的重要意义，同时也折射出了国家和社会之间的碰撞和错位。来自欧洲和美洲的记载与图像也让我们习以为常的中国和中国商人的形象变得丰富立体。这种丰富滋养了温情，而宏观的讲述生发了对时空浩荡的敬意。

在写作的过程中，我第一次到了西班牙，在那次旅行中，塞维利亚港口的眺望塔和橘子树令我印象深刻。从这里出发的很多西班牙官员，最后被派到了亚洲，和中国的“常来人”还有菲律宾人分享兴建中的马尼拉；从这里出发的工匠，在墨西哥城等待加工来自中国的白色丝绸。这里的橘子反映了一方的风土，不仅产出了英国人喜欢的果酱，大概也激发了西班牙旅行者不厌其烦地记载各处沿海港口特产的兴致。从这里出发就如同从福建或者马尼拉出发一样，能讲出非常迷人的全球故事。从本科的课程开始，我的学术叙述一直希望能摆脱欧洲中心论，从欧洲中心到大分流和亚洲是世界市场的中心，再到如今的去中心化，我很高兴地意识到我已经不再谈欧洲而色变，而是把欧洲的航海家和商人看作故事的背景和参与者。在《尤物》这本书所讲述的故事中，漳州、马尼拉和墨西哥城都是新的中心、并存的中心。

开始研究这个题目的时候，我是不安的。我的学术训练背景是从宋朝到明朝的历史（中古中国），在海洋史专家面前我总是自惭形秽。我更不是墨西哥历史的专家，我只能借助字典缓慢地阅读西班牙的文献，我需要不断去和拉美史的同事确认基本的概念。我也不是以物质文化见长的艺术史家，他们对于图像和物品的见解经常让我望尘莫及。但国内外的很多学界朋友还有学生（对此我把致谢放在了英文版序里）鼓励我，说总不能写一本书要先追求完全掌握西班牙文、贯通拉美史，外加熟悉东南亚的历史地理吧，这本不是一个学者或者一本书能做到的。如果不敢尝试挑战这些国别史和学科界限，那真正意义上的全球故事从何谈起？后来听三联中读的公开课“从中国出发的全球史”，我得到了很多启发，产生了不少共鸣。我想，虽然一开始到达墨西哥的那些廉价中国丝绸因为粗糙和不合时宜而被质疑，但正是最开始的几船商品引出了之后那些精美的丝绸制品，以及恢弘的太平洋丝绸贸易。抛砖引玉，就正于方家，希望我在书中所尝试表达的温情和敬意能被看到，能有回响。

书中自然有疏漏瑕疵，我也把这项研究看作一个还在进展中的项目。今年（2024年）我在美国国家人文中心做研究员，开始研究一个有延续性的新题目“近代早期太平洋的三座城市：明朝与西班牙帝国之间的联系与冲突”，我选取了漳州、马尼拉和阿卡普尔科这三个案例，希望能深入探究太平洋贸易对港口城市空间和文化的影响。这个题目从物转向了人，但延续了我对地方研究和空间书写的兴趣。希望能借此在追求温情和敬意的路上再走远一点。

ix
致谢

2015年，为了准备参加次年召开的“衣冠天下：17至20世纪全球化时代的服饰文化、政治与经济”（Dressing the Global Bodies: Clothing Cultures, Politics, and Economics in Globalizing Era，1600-1900）会议，我开始研究跨太平洋贸易中的中国丝绸。对我而言，去阿尔伯塔大学（University of Alberta）参会，就像是坐上了时光机，让我回到中学时代在埃德蒙顿（Edmonton）参加的夏令营。在那为期四周的夏令营中，我对恐龙博物馆和阿尔伯塔大学印象深刻。在阿尔伯塔校园里的美好回忆，激励我在博士毕业前申请麦克塔格艺术馆（Mactaggart Art Collection）的策展人职位。虽说面试并不成功，但是这一经历激发了我对这座艺术馆藏品的浓厚兴趣。麦克塔格艺术馆应是北美最好的中国艺术收藏馆之一，并且一直因其丰富的纺织品收藏而闻名于世。在“衣冠天下”会议期间，我终于有机会参观这座艺术馆和安妮·兰伯特服饰与织物馆（Anne Lambert Clothing and Textiles Collection）。欣赏来自不同文明的织物、服饰和染料，无疑让我大开眼界。

通过这次大会，我对丝织品的方方面面有了切身的体会，产生了宝贵的灵感与思路，能够把最初有关中国与墨西哥殖民地丝绸的比较讨论扩展成更为全面的研究成果。我特别感谢玛丽·乔·梅恩斯（Mary Jo Maynes）、乔吉奥·列略（Giorgio Riello）、曾佩琳（Paola Zamperini），是他们鼓励我跨越认知边界，勇敢踏足历史、艺术史、文学与物质文化的领域，从而令我极大地开阔了自己的视野。

会议结束后，玛丽·乔邀请我参加 2017 年美国 18 世纪研究学会（American Society for Eighteenth-Century Studies）会议。会上，玛丽·乔关于欧洲丝绸生产的论文和王安（Ann Waltner）有关清朝《耕织图》的论文启发我将自己的研究课题置于更加全球化的话语体系中。莎拉·钱伯斯（Sarah Chambers）对我论文初稿的建 x
议，帮助我从拉丁美洲殖民历史的角度来构思这项研究。

同年，我和傅爽（Rebecca Fu Shuang）一起在亚洲研究学会（Association for Asian Studies）会议上组织了一次关于物质文化史的分会。会上，与谈人曾佩琳和主持人柯胡（Hugh Clark）提出了耐人寻味的问题，并且将每篇论文的核心串联了起来。“尤物”（Object of Seduction）原是傅爽起的分会主题，现在我借其一用，为本书命名。从那时起，我在 2016 年至 2020 年召开于伯克利、教堂山（Chapel Hill）、* 高点（High Point）、** 明尼阿波利斯、纽黑文和多伦多的多次会议上发表过本书的初稿。我想感谢在这些会议上向我提出建议的人，包括陈灵海、丹尼斯·O. 弗林（Dennis O. Flynn）、何安娜（Anne Gerritsen）、韩森（Valerie

---

* 教堂山，美国镇名，属于北卡罗来纳州奥兰治县，是北卡罗来纳大学教堂山分校的所在地。本书页下脚注均为译者注。

** 应指高点大学，位于北卡罗来纳州的私立大学。

Hansen)、黄士珊（Shih-shan Susan Huang）、林航、摩根·皮特尔卡（Morgan Pitelka）、张泰苏以及张婷。

我还非常感谢我在北卡罗来纳州立大学的同事们在“研究进展”例会上向我提出的问题，每一问都可谓发人深省。我特别感谢大卫·吉尔马丁（David Gillmartin）对我研究计划的建议、朱莉·梅尔（Julie Mell）对我文稿的评论，以及大卫·安巴拉斯（David Ambaras）、梅根·切利（Megan Cherry）、阿克拉姆·哈提尔（Akram Khater）、威尔·基尔默（Will Kilmer）和大卫·宗德曼（David Zonderman）向我提出的有关全球化的问题。我还要感谢我在伊隆大学（Elon University）的同事迈克尔·马修（Michael Matthew），以及写作小组的两位组员巴勃罗·塞利斯-卡斯蒂洛（Pablo Celis-Castillo）和阿丽拉·马库斯-塞尔斯（Ariela Marcus-Sells）。他们精读了我的文章，为我指明了一些新方向，并向我介绍了更多跨学科研究的方法。另一个写作小组中的成员 Wenjie Liao 和艾米·欧姬芙（Amy O’Keefe）也对我关于贸易与禁奢令的讨论提供了支持和建议。我还想感谢我的两位研究生哈基玛·哈里斯（Hakima Harris）和张展，他们帮我整理、翻译了西班牙文和中文资料。

在深入研究之时，我会定期向学生们分享自己的研究成果。我将他们的意见和建议纳入“给 21 世纪的历史”（History for the 21st Century）的课程之中，因为在我的心目中，学生们的想法颇有启发。我想感谢两位课程组织者史蒂夫·哈里斯（Steve Harris）和特雷弗·盖兹（Trevor R. Getz），他们后来邀请我为开放教育资源的世界历史项目制作一个关于丝绸史的视频。通过参与这些项目，我能够坚持站在读者、听众的角度来思考自己的研究。

本书的第一章最初发表在期刊《全球史评论》（*Global History Review*）上。非常感谢编辑乔瑜和各位审稿人的宝贵意见。我还要 xi
感谢"给 21 世纪的历史"项目、《全球史杂志》（*Journal of Global History*）以及《中世纪与近代研究杂志》（*Journal of Medieval and Early Modern Studies*）的审稿人，他们的意见促使我进一步深化研究、强化论点。

本书由伊隆大学的暑期研究基金、北卡罗来纳州立大学的青年教师发展奖（Junior Faculty Development Award），以及蒋经国基金会（Chiang Ching-Kuo Foundation）赞助完成。我也要感谢北卡罗来纳大学教堂山分校、东亚图书馆（East Asian Library）和卡罗来纳亚洲中心（Carolina Asia Center）给予的资源与支持。我还要感谢中国丝绸博物馆、大都会艺术博物馆（The Metropolitan Museum of Art）、丹佛艺术博物馆（Denver Art Museum）以及乔治·华盛顿大学纺织博物馆（George Washington University Textile Museum）许可我研究并使用它们的图片资料。当我在安东尼奥·拉蒂纺织中心（Antonio Ratti Textile Center）做研究时，大都会艺术博物馆的研究员与工作人员伊丽莎白·克里兰（Elizabeth Cleland）、朱利亚·奇奥斯特利尼（Giulia Chiostrini）和黄旼善（Minsun Hwang）为我仔细介绍了相关的织物藏品，并大方地向我提供了各类资料。

万分感谢本书稿最初的审稿人的细心与宝贵意见。我也要感谢瑞秋·施尼温德（Rachel Schneewind），她编辑了书稿，并提出了富有创见的建议。另外，能和莱克星顿出版社的埃里克·库恩兹曼（Eric Kuntzman）、凯西·贝杜恩（Kasey Beduhn）、玛丽·韦兰德（Mary Wheeland）以及其他工作人员共事，我感到十分荣幸。埃里克是第一个鼓励我将这份研究扩展成书的人，在我撰写书稿期间，他一直都对我鼎力支持。

最后，我深深地感激我的先生和孩子，他们坚定不移的支持，伴我度过了研究和写作中的艰难时刻。

段晓琳，于密歇根

2021 年 7 月

前 言

1573年，712匹中国丝绸由两艘马尼拉大帆船运抵墨西哥。* 虽说丝绸的国际贸易早已在古代欧亚丝绸之路和印度洋航线上出现，但这是中国丝绸首次经太平洋航线登陆美洲。[1] 这一贸易路线的构想对于总督马丁·恩里克·德·阿尔曼萨（Martín Enríquez de Almanza，1510—1583）而言太过新奇，他一度认为这些货物一文不值。[2] 当时，墨西哥正享受着本地丝绸业带来的丰厚利润，似乎没有空间容纳外来织物。然而，仅仅30年后，西班牙王室就因顾忌贸易争端，颁布了全面禁止中国丝绸进口的法令。在马尼拉帆船运送的各类织物之中，生丝与白色织物是最受欢迎的。

跨太平洋丝绸贸易的出现与快速发展，象征着全球商业网络的形成。与印度洋航路相比，太平洋航路的独特之处是将明代中国与西班牙帝国直接联系在了一起。中国与墨西哥之间的对比，揭示了许多令人意想不到的联系，包括蚕桑业的进步、丝绸时装

* 原文为 New Spain，即新西班牙，又称新西班牙总督辖区，是16—19世纪西班牙的殖民地，包括今墨西哥、中美洲、美国的加利福尼亚等多个州，以及亚洲的菲律宾等，首府在墨西哥城。考虑到本书探讨的“新西班牙”主要集中在后来独立为墨西哥的区域，为便于理解，经与作者相商，统一译为墨西哥。仅在指涉整个新西班牙辖区时译为新西班牙。

的流通，以及官方对丝织品的监管。两个遥远国度之间的联系与比较，引发了一系列新的问题：为什么中国的生丝与丝织品会在美洲市场流行？在应对全球贸易的浪潮时，中国和西班牙有什么异同？16、17世纪的全球世界，如何影响着这两个历史悠久的国度？

《尤物：太平洋的丝绸全球史》一书探讨了生丝与丝织品日益增长的需求和产量如何促进全球市场的扩大，并衍生出足以
2 挑战国家威权的商业力量。本书旨在说明，世界市场对丝绸需求的增加，一方面加快了中国和墨西哥的丝绸时尚与蚕业的同步发展，另一方面则促使两个国家产生外贸和阶级层面的争端。虽然国家仍然管制着丝绸，但由于对时尚的共同追求，丝织品的流通早已遍及全球。因此，即便是在不同的社会中，丝制品的消费也一样见证了市场价值体系的完善。生丝与丝织品成为“尤物”，使个人和社会在不断变化的时间和空间中找寻并重构自己的地位，从而逐渐摆脱国家的控制。

近代的全球化

如今，不论是个人还是集体，或多或少都会进行国际往来，并受到外来影响。然而，今天的全球体系，并不完全是现代的产物，也并非欧洲的探险成果。商品、原料、思想与人口的流通，代表了当代世界的形成要素。这些要素出现的时间，比我们想象的要早得多。在过去的20年内，一种“全球转向”（global turn）的论调改变了我们对历史的理解。全球化给民族和国家发展带

来了新的挑战，也让我们的生活日益国际化。越来越多的学者不再局限于现有的空间划分，而是放下成见，重新思考空间的形成，为学界构建了一个新的理论框架，吸引学者们重新审视“全球化”（globalization）与“本土化”（localization）之间的关系。历史学家何安娜在她最近对景德镇的研究中指明，全球史“重新定义了历史空间的范式，并涉及超越国界和地缘政治边界的研究方法”。[3] 理想的全球史研究，应当超越某地区或单一民族国家等已有的空间边界，从而认清不同边界之间诸多可能的变化。正是在这种全球转型之中，学者们注意到了远古时代、中世纪伊斯兰世界时期以及蒙古和平时期（*Pax Mongolica*）* 的跨国交流。不过，大多数人仍然认为哥伦布探险与15世纪达·伽马的航行才是全球往来的开端。[4]

然而，对于用“全球化”一词形容1500年至1800年的这段时期是否合理，历史学家们确实仍在争论。一些经济史学家， 3
如杰弗里·G. 威廉森（Jeffrey G. Williamson）和凯文·欧鲁尔克（Kevin O’Rourke），关注商品价格的趋同（convergence）过程，认为近代 ** 既没有出现具有竞争力的产业，也没有出现广泛的平民消费活动。[5] 但是，经济学家丹尼斯·O. 弗林和阿图罗·吉拉德斯（Arturo Giráldez）指出，16世纪中后期就已经出现了长久的全球贸易，并且“对所有贸易伙伴产生了深远持久的影响”。[6] 全

* 又称“蒙古治世”，用于描述蒙古人建立横跨亚欧大陆的统治后的相对和平时期。

** 原词为 early modern，在不同语境和文本中又译为“早期现代”或“早期近代”。本书将其译为“近代”，以对应中世纪与现代之间的过渡时期。

球化究竟是结果还是过程，是上述双方分歧的核心。我认为全球化的趋势最晚也应在 1500 年至 1700 年间形成，因此我同意后面两位学者的论点。[7] 跨太平洋的丝绸贸易说明，亚洲商品并非全都是没有竞争者的，中国和墨西哥的丝绸等高级织物都有众多买家。

在世界历史的进程中，1500 年至 1700 年的这段时期至关重要。“近代”（early modern）这一术语，通常用于指涉这一中世纪与现代的过渡时期。正如何安娜所说，这个时期是“经济、城市化、奢侈消费、社会流动、国际探索的推进以及对权威与传统观念的挑战的黄金时期”。[8] 具体而言，此前的人们需通过中间人来建立联系，而这一时期的人们则产生了一系列直接、频繁、规律的联系，从而赋予这一时期独有的特性。这时，“没有人是一座孤岛”不仅是一种哲思，更是对现状的准确描述。随着时间的推移，空前频繁的交流带来了空前广泛的物质交融（métissage）。这种交融超越了以往的“混杂”（mixing），它使得不同的文化元素相互碰撞，产生了新的社会机制与错综复杂的对比。

在讨论近代全球发展的过程中，总有一个“西方崛起”（Rise of the West）的神话，叙述着欧洲对世界的主宰。社会批评家、历史学家和经济学家试图说明欧洲文化与基因中的特殊性，衍生出了欧洲中心主义的观点。在宏观经济模型中，全球化创造了一个以欧洲为中心的世界体系；在政治整合模型中，欧洲国家确立了衡量所有政策的标准。[9] 欧洲的标准，看似成为全世界的标准。然而，这种以欧洲为中心的观点，歪曲了过去几个世纪复杂的全球史事件。政治史学家林恩·亨特（Lynn Hunt）批评了过去聚焦于宏观经济趋势的近代全球化论争。亨特提出，纠正错误的方法应是研究跨国互动，而非宏观过程（macro-processes）。全球化使得学者们有机会更进一步思考人与人之间的互动往来，并深入探索不同地域如何相互连接、相互依存，不再将欧洲模式假定 4
为现代化进程中的必经之路。[10]这种关注本土化的视角，极有助于思考不同文化、社会模式之间的交流，从而使人们更为关注全球间的联系。

彼得·科克兰尼斯（Peter Coclanis）等历史学家，对大西洋历史研究中的局限与偏见提出质疑，顺应了将欧洲“去中心化”（decentralize）的趋势。科克兰尼斯认为：“将视野牢牢限定在西方的历史研究方法，会迫使我们过度关注环大西洋地区，将西北欧与欧洲其他地区和整个亚欧大陆分割，这显然不合时宜。”[11]他提出，应将大西洋历史看作1500—1800年纷繁历史中的一个单元，并且他强调，东西方的贸易有着不少相同的机制，包括商业合同、贸易协会与专业市场。而正如科克兰尼斯所言，全球间的流通并不局限于贸易的各大方面，还一定会影响其他各种各样的交流，包括生物、科技、美学、宗教哲学等。

比较研究（comparative study）是研究全球联系的一个常用方法。帕特里克·奥布莱恩（Patrick O’Brien）、克里斯·威克汉姆（Chris Wickham）等学者指出，只有比较其他地域，才能深入了解此地的独特之处。[12]比较研究的方法需要衡量某些特定的方面，因此并非所有国家或地区都可以在同一维度上进行比较。因此，桑杰·苏布拉曼扬（Sanjay Subrahmanyam）等学者将兴趣点置于“关联”（connection）之上，并提出了“关联史”（connected history）的概念。[13]撰写关联史，意味着将不同的历史、文学资料关联起来，建构出一个全景式的、万花筒般的近代世界，在超地方性（Supra-local）的联系之中，强调不同历史视角之间的异同。[14]例如，历史学家乔吉奥·列略对于棉花的研究就展现了这种研究方法的强大潜力：关注某种商品，可以跨越时空，揭示出多样的联系。[15]物品与人类活动、动植物的互动，有助于深化我们对日新月异的环境和经济结构的理解。

受上述方法的启发，《尤物》一书将丝绸视为宏大的文化体系中的一部分，不仅关注商品本身的流通，还关注生产技术与设计的传播。无论是生产丝绸还是消费丝绸，都必须以全球视野进行研讨。因此，本书将以相互关联、比较的视角，去统一理解中国的社会转型对太平洋市场作出的贡献，以及中国与别国（尤其是墨西哥）的同步发展历程。一方面，我们要通过“关联史”来
5 观察、说明不同文化的不同特性，例如两国统治者对于发展蚕业的不同态度。另一更重要的方面，我们要明确近代全球化背景下不同体制共通的发展模式。本书所强调的这种模式之一，就是传统国家与地方社会之间的分歧。

对于承认近代全球化产生了深远影响的学者们来说，究竟是融合还是冲突产生了这样的影响，仍然存有争议。[16]有的学者着眼于价格的趋同，而另一些学者致力于说明全球化造成了越来越多的分歧。[17]若要理解这一方面，就一定要将全球化的多面性解释清楚。全球化的各个方面并非同步发展的：有些趋于融合统一，有些则趋于冲突对立。举例来说，早期的现代贸易产生了比以前丰厚得多的财富。然而，个体的财富管理受社会环境的

影响，与帝国的财富理想时而此呼彼应，时而各行其道。此外，对于不同的群体来说，“环球”（global）与“全球”（globe）有着不同的范围与深度。一个在中国东南地区向港口城市出售加工丝绸的商人，与一个每年穿越太平洋的西班牙水手对于“外界”（foreign world）的定义不甚相同。对前者来说，“全球”主要是指中国与东南亚的商业网络，对于后者来说，则包含了整个跨太平洋区域。而对于墨西哥瓦哈卡（Oaxaca）的本土蚕农来说，他们与欧洲传教士和来自墨西哥城的商人之间的往来，则是他们的“世界”。大西洋一带曾是他们全部的生活空间。《尤物》一书勾画了不同人群的“世界”，从不同的方面讲述了中国丝绸的全球故事，关注了不断开发的全球生态系统、蓬勃发展的跨国贸易、全球的消费行为以及诸国法律法规的调和。本书旨在说明，对于丝绸这一“尤物”的热爱既促进了不同社会的融合，也导致了国家之间的冲突。

不过，对全球的研究必须诠释复杂的地方特色，也必须利用地方史料。“全球”涵盖着历史上跨越边界的流动，而“地方”则代表了对于空间的界定。正如何安娜谈到的一样，这两方面都是空间建构中不可或缺的部分。只有将地方与全球视为同一发展过程中相互关联的部分时，我们才能“确定全球与地方之间的多段变化，突出全球化或本地化趋势的重要性，并看到这些发展中的不平等因素”。[18]一些研究成果讨论了蚕业在地方生产发展中的意义，比如社会史学家范金民和墨西哥殖民地史学者伍德 6
罗·波拉（Woodrow Borah）的作品；也有一些学者将丝绸视为全球商品，讨论其流通来路，包括贝弗利·勒米尔（Beverly Lemire）

和乔吉奥·列略等。[19]然而，只有把各种有关地方和全球、生产和消费、流通和监管的故事串联起来，我们才能充分认识到中国丝绸在16、17世纪的流动过程和流动机制。中国丝绸的贸易是很有意义的话题，既可以在全球语境中书写地方史，又可以以地方为基础来叙述全球故事。这一话题，展示了“全球”和“地方”是如何从属于同一个互动网络的。

太平洋贸易

对中国和墨西哥贸易路线的考察，促使人们关注太平洋而非大西洋或印度洋，因而扩展了当下学界对于近代全球化的探索。历史学家罗伯特·马克斯（Robert Marks）在他的著作《现代世界的起源》（*The Origins of the Modern World*）中提出，学者在思考世界史时，必须采用一种全球化的、多元的方法来理解世界的运作。[20]亚洲和美洲之间的商业往来，都是在两个地区的经济扩张时期出现的。在亚洲，中国商人对白银的需求，拉动了亚洲内部的商业和经济发展。此外，欧洲人对于亚洲商品的渴望，促成了太平洋贸易的建立和运作。实际上，欧洲和亚洲之间的贸易可以一直追溯到中世纪的陆上丝绸之路，以及近代兴盛的印度洋航线。

在贯穿印度洋的航线建立之后，欧洲各国的竞争便随之而来。在17世纪之前，葡萄牙人就已经控制了横跨印度洋通往中国的航路；随后，荷兰东印度公司（Dutch East India Company）在东南亚获得了垄断地位。因此，西班牙在亚洲市场只有一个选择，那就是先穿越大西洋，再穿越太平洋。西班牙人出于参与亚洲贸易的愿望，开始在加勒比海地区定居，首先于16世纪20年代征服了阿兹特克帝国，很快又在40年代横渡太平洋，并最终于70年代初在菲律宾建立据点。西班牙帝国在两大洋上的强力扩张，反映了其在亚洲站稳脚跟的强烈渴望。

对于太平洋贸易联系的研究，为有关全球化的讨论提供了独特的视角。首先，这些研究丰富了全球往来的故事，比如解释了
这一时期欧亚贸易利率的下降。[21]其次，这些研究揭示了美洲 7
消费和中国生产之间更为直接的关系。美洲不仅是新作物和白银的供应来源，也是丝绸生产、消费的新兴地区。同时，中国也成为全球贸易中积极参与的新成员，越来越多的商人和丝绸工人动身前往马尼拉，甚至更远的墨西哥城。[22]然而，这些研究多认为西班牙与美洲白银大范围流入中国是因为欧洲人对亚洲商品的热爱。这一观点虽然很有创见，但也有可能将中国生产置于被动地位，未能承认其在全球市场经济中主动扮演的重要角色。

再次，有关太平洋贸易的讨论，有助于我们仔细比较东西方的异同。多年来，学者们一直都在讨论究竟是哪些文化与社会因素导致亚洲和欧洲诸国在18世纪走上完全不同的道路。最近学者们认为有一个原因的可能性较大，那就是近代中国和欧洲列国持有不同的世界观。中国和其他的一些东亚、东南亚国家，曾通过以中国为中心的朝贡体系来处理国际关系。然而，欧洲与此相反。始于15世纪的探索时代，滋养了以自由贸易为核心的世界观，刺激着欧洲人向海外新大陆殖民。

朝贡体系与自由贸易之间的冲突，实质上是两类迥然不同的

文化体系和国际关系思维之间的矛盾。朝贡体系根植于儒家思想，是一种长期受朝廷扶持的人本宗教。儒家思想强调自我修养中的道德教化，重视各类关系运作中的正当秩序，比如对待家人、外人的不同方式，抑或进行治理、加强外交的不同方式。在朝贡体系下，上贡的外国使臣需要以一种臣服的姿态换取厚礼与政治庇护。尽管朝贡体系的运作并不总是符合史料记载，也并不能反映亚洲国家之间的真实关系，但朝贡网络的基础建设确实促成了近代跨国商贸的形成。相比之下，由于自由贸易能取得丰厚的商业利润，自由贸易的观念在多数欧洲国家生根发芽。此时，积累财富并用以保障战时援助的重商主义，成为一种影响深远的经济政策。商人们从不同地区获得货物，转手卖向欧洲或其他地区。美洲大陆的发现，为他们打开了更广的市场，带来了更多的资源，
8 进一步推动了重商主义的实施。相比之下，重商主义纯粹是追求利润，而保守的儒家思想却劝诫政府减少与商人的交集。

16、17 世纪新西班牙与亚洲的贸易关系并不是一个新的话题。历史学家威廉·苏尔兹是最早研究马尼拉帆船的学者之一。[23] 斯贝特（O. H. K. Spate）将马尼拉帆船放在整个近代太平洋的语境中，大大开阔了这一议题的视野。[24] 但直到最近几年，才有学者开始探索由这条商路联结起来的各个国家，比如中国与马尼拉等亚洲港口的联系，以及在更广大的商贸网络中出现的各类贸易活动。[25]

在墨西哥殖民地与中国历史这两个领域内，都有学者研究过整个太平洋范围内的各类往来。一方面，研究拉丁美洲与西班牙的学者，探索了跨太平洋商贸中的各种微观史（micro-history），

填补了我们的知识空白。有些学者使用近期挖掘出的考古材料，讨论了海洋贸易对伊比利亚世界的影响。[26]这些学者证实，西属美洲（Spanish America）消费模式的完善，对原本的都会（宗主）城市（Metropole）在殖民市场上的垄断地位造成了威胁。另一方面，中国历史学者主要关注政府的对外商贸政策，以探究数量巨大的海外丝绸贸易。[27]有关中国丝绸生产的研究，主要关注国内市场，很少涉及向美洲出口的情况。相较西属美洲的相关研究，有关海洋贸易对中国社会的影响的探索，仍有待深入。

因此，《尤物》一书旨在关注中国与墨西哥之间的互动关联。这项研究，需要我们重新思考这两个地区的观念与边界，尤其是那些在中国与西班牙两大帝国形成过程中起到关键作用的“核心—边缘”（center-periphery）关系。虽然这本书以关联史的眼光看待明代中国与墨西哥，但是其中的讨论却需要以中国丝绸的流行为出发点，将中国与墨西哥作对比，从而探讨中国丝绸如何应对全球市场。基于我的学术背景，我可以细读中国社会，在中国史研究的领域贡献力量。我尤其希望探究太平洋贸易的纽带，解释它如何重构中国东南地区的地方社会，从而在晚明社会、经济发展的议题下得出成果。有学者讨论过晚明因商业发展而出现的社会冲突与文化转型。[28]在这些冲突与转型中，很大一部分都直接或间接牵涉了海外市场。例如，尽管养蚕业在中国传统观念中一直都是女性活动，属于小农经济，但是全球的需求改造了中国南方的“桑基鱼塘”农业模式，刺激了养蚕业的商业化转型。 9
同时，与世界市场的关联产生带来了移民，促进了外国商品的买卖。在这一过程中，每当本地商人的势力加强，明朝的管控都会持续弱化。在墨西哥的国家与社会中，也有类似的规律。在说明中国社会的发展及其与墨西哥社会的关联时，我一直参考有关墨西哥的丝织工艺与欧洲丝绸业的学术著作。这样的对比研究使我能够从多个角度，用不同的侧重点，来研究丝绸在不同大洲之间的关联。

丝绸与着装

通常，白银是从美洲流向亚洲，丝绸和瓷器等货品则是从亚洲流向美洲。在跨境运输的过程中，各类货物有了新的意义，同时也带来了新的影响。丝绸因其珍贵、精致的特质和涨势稳健的交易量脱颖而出，构建了新的关系，开阔了近代人们的文化视野。自古以来，丝绸一直都是只有王公贵胄才能使用的稀缺品。丝绸精致的特性，在农业社会就代表着不需要工作的特权。

我们接下来主要谈的是中国生产的丝绸。早在公元前4000年，中国人就已发现用桑蚕纺出精致、圆润的茧丝的秘密。丝绸柔软、透明、轻盈、寿命很长，而且可以完美吸收染料，是优质的服装面料。作为一种官营产品，丝绸展现了各类社会角色及性别关系；作为一种商品，丝绸可以用作货币，既可用于购买土地和马匹，也可用来交税。所购买商品的价格，可用丝绸的长度作为计量单位。[29]同时，在纸张发明之前，丝绸也是书写和图绘的媒介。[30]此外，对丝绸加工的理解，很可能推动了人们发明使用植物纤维制造纸张的方法。

丝绸的流通，有赖于因丝绸贸易而得名的陆上丝绸之路。这一系列的商贸活动，使很多身处偏远地区的人有机会得到丝织品。中亚的丝绸生产始于2世纪和3世纪。3世纪初，波斯帝国开发出了丝绸业。到了6世纪，拜占庭帝国也开始生产丝绸。15 10
世纪中叶，意大利成为欧洲的丝绸生产中心，是最早拥有成熟丝绸工业的欧洲国家。[31]后来，丝绸织工们将这一技术传入西班牙、葡萄牙、法国以及其他欧洲国家。欧洲列国竭尽所能在本国改进丝绸工艺，以期将养蚕业带去它们的殖民地（特别是美洲）。

丝绸的力量在于它能够唤起人与人、人与自然之间错综复杂的关系。从养蚕到缫丝，再到纺线，复杂的工序使得丝织业招揽了大量从事技术（skilled）和半技术（semi-skilled）工作的劳动力。编织、漂白、染色和平压等技术，成为国家经济增长的重要推手。丝绸促进了技术的创新，催生了新的劳动组织。养蚕也因此成为重点产业，导致许多国家都期望拥有垄断蚕桑的权力。这不仅体现在税收结构上，也体现在有关丝绸穿搭的法律规定上。此外，国家还经常推动改进、保存和传承养蚕和纺织技术，是其中不可或缺的角色。

通过研究丝绸，我们可以更加清楚地看到全球联系的形式。正如很多学者所讨论的，丝绸（以及棉花）跨越并联结了国家和地区，促进了消费模式的形成，传播了科技，并加速了近代的移民热潮。[32]丝织业也推动了人与人之间的交流。人们所渴望的丝织品几无二致，都是轻盈、匀称、多彩的织物。在流通的过程中，丝绸成为文化品位和特殊设计的载体，将新的思想和美学概念输入不同的地区。对一些人来说，丝绸的普及动摇了他们的尊贵地位，丝绸的流通与新观念的变化和传播，使这些人深感不安。[33]

因此，全球化推动着丝绸的创新，丝绸也反过来推动着全球化的进程，这两者衍生了美感，影响了生活。与其断言丝绸走上平民化的道路，使平民百姓有机会参与高消费，不如说丝织品已然成为个人为自己发声、向国家表达诉求的媒介。丝绸买卖通常有特定的时间和地点，确定了全球交通网络中身份和欲望的形
11 成。此外，近代世界日新月异，研究丝绸的历史，有助于通过工作与消费情况了解当地人的社会地位。总的来说，丝绸可以为个人赋能；而生产、售卖丝绸，则使地方有了更多底气，去要求国家赋予地方更多的自治权和更高的地位。

服装看似只占据日常生活的一小部分，但是每种文化中的服装都有极强的视觉传播力。就像人类学家特伦斯·特纳（Terence Turner）所观察到的那样："无论身体的装饰和展示对于个人来说是多么无足轻重，它们对于文化而言都非同儿戏，这就是'严肃的生活'（de la vie sérieuse）。"[34]借助服装展现的视觉线索，人们互相"定位"，以此猜测他人的性别、社会地位、职业、种族或民族身份。作为人与人、人与社会沟通的媒介，服装的意义尤为显著。随着时间的推移，这种交流随着不断变化的政治环境、技术进步和社会规范而改变。历史学家杉浦三木（Miki Sugiura）指出，学界尚未在近代全球史的研究中将服装的重要作用置于核心地位；[35]在现有的学术成果中，对棉花的讨论要多于丝绸。这可能是由印度洋贸易（印度是棉花的主要出口国）和大西洋贸易长期占据研究中心所致。此外，棉花相对来说更容易为普通人

所接受，与印刷术等新技术更为匹配。但是，正如上文所讨论的那样，对于探讨养蚕业对自然环境与禁奢令的影响，丝绸提供了独一无二的视角。

在国际的舞台上，服饰既能将人们凝聚在一起，又能将人们分成不同的等级。艺术史家柯律格（Craig Clunas）就发现，无论是在中国还是欧洲，当平民不顾禁奢令的要求而沉迷奢侈织物时，官方都会有同样的不安感。[36] 明朝后期，从前受限于禁奢令的丝织品广受“侍女”的青睐，出现了新的消费模式。[37] 在16世纪丝绸生产刚出现、丝绸时尚从欧洲向外传播之时，同样的潮流还出现在美洲社会之中。越来越多的普通人对丝绸的使用，也激起了大量有关种族和身份的争论。

流动、传播与迁移

近代世界的交通网络是与其他基础设施同步建设的。这应归功于不断扩展的帝国行政机关与日益壮大的商业集团、运输网络
和区域交流。交通网络的建设，促进了人、事、物与思想的频繁 12
流动。越来越多的人接触到了更诱人、更新奇的事物。历史学家谢健（Jonathan Schlesinger）论证道，在18世纪的清朝，“即便从不外出旅行，四海之内的商品也唾手可得。普通消费者可以在市场上欣赏异域商品，而文人们则借用旅游指南、地方志、物质遗存和个人游记对其考究”。[38] 其实这一情况早在明末就已出现。人们生活在高度国际化的城市中，四处旅行，频繁购买外域商

品，学习外来思想，既增长了见识，也直接接触了世界贸易。

在这流动的图景之中，织工、商贩与顾客随处可见。对技工与商贾的日渐增长的需求，引来了越来越多的移民。受到高利润的诱惑，来自中国、西班牙等地的移民也参与了马尼拉的贸易。欧洲工人也前往墨西哥，为势头正盛的丝织业贡献力量。随着贸易的扩张，越来越多的人频繁穿梭于太平洋之上。其中有织工，有商人，也有在新大陆寻找商机的探路者。

知识与思想的传播也应运而生。正如科技史学者帕梅拉·史密斯（Pamela Smith）指出的那样，国际间的知识交流，影响到了人们对物质的运用以及对自然世界的理解。[39] 因此，旅行者们留下了大量的史料与地图。从 1500 年至 1800 年间的地图可以看出，贸易与流动，使得人类关于欧洲与亚洲的地理知识有了质的飞跃。[40]

若要充分了解马尼拉和人群的迁移，就必须先了解中国和墨西哥历史的基本情况。16、17 世纪，中国处在明王朝的统治之下，而墨西哥则受西班牙殖民。虽然无力深入探讨这两个国家的历史，但本书还是要先概述这两大帝国的行政管理、金融体系与外交关系的基本情况。

明朝简史

明朝（1368—1644）建立于元朝（1279—1368）末年的农民起义之中。明朝的开国皇帝朱元璋（1328—1398）出身于一个因瘟疫、干旱而失去土地的农家，为了生计成为佃农，四处漂泊。了解朱元璋的童年苦难，可以让我们更清楚地了解明朝法律法规的制定。他同情普通人，努力在农村创造田园诗般的生活。他也注重维护社会秩序，要求地方官与农村“长老”将新近颁布的法律条文传播到每座村庄。相比于官宦，他更信任农村中的“长老”。他斥责那些浪费钱财的高官，决意颁布禁奢法令，约束奢侈消费与公开晒富的行为。 13

明朝从一个迟滞老化的政权，逐渐进化成庞大的经济体。在王朝走出战乱的四五十年后，朱元璋重建农耕社会的愿景便不再现实。自 16 世纪开始，社会迅速走上商业化进程。人口倍增，四处流动。然而，后代帝王因循守旧，遵从先帝建设自给自足的小农经济社会的规划，导致政策无法变革，必然无法跟上商业发展的步伐。

最大规模的政策改革，是万历年间内阁首辅张居正（1525—1582）在 1581 年制定的税法“一条鞭法”。这一新税收系统，要求所有税款均以银两上交，直接加强了白银的流通在市场上的重要性。与此同时，大批农民选择种植经济作物，例如水果、烟草、茶叶和蔬菜。随着需求量的空前增长，白银在中国的价格近乎翻倍。外国商人发现，用白银购买中国商品更为便捷有利。中国商人还为了换取白银而开展丝绸外贸，以此缴纳基本税款。此外，在施行一条鞭法之时，混汞法（amalgamation technique）正好发端于墨西哥与秘鲁的银矿，这一法令直接增加了白银产量，促使白银流入中国。[41]

虽说此时的对外贸易尤为频繁，但明朝对海上贸易的态度仍然较为保守，最显著的一点就是1372年颁布的海禁政策。官方对于超越海岸线视域的海运的禁止，最终导致了15世纪海盗势力的抬头。不过，朱元璋的儿子永乐帝（1360—1424，1403—1424年在位）倒是展露出了对航海探索的强烈兴趣。在他的资助下，郑和（约1371—1433）七次下西洋，最远抵达了东非。不过，郑和的远航很快就因过高的花费等备受诟病，从而被迫中止，就连大多数航行记录也消失不见了。直到16世纪70年代，明朝才放宽政策，重启海上贸易。[42]

14 中文史料记载了丰富的海洋贸易信息。近来，明朝的海运状况也引起了学界的广泛关注。[43]历史学家萧婷（Angela Schottenhammer）指出，中国海原本只是区域性的“地中海”，却很快进化为远洋贸易的跳板和起点。[44]最晚到南宋时期，始于中国东南沿海的贸易路线就已经牢牢地融入了世界贸易体系。为了实现商贸目的，诸多国家的个人与集团在明朝的中国海域构建了紧密互通的海运网络。汉学家吉浦罗（Francois Gipouloux）最近探究了“亚洲地中海”（Asian Mediterranean）这一概念。他指出，东南亚和中国海域环太平洋地区的发展，得益于国家管制之外的稳定的经济与法律，同时也受益于活跃的商贾贸易网络，甚至受益于走私与海盗活动。[45]

海上商路的成熟，以及这种贸易给内陆经济与社会带来的影响，进一步强化了明朝文人在权衡国家尊崇的儒家思想与日益商业化的日常生活时产生的纠结情绪。社会与文化史学家卜正民（Timothy Brook）将这种纠结概括为“纵乐的困惑”（confusion of pleasure）：明朝文人一方面享受市场带来的乐趣，另一方面则对这种乐趣产生了诸多困惑，常常自我怀疑。柯律格还以“身份焦虑”（status anxiety）来描述晚明文人的这种困惑，因为他们不仅需要努力跨越科举考试的门槛，还要面临富豪新贵们带来的挑战。[46]单看国内的环境，虽说这两个世纪是中国历史上最具活力、最为欢愉的时期之一，但是其间也充满了紊乱与纠葛。全球各地之间的联系，将这样的困惑放大到了极致。

17世纪是人类历史中的一个“小冰川期”，不少国家都遇到了大大小小的危机。中国也从17世纪中叶开始经历了几番动荡。明朝政权随着王朝末年的农民起义而消亡，而来自东北方的满族人，在1636年建立了清朝，并在1644年入主中原。

新西班牙简史

近代的西班牙王室始终为了开采新资源而投入大量的人力、物力，不论是在美洲还是在菲律宾。[47]为了寻求财富、传播基督 15
教并探索未知之地，西班牙于15世纪末开始在新世界建起殖民地。16世纪中期，西班牙王室设立了两处总督辖区（Viceroyalty），其一是设立于1535年，于1565年至1821年掌握菲律宾直接治理权的新西班牙辖区，其二是设立于1542年的秘鲁辖区。新西班牙辖区的首府，是建立于墨西哥特诺奇蒂特兰（Mexico-Tenochtitlan）遗址上的墨西哥城。在辖区内，西班牙王室转化社会分层，强化殖民威权，借助外来资本与政策来管理市场，力图改变因淘金热而泛滥于整个加勒比地区的无政府状态。[48]

自16世纪中期开始，西班牙王室在殖民地的两项主要举措分别是增加王室收入、规范管理人民与物产的政策。与历史上的其他帝国一样，西班牙帝国也对原住民施行暴力镇压与和平谈判并举的手段，以此建立并巩固政权。这一帝国实际上是一个由政府资助的联合体和跨国组织，它意在保护并促进资源的流通，将贸易成本控制在合理范围内，并调解有关产业的争议和冲突。在新世界，西班牙委任当地的代表，保持对原住民的宗教与政治控制，以多层的权力结构来稳固统治。总督（Viceroy）可以直接向国王汇报情况，而在总督之下，则是由总督、总长官、法官以及其他官员组成的“听询会”（audiencias）法庭。这一法庭，主要处理王室事务。财政部门也发挥着重要作用，因为收入是王室最主要的关注点。殖民政府还建立了多种族、混种族的“卡斯塔”（casta）制度，试图区分殖民者与被殖民者，以及由于通婚而产生的不同群体。尽管这一系统详尽完备，但是实施起来却常常不尽人意。

西班牙帝国需要治理的另一大方面，是愈发令人瞩目的国内市场与跨殖民地贸易。与巴西或秘鲁不同，墨西哥同时横跨大西洋和太平洋文化圈。而菲律宾则是由墨西哥而非西班牙直接殖民和传教的。此外，还需要注意墨西哥作为殖民地的独立地位。因为它的经济较为独立，并始终尝试直接进入全球市场。

从有关贷款、商业与政治经济的论著、宣传册与札记可以看
16 出，16、17世纪王室的财政危机，迫使西班牙重视政治经济（表现为与高利贷、贸易和政治经济有关的条约、小册子、回忆录的大量出现），由此催生了殖民地的一系列财政危机。1557年，费

利佩二世（Philip II，1527—1598，1556—1598年在位）首度破产，为了筹集资金，他转而采取非常手段，例如征税、扣押美洲财产、变卖皇家特权与专利，以及外借高利贷。此时的王室既渴望稳固对于新世界领土的控制，又想放松管理权。而上述诸多手段，则让王室在二者之间游走。[49]此外，到了17世纪，大西洋贸易困难重重，变革之路已由此开始。墨西哥和秘鲁选择发展工业，丰富作物、扩张纺织业。正是因此，西班牙传统商品的需求量大不如前，致使白银流通日趋减少。[50]更让王室担忧的事还在后面：丝织业的竞争，进一步激化了本部与殖民地之间的矛盾。在这样的历史背景下，西班牙国王对其殖民地进口丝绸的顾忌也就说得通了。

研究材料与方法

《尤物》一书，比较了中国与墨西哥之间的异同，主要用了两种方法来呈现全球丝绸贸易的图景。第一种方法是细读那些在传统历史学中不受重视的文献。本国与全球市场的联系，往往并非近代历史著作的关注点，尤其是在本国统治者管制国际贸易的时候。近来学界多在探讨“文化转向”（cultural turn），这让我们了解到历史上诸多未尽言说之事。正因如此，本书深入讨论了中国的地方志、笔记、律法与小说，以及西班牙的政府信函、传教士与其他欧洲人的游记。诚然，大部分资料并未涉及太平洋贸易，但是它们起码揭示了中西两国内部因全球流通而产生的各种变化。

中国地方志记录了社会风俗，是不可忽视的中文文献。而说到西班牙语资料，我大量引用了一套55卷的一手文献合辑《1493—1803年的菲律宾群岛》（*The Philippine Islands 1493–1803*），借以讨论西班牙在菲律宾的殖民统治和马尼拉的大帆船贸易网络。然而，这两种文献都各有局限。前者受限于官方的视角，主要关注地方事务，而后者则是以包括西班牙在内的西方中心视
17 角，来看待菲律宾的殖民统治与跨太平洋贸易。因此，分析这些文献的写作意图，与探究其内容同等重要。此外，将太平洋贸易双方的文献进行联系与比较，也是一个关键步骤。

本书采用的第二种方法，是将贸易视为一种基础设施，考察其中的物质性，即分析丝绸商品的生产流程、供应关系和消费行为。这种方法，使我们能够评估丝织品的价值是如何在流通之中产生、积累的。从博物馆图录和艺术史家的讨论中可以看出，现存丝织品为设计与品味的交流互鉴提供了灵感。[51]考察这些物件，可以发现某物之所以全球通用，不仅是因为其可用性，更是因为其影响力。就像历史学家贝弗利·勒米尔所指出的那样，随着一代又一代人物质生活的变化，一种“物质全球主义”（material cosmopolitanism）从全新的贸易渠道之中演化而来。[52]学者们转而关注物质文化，随即发现了暗藏在文献中的信息，并探索了丝织品的多元性质，借此回溯了全球与地方的整体联系。[53]

在人类学家阿尔君·阿帕杜莱（Arjun Appadurai）编著了《物的社会生活》（*A Social Life of Things*）之后，各个领域都有学者转向对工艺品的研究。[54]近来，历史学家、人类学家、艺术

史家与其他领域的学者联袂探索物质文化，以此揭示现代工业之前社会吸引众人的特性。《尤物》意在跟随最近学界聚焦于“物质转向”（material turn）的研究趋势，着力论证社会经济阶层对消费、炫耀生丝与服装家居等织物的欲望，构建了丝绸的时尚。

本书架构

本书分为四章，分别从丝绸的生产、贸易、时尚和法规四大方面展开。本书各章反复以全球与地方的不同视角，突破地方边界的固化与全球史中的以偏概全问题。我将首先聚焦具体的地方，考察两个不同地区的丝绸生产状况，然后探索这两个地区是如何相互联系和竞争，并最终形成全球网络的。在下一章，则是谈到了全球市场对丝绸的需求，以及不同地区的特性与关联。而最后一章，则又是聚焦于地方，讨论了相关的法律管控以及两大
帝国应对全球变化的策略。每一章的讨论，都是以小观大、以大 18
观小：虽然既可能关注地方，亦可能关注全球，但是聚焦地方时不得不放眼全球，而放眼全球时则不得不反过来观照地方。

第一章讨论生产，主要探究全球的丝绸时尚如何影响人们对当地环境的利用，以及官方对人们日常生活的干预。通过阅读养蚕相关的文献，该章讨论了人们关于自然作物与环境的知识积累如何影响社会经济。该章特别关注中国的“桑基鱼塘”农业模式，并分析了墨西哥蚕业的崛起。对两种生态环境的比较，反映了人们如何利用自然环境、积累并传播专业知识，从而赶上了世

界潮流，并凸显了本土化的特点。通过使用专业技术来利用自然环境，蚕业吸引并强化了国家和个体劳动者的能力。

第二章聚焦于贸易，剖析了马尼拉贸易网的形成和运作机制，同时也探究了其对中国和墨西哥社会所产生的影响。实际上，跨太平洋的贸易网络未必总能得到明朝或西班牙王室的赞许，有时更是遭到明令禁止。太平洋两岸的中央与地方政府，以及地方精英之间，都在其中遭遇了各种各样的矛盾冲突。该章比较了两边官员与社会精英对贸易的矛盾态度。由于纸面上的贸易禁令和真实情况有着巨大鸿沟，因此中国和西班牙都对于频繁的走私活动忧心忡忡。全球市场之间的联结挑战了国家权威，从而反映出帝国对于当地社会的管控无能为力。

第三章关注时尚，主要聚焦几个崭新的、以丝绸业为核心的中国城市社会，透视其对奢侈品及异域风情（foreignness）的追捧。在墨西哥社会，也出现了相似的情况。该章特别关注红色的社会象征意义，并探讨了各式染料的使用方式。消费者群体的扩大，使得越来越多的人能够拥有丝绸，这一现象颠覆了以衣着展示社会地位的传统观念。该章指出，外国商品的广泛流通和人们对于外国商品的接受，对于时尚潮流的形成和传承起着关键作用。因此，丝绸时尚引发了人们对传统价值观的挑战和争议。近代社会文化的交流互鉴，催生了深度的文化融合。

19 第四章以法规为主题，探讨了中国与西班牙为维护阶级制度，不断发布的禁奢令。该章讨论了社会法律、消费行为与社会精英的议论，并比较分析了不同文化背景下的全球时尚风向如何反映在各自的法律体系中。虽然中国与西班牙的禁奢令本意相似，都是为了巩固社会地位，但是它们有着不同的受众与目的。中国的禁奢令着重于稳固社会阶级，并且更加关注道德精神。而西班牙的禁奢令则反复强调种族分别，并着力于稳固地方保护主义的运作。

本书的结语阐明，世界性的物质文化导致了全球范围内社会风俗的趋同和政府管理上的分歧。此外，结语还分析了近代丝绸贸易与当今太平洋世界的关联。

注释

[1] 彼得·弗兰科潘（Peter Frankopan）:《丝绸之路：一部全新的世界史》（*The Silk Roads: A New History of the World*）；李庆新：《海上丝绸之路》（*Maritime Silk Road*）。

[2] 苏尔兹（Lytle Wiilliam Schurz）:《马尼拉大帆船》（*The Manila Galleon*），第 72 页。

[3] 何安娜：《蓝白之城：中国瓷器与近代世界》（*The City of Blue and White: Chinese Porcelain and the Early Modern World*），第 7 页。

[4] 麦坎茨（Anne E.C. McCants）:《舶来品、大众消费与生活水准：思考近代世界的全球化》（"Exotic Goods, Popular Consumption, and the Standard of Living: Thinking about Globalization in the Early Modern World"），第 436 页。

[5] Kevin O'Rourke, Jeffrey G. Williamson, "When Did Globalisation Begin?"

[6] Dennis O. Flynn, Arturo Giráldez, "Path Dependence, Time Lags and the Birth of Globalization: A Critique of O'Rourke and Williamson," p.83.

[7] Jan de Vries, "The Limits of Globalization in the Early Modern World," pp.711–715.

[8] 何安娜：《蓝白之城：中国瓷器与近代世界》，第 7 页。

[9] 相关例子可见于沃勒斯坦（Immanuel Wallerstein）的《现代世界体系（第一卷）》（*The Modern World System I*）与《现代世界体系（第二卷）》（*The Modern World System II*）。

[10] 林恩·亨特：《全球时代的史学写作》（*Writing History in the Global Era*），第 59、69 页。

[11] Peter Coclanis, "Drang Nach Osten: Benard Bailyn, the World-island, and the Idea of Atlantic History," p.169; Peter Coclanis, "Atlantic World or Atlantic/World?" p.728.

[12] Patrick O'Brien, "Historiographical Traditions and Modern Imperatives for the

Restoration of Global History."

[13] 桑杰·苏布拉曼扬:《关联史: 重构近代欧亚之要》("Connected Histories: Notes Towards a Reconfiguration of Early Modern Eurasia")。

[14] 王苑菲(Wang Yuanfei):《从爪哇到摩鹿加》("From Java to Moluccas: A Comparative Study of Fletcher's Island Princess and Luo Maodeng's Eunuch Sanbao")。

[15] 乔吉奥·列略:《棉的全球史》(*Cotton: The Fabric That Made the Modern World*)。

[16] William E. Rees, "Globalization and Sustainability: Conflict or Convergence?"

[17] Pim de Zwart, "Globalization in the Early Modern Era: New Evidence from the Dutch-Asiatic Trade, c. 1600-1800."

[18] 何安娜:《蓝白之城: 中国瓷器与近代世界》, 第 7、216 页。

[19] 范金民:《衣被天下: 明清江南丝绸史研究》; Woodrow Borah, *Silk Raising in Colonial Mexico*; 贝弗利·勒米尔(Beverly Lemire)、列略:《东方与西方: 近代欧洲的纺织品与时尚》("East & West: Textiles and Fashion in Early Modern Europe")。

[20] Robert Marks, *The Origins of the Modern World.*

[21] Jan de Vries, "The Limits of Globalization in the Early Modern World," p.728.

[22] 欧阳泰(Tonio Andrade):《在枪炮、病菌与钢铁之外: 欧洲扩张与海上亚洲(1400—1750)》("Beyond Guns, Germs, and Steel: European Expansion and Maritime Asia, 1400-1750"), 第 170 页。

[23] 苏尔兹:《马尼拉大帆船》。

[24] O. H. K. Spate, *The Pacific Since Magellan.*

[25] 阿图罗·吉拉德斯(Arturo Giráldez):《贸易时代: 马尼拉大帆船与全球经济的开端》(*The Age of Trade: The Manila Galleons and the Dawn of the Global Economy*); 卢克·克洛西(Luke Clossey):《近代太平洋的商人、移民、传教士与全球化》("Merchants, Migrants, Missionaries, and Globalization in the Early-Modern Pacific")。

[26] 相关例子可见于 José Luis Gasch-Tomás, "Asian Silk, Porcelain and Material Culture in the Definition of Mexican and Andalusian Elites, c. 1565-1630"; José Luis Gasch-Tomás, *The Atlantic World and the Manila Galleons*; Dana Leibsohn, Meha Priyadarshini, "Transpacific: Beyond Silk and Silver"; Jr. Edward R. Slack, "Orientalizing New Spain: Perspectives on Asian Influence in Colonial Mexico"; Matthew F. Thomas, "Pacific Trade Winds: Towards a Global History of the Manila Galleon"。

[27] 类似事例可参见全汉昇《自明季至清中叶西属美洲的中国丝货贸易》、张铠《中国与西班牙关系史》。

[28] 卜正民:《挣扎的帝国: 元与明》(*The Troubled Empire: China in the Yuan and Ming Dynasties*)。

[29] 例如，一匹绢折合五百铜板，这是常用的货币。著名诗人白居易（772—846）曾撰诗描写宦官用绢买碳的情景。参见（唐）白居易《卖炭翁》，收录于《白氏长庆集》，卷四，页八（乙）。

[30] 古墓中曾有绢帛绘画出土。最重要的帛画出土于湖南长沙的马王堆，是描绘天界的图画。

[31] Luca Molá, *The Silk Industry of Renaissance Venice*.

[32] 列略：《纺织领域：全球与比较背景下的丝绸》（"Textile Spheres: Silk in a Global and Comparative Context"），第324—325页。亦可见于贝弗利·勒米尔、列略《东方与西方：近代欧洲的纺织品与时尚》。

[33] Amanda Philips, "The Localisation of the Global: Ottoman Silk Textiles and Markets, 1500-1790," p.122.

[34] Terence S. Turner, "The Social Skin."

[35] 杉浦三木：《导读：服装使用及其价值的全球研究（1700—2000）》（"Introduction: Towards Global Studies of Use and Value of Cloth/Clothing c. 1700-2000"），第6—17页。

[36] 柯律格：《长物：早期现代中国的物质文化与社会状况》（*Superfluous Things: Material Culture and Social Status in Early Modern China*）。

[37]（明）田艺衡：《留青日札》，卷一八八，页十四（乙）。

[38] 谢健：《帝国之裘：清朝的山珍、禁地以及自然边疆》（*A World Trimmed with Fur: Wild Things, Pristine Places, and the Natural Fringes of Qing Rule*），第11页。

[39] Elvira Vilches, *New World Gold: Cultural Anxiety and Monetary Disorder in Early Modern Spain*, p.15.

[40] Walter G. Oleksy, *Maps in History*.

[41] Nicholas A. Robins, Nicole A. Hagan, "Mercury Production and Use in Colonial Andean Silver Production: Emissions and Health Implications."

[42] 更多相关讨论可见于本书第二章。

[43] 参见陈博翼（Chen Bo-yi）《亚洲的地中海：前近代华人东南亚贸易组织研究评述》。有关中国与东南亚的关系史，可见于王添顺（Derek Thiam Soon Heng）《10至14世纪中国与马来西亚的贸易和外交》（*Sino-Malay Trade and Diplomacy from the Tenth through the Fourteenth Century*）。有关遗民的研究，可见于陈博翼《陆海无疆：会安、巴达维亚和马尼拉的闽南离散族群（1550—1850）》（"Beyond the Land and Sea: Diasporic South Fujianese in Hội An, Batavia, and Manila, 1550-1850"）。

[44] 萧婷：《世界历史上的"中国海"》（"The 'China Seas' in World History"）。

[45] 吉浦罗（Gipouloux François）：《亚洲的地中海：13至21世纪中国、日本与东

南亚的港口城市与贸易网络》(*The Asian Mediterranean: Port Cities and Trading Networks in China, Japan and South Asia, 13th–21st Century*)。

[46] 卜正民:《纵乐的困惑:明代的商业与文化》;柯律格:《长物:早期现代中国的物质文化与社会状况》。

[47] Molly A. Warsh, *American Baroque: Pearls and the Nature of Empire, 1492–1700*, p.82.

[48] Elvira Vilches, *New World Gold: Cultural Anxiety and Monetary Disorder in Early Modern Spain*, p.123.

[49] Molly A. Warsh, *American Baroque: Pearls and the Nature of Empire, 1492–1700*, p.83.

[50] Henry Kamen, *Golden Age Spain.*

[51] Donna Pierce, Ronald Y. Otsuka, *Asia & Spanish America: Trans-Pacific Artistic and Cultural Exchange, 1500–1850.*

[52] 贝弗利·勒米尔:《全球贸易与消费文化的演变》(*Global Trade and the Transformation of Consumer Cultures*),第 7、13 页。

[53] 勒米尔、列略编:《衣装天下:世界历史中服饰的政治权力》(*Dressing Global Bodies: The Political Power of Dress in World History*),第 4 页。

[54] Arjun Appadurai etc., *The Social Life of Things: Commodities in Cultural Perspective.*

第一章

生产：蚕业的发展与自然环境

虽然丝绸的生产史可以追溯到远古时代，但是丝绸业在世界范围内的扩张直到16世纪才在美洲真正启动。丝绸业的发展，一般都需要获得国家的支持；而作为一种劳动密集型产业，蚕业对自然环境和社会结构都产生了深远影响。本章探讨了风靡全球的丝绸如何影响人们对自然环境的利用，以及如何影响政府在日常生产生活中发挥的作用。有关蚕业对当地社会的影响以及政府在此过程中扮演的角色，都可以从现存的农书与地方史料中读到。 23

图1.1与图1.2分别取自1593年中国的雕版印刷书籍《便民图纂》和16世纪中期墨西哥瓦哈卡州米斯特卡高地（Mixteca Alta of Oaxaca）的圣·卡塔利纳·特乌巴社区（Santa Catalina Texupan community）留存的一部法典，即《西拉·特乌巴法典》（*Codex Sierra-Texupan*，下文简称《法典》）。这两份文献都描绘了养蚕过程中的重要步骤，并说明了养蚕为何在16世纪属于重要工种。虽然这两幅图在构图与刻画上风格迥异，但描绘的都是桑叶采摘。前者遵照了中国传统的诗画合璧模式，描绘了男人采摘桑叶、女人负责喂蚕的画面："男子园中去采桑，只因女子喂蚕忙。蚕要喂时桑要采，事项分管两相当。"[1]后者则是沿用了传统法典中横向记录的方式，描绘了一位"丝绸专家"（an alguacil）指导原住民用桑叶喂食棕榈篮中的蚕。这一文献如是记录："为了工作，

图 1.1 《采桑》

资料来源:《便民图纂》，卷一，页十下。

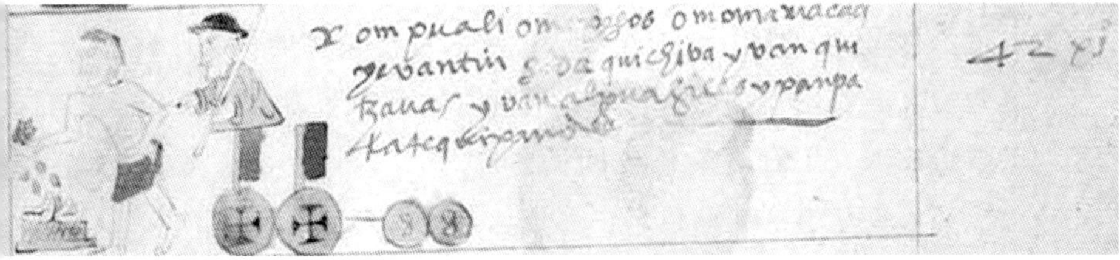

图 1.2　墨西哥丝工为蚕虫喂食桑叶

资料来源:《西拉·特乌巴法典》, 第 9 页。现藏于普埃布拉贝内梅里塔自治大学（Benemerita Autonomous University of Puebla）何塞·玛丽亚·拉弗拉瓜历史图书馆（José María Lafragua Historical Library）。

24–25 要分 42 比索（peso）给织工与专家。”[2] 这一记录，展现了养蚕过程中的“丝绸专家”和织工是如何分工的。

这两份文献都诞生于 17 世纪下半叶，反映了当时世界不同地区的普遍趋势，即政府为顺应全球纺织品市场的扩大而支持养蚕。丝绸生产推动了农业和城市经济的共同发展，使两者相辅相成。蚕虫和桑树的养殖一般都会在农村地区完成，而丝绸业的加工则需要在城市中进行。这两种业务为人们创造了大量的就业机会，并为国库增添了不菲收入。农村和城市之间的紧密联系，依赖于高效的物流运输和大批中间商。这种需求催生了重商主义的态度，促使政府大力推行丝织业，加快经济结构的优化。此外，这两份文献都附有插图，说明在这两个地区参与养蚕的不仅有受过教育的人，还有诸多不识字的普通劳力。人们不论文化水平怎样，都可以从书中获取信息，这也从侧面反映了丝织业的影响力日益扩大，受众也越来越广。

作为历史悠久的丝绸消费和供应国度，亚洲国家在 16 世纪踏入了商业化的新阶段。中国的丝绸生产受到全球市场的大力推动；日本和越南等国也发展了各自的丝绸产业，并出口产品到海外市场。同期，欧洲国家也积极推动国内丝织业的发展进程，并试图将相关技术带到各自的殖民地。马克辛·博格（Maxine Berg）提出，欧洲对亚洲商品的热衷，促使诸国将丝、棉等织物进行本土化改造。[3] 这一改造受到了“在西方制造东方”（making the East in the West）观念的影响，其目的是保护商业利益，并提升本国在全球市场上的地位。然而，改造织物所需的原料并非来自
26 欧洲，而是来自欧洲的殖民地。比如从印度进口棉花，在英国加

工；在美洲收获生丝，借此发展西班牙的丝织业。

当时的中国和墨西哥，分别处于蚕业发展中的不同阶段。正当中国丝织业走向成熟、供给全球之时，墨西哥的丝织业仍处于初级阶段，那里的人们仍在探索自然、种植香料，以此促进城市中的丝织业进步。丝绸制造与穿戴已经风靡于中国与墨西哥。对这两个地区的蚕业进行研究，我们可以揭示它们在利用自然资源、雇用全职劳工以及积累专业知识上的共同点。此外，对于自然环境的研究，有助于我们全面重建跨太平洋丝绸贸易的图景，探索全球贸易与当地环境之间的相互影响。环境史研究一定需要有国际视野。生态系统的整体连续性，意味着我们必须突破国家或社会的边界，构建全球环境史的框架。

下文的讨论将首先从介绍蚕业开始，着重解释养蚕种桑及其相关技术与基本知识。然后，我会聚焦于《耕织图》与“桑基鱼塘”模式，讨论明朝丝织业如何推动市场发展和国家规划。接下来，我将转而讨论墨西哥蚕业的兴起，分析蚕业如何促进原住民社群与殖民社会的融合共生。通过比较上述两个地区的生态系统，我们可以清晰地看到，对于自然环境的利用使全球时尚在各地生根发芽，并呈现出不同的地方特色。人与自然的关系影响了国家的发展，也直接关系到每一个劳工的生活。

蚕业与环境

蚕业是人类历史上最复杂的生产事业之一。蚕业首先需要培

养蚕虫、种植桑树，之后还需要抽丝剥茧，可谓耗时费力。蚕业的复杂特性，导致劳动者需要掌握并传播许多与种桑养蚕相关的
27 专业知识。每家每户的男女、小社群中的女性、养蚕人与丝工，以及商人与生产者，无不需要通力合作才能顺利养蚕。将蚕种变成五彩的织物，无疑需要多方的共同努力。

蚕虫

蚕虫的质量直接决定了丝绸的品相。因此，古人多将蚕虫视若珍宝，甚至作为他们的商业机密。据传，曾有两位和尚把蚕种藏在竹竿里，偷偷带出中国。[4]即便到了近几个世纪，越南人也为了防止欧洲人偷盗蚕种而将蚕种藏于隐秘之处，不让外人发现。[5]

养蚕全程都需悉心照看。在短暂的四至六天生命内，蚕蛾会产下300个至500个蚕种。蚕种孵化后，需要在特殊环境中向幼蚕喂食桑叶，持续一个月。温度、季节长度和桑叶质量直接影响到蚕虫的生长。由于蚕是冷血动物，因此其身体活动受到温度的很大影响。过大的温差对蚕的发育非常不利。理想的温度应在20摄氏度至28摄氏度之间，而最佳温度应是23摄氏度至28摄氏度之间。当温度达到30摄氏度，蚕的健康就会受到损害。相反，一旦低于20摄氏度，蚕就会活动不便，还容易染病。[6]为了给蚕提供健康的环境，明朝农学家宋应星提出，蚕室应是东南朝向，整体密封，覆以屋顶。在低温之时，人们还需要燃烧木炭为蚕虫保暖。[7]

几番蜕皮后，蚕会将自己裹在白色半透明的外衣之中。不过，蚕虫能否顺利成茧，还需要看温度和时间是否合适，进行精准的把控。在孵化和抽丝之间的一个月内，每过几个时辰就要喂

蚕，不论白天黑夜。在中国东部的湖州，人们会用草和树枝堆成小丘，让蚕爬至顶端，直接吐丝。蚕的每一个茧，都包含一缕长达数千尺长的丝线，而生产一磅蚕丝，则需要两千多只蚕。[8]

蚕虫对温度的敏感，解释了为什么蚕业只能在某些特定的地 28
方兴盛起来。包括中国江南地区、越南、墨西哥的瓦哈卡以及欧洲的威尼斯等在内的丝绸重点产地，都有着温暖潮湿的气候。因此，蚕业的全球化极大取决于地方的气候和土壤条件。

桑树

桑叶是蚕的主食，因此桑树的种植与蚕的生长紧密相关。对桑树而言，湿度至关重要，因为湿度决定了桑叶枯萎的速度。在干燥环境下，桑叶会迅速枯萎，阻碍蚕的喂食。然而，过于潮湿的空气也不利于保持桑叶的新鲜，比如雨季就会降低人们收割桑叶的效率。清初的一首歌谣说明了种桑养蚕的难点：

> 做天莫做四月天，蚕要温和麦要寒。秧要日时麻要雨，采桑娘子要晴干。[9]

这首诗说明，采摘桑叶需要干燥的天气，而养蚕则需要温暖的气候。欧洲的文学作品也提到种植桑叶需要小心谨慎。1581 年，意大利生物学家（养蚕专家）乔万尼·安德烈·柯苏乔（Giovanni Andrea Corsuccio）提出，雨季采桑，应将桑叶用纸包裹，置于壁炉旁烘干。有一位科学家莱万乔·达·曼托瓦诺·圭迪奇奥罗（Levantio da Mantovano Guidiciolo，活跃于 1565 年前后）发明了类似的方法，即将桑叶储存在大篮子中，以便远距离运输，这样空气流通顺畅，可让桑叶快速风干。[10]

人们对桑叶的需求量巨大。据估计，生产每磅生丝需要消耗 200 磅的桑叶。[11] 因此，当地蚕业的兴盛总是需要衡量桑树是否足量。很多农民因此放弃其他作物，转而种植桑树。法国国王就曾命令农民放弃种植传统农作物，改种桑树。但是这一命令遭到当地农民反对，因为桑树的生长周期过长，很难在北方生存。[12]

对于桑叶的大量需求，促进了人们对桑树品种的研究，因为人
29 们需要找到更多的本地桑叶来饲养蚕虫。到 17 世纪初，人们几乎已经找遍了所有的桑树，不论野生与否。1620 年，法国人约翰·博诺尔（John Bonoeil）在他的书中记录了三种不同的桑树，分别为黑桑（Morus Nigra）、白桑（Morus alba）和红桑（Morus Rubra）。[13] 这三种桑树特征相似，都有着相同的黄芯与类似的叶片。白桑源自中国，在中国使用广泛。黑桑原产于西亚，后来被引入欧洲。很多国家在采用白桑之前，早已用了几个世纪的黑桑。红桑在美洲较为常见，但蚕虫通常不吃这类桑叶。桑树的不同特性，带动了蚕业在新大陆的推广，并导致了亚洲和美洲产丝绸在质量上的差异。[14]

振兴蚕业，离不开人们在种植桑树上花的功夫。宋应星就介绍过不少种植桑树的方法，即遏制桑树开花结果，使桑叶得到百分之百的养分。另有一个妙法，即下压桑枝，埋到地下。如此一来，地上的枝丫就会长出新的桑树，桑叶即可不停产出。这种方法可以在保护树木的基础上使桑叶生产效益最大化。[15]

生丝加工

在抽丝剥茧之前，需预留一周时间完成纺丝。中国织工往往将蚕茧放入热水，烫死蚕虫，放松丝线，让蚕茧浮于水面。其他地区的工人大多不知道这一步骤，一般都是直接抽丝。将丝线同时从几个蚕茧上抽下，可编成强韧的丝线。如果需要更结实的经线，就需要将多根单丝捻到纺纱机之上，之后再将丝线绕在转轮上进行编织。准备织造时，需要把经线平铺、卷起。在生丝处理完毕之后，织工需将丝线放在织机上织造。经线必须平行放置，仔细包裹，防止丝线纠结不清（图 1.3）。[16] 纺丝的过程极其精工细作，不能含混过关。

欧洲丝绸编织的复杂工序赋予了工人较高的社会地位，使他们成为丝绸业的核心力量。不同国家都曾立法，防止有经验的丝绸 30–31
工人将独有技术泄露给竞争对手。为了争夺欧洲的织工，殖民地当局会花费大量金钱。[17] 织工之间的协作也推动了丝绸商会的壮大，他们为了经济利益联合起来，加快完成城市消费者的海量订单。[18] 不同国家之间的竞争，进一步推动了织机的改进和创新，这主要有两方面的原因。其一是为了节约人力，其二则是为了吸引更多消费者而创新设计。

农学论著

桑树和蚕虫复杂的种植、养殖以及织工间的协作，催生了各类农学指南。编纂这些指南，主要就是因为国家对蚕业的推广、社会对这项农事的重视、农学家和地主对于先进技术的渴求，以

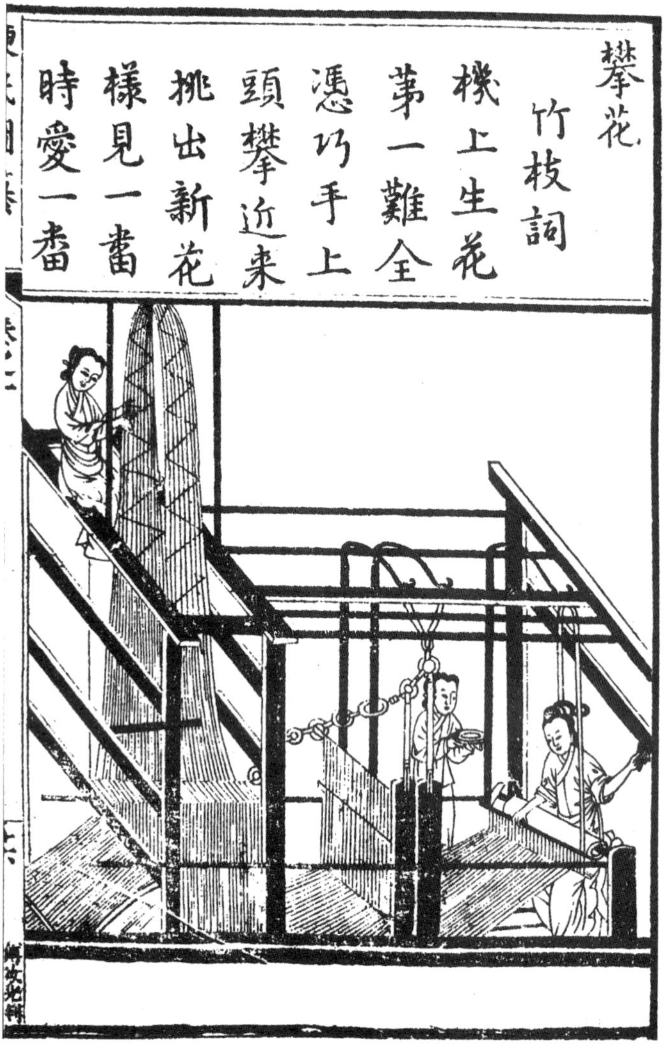

攀花
竹枝詞
機上生花
第一難全
憑巧手上
頭攀近来
挑出新花
様見一畨
時愛一畨

图 1.3 《攀花》

资料来源：《便民图纂》，卷一，页十六上。

及不同国家与地区之间的竞争。中国一直有在农书中记录养蚕活动的悠久传统，中国的政府也常常传播养蚕的实用知识。宋应星的《天工开物》正是长期实践产生的成果之一。宋应星的书于1687年前后首次传入日本，并于1771年在大阪重印（重印本仍为中文，因为当时日本读者基本都可以读懂中文）。[19]后来，汉学家儒莲（Stanislas Aignan Julien，1797—1873）受命将书中有关养蚕的部分译成法文。十年内，儒莲的法文版本至少被译为七种语言，在欧洲、美洲和非洲流传。译本如此之多，主要是为了复兴欧洲及其殖民地日益衰落的蚕业，所以多半是受政府所托翻译的。[20]同时，应海外主顾的要求，17、18世纪中国出产了展示丝绸生产步骤的册页与彩瓷等外销品。[21]此外，新兴的丝绸产区也在积极寻求农业技术背后的理论支撑。[22]当墨西哥初次发展蚕业时，西班牙主教唐·胡安·德·祖马拉加·阿拉佐拉（Don Juan de Zumárraga y Arrazola）就曾出版过一本指南（作者是阿隆索·德·费格洛拉），教导本地人如何养蚕种桑。[23]

中国的丝绸生产 32

养蚕与纺织在中国历史悠久。商朝的甲骨文中已经包含了有关丝绸与“蚕神”的文字，有学者认为，当时的丝织活动与仪礼有关。[24]古代中国朝廷曾规定，丝绸产区的每户人家都要种植桑树，每十亩就要种一百棵。纺织史学家赵丰估算，这样的种植量足够生产五匹生丝，其中两匹会作为税收上缴给国家。[25]也就是说，朝廷可以从人们的日常生产生活中征税。因此，丝绸在帝国社会、政治框架之中早已占据重要地位。

国家政策的完善

丝绸业最晚在唐朝就已经高度商业化了。据相关律法记载，此时人们已普遍身着绫罗绸缎。[26]唐朝多次举办祭祀蚕神的仪式，并且颁布保护桑树的法律，表现出了对养蚕缫丝的重视。[27]到了宋朝，朝廷开始在全国范围内大力推广蚕业，鼓励人们在未经开垦的土地上种植桑树。从12世纪开始，南宋迁都和江南地区的城市发展，使丝绸的生产中心逐步转移到南方。11、12世纪的国家分裂，阻碍了商品在传统丝路上的流通，因此，南宋从泉州这一港口重镇启航，跨越了印度洋，探索了海运路线。新航线强化了中国、伊斯兰世界与欧洲之间的纽带，进一步推进了中国东南沿海的丝织业发展。

元朝对于丝绸生产的管理更加科学，也更具实操性。除了在朝中设立专门的农业和蚕业部门外，皇帝还在1285年下诏，命令编纂发行著名的《农桑辑要》。[28]后来，元朝还在1318年向全国百姓分发种植桑树的图解，并于1328年颁布了有关农业和蚕业的十四条规定。为了控制丝织品生产，元朝还专门划定了一套地方行政网络。[29]

33 科学史家薛凤（Dagmar Schäfer）指出，元明换代应是承接而非转型。[30]明朝统治者发现蒙古人因重视手工业而获益匪浅，便也将推动手工业发展定为国家的大政方针。[31]元朝的手工业家庭在明朝可以免受迫害。此外，明朝还沿用了元朝划分中央与地方的方法。明朝官方将匠人登记在册，借此严格限制各工种的人员流动。然而，明中叶出台轮役制度，放松了对匠人的控制。由于官方赋予了更多自由，所以这些匠人也可以为私人作坊工作，并开始以货币形式向官方纳税。[32]

明朝仍然利用税收推进丝绸生产。在“两税法”下，除货币外，每户人家还可以用丝绸纳税。1394 年，为了及时缴纳丝绸税，每户人家都种有 200 棵桑树；1395 年，这个数字迅速翻了一番，而到了 1396 年，每户人家已经有了 600 棵桑树。[33]这一法律最初仅适用于淮河沿岸的居民，到了后来则扩散到每个省份。每户拥有五至十亩田地的人家，都起码用半亩来种植桑树。[34]此外，由于松江地区是丝织中心，朝廷要求那里的居民仅以丝绸形式纳税。这一政策促成了丝织业在江南地区的集聚。有明一代始终高度重视蚕业。嘉靖皇帝（1507—1567，1527—1567 年在位）在 1530 年恢复了蚕神祭祀。正如林萃青（Joseph Lam）所说，嘉靖皇帝对蚕业的推动，反映出他极为渴望在朝中巩固权威。[35]

丝绸生产主导了江南主要城市的产能，尤其是自 10 世纪以来一直作为丝织中心的苏州。苏州位于富庶区域的腹地，不难满足官营作坊对原料、政策与人力的需求。[36]距离杭州、苏州不远的浙江湖州，也在此时成为丝织中心。种植完大批桑树后，湖州府的丝绸产量从 1391 年的 661072 两增加到 1522 年的 826262 两。[37]农民们抛下了其他所有工作，专心产出丝绸。不仅如此，他们还花费重金外聘劳工，进一步加快丝织效率。[38]

随着江南都市向丝织中心迅速转型，全国的丝绸生产逐渐 34
分散在各地。[39]据范金民估算，明朝末年的私家织机已经超过一万台，而官营的只有 3500 台。[40]皇家常常从各地工坊采购织机，其中接单最多的便是苏州和杭州。[41]官营织造机构数量逐日减少，最终在明末被废除。自16世纪中期起，官方的手工业部门地位日益衰弱，他们只能通过控制私营经济、作坊、匠人和商人的活动来间接地巩固地位，无法产生直接影响。

商业化的丝绸生产，主要是仰仗一条鞭法的改革。新的税收机制刺激人们向外出口丝绸，以换取缴纳税款所用的白银。全球市场对丝绸的大量需求，促进了私人产业的壮大。于是，江南城市中的自由劳动力市场竞争加剧，有的织工甚至去东南亚谋求更多财富。[42]从16世纪到17世纪末，苏州从拥有173台织机和504名织工，发展到拥有800台织机和2330名织工。[43]广州的丝织业在16世纪后半期也迅速壮大，甚至一度超过了苏州。[44]除上述情况外，丝织业的蓬勃发展还反映在有关农业的文学与视觉文化上。

蚕业的视觉文化与农学论著

种桑养蚕支撑了经济，帮衬了国家治理。无论是平民织工还是王公贵胄，都高度重视种桑养蚕的相关知识。明朝皇帝曾说过，手工业是全国最重要的公共事务之一。[45]因此，不论是男女老少、官吏士绅、商贾地主，还是失意的穷书生，都对工艺品有着浓厚兴趣。所以，不少农学论著都将丝织工艺加上了儒家思想的滤镜。宋应星就期望让有识之士意识到，工艺品反映了天地秩序。因此，欣赏工艺品尤其不应流于表面。为此，他将国家治理类比于丝织品，指明政治上的“治”与“乱”，正如丝织品中丝线与纹样的“经”与“纶”。[46]

35 丝织业逐渐成为许多地区的经济支柱，同时也推动了视觉文化的创作。如艺术史家颜亦谦（Quincy Ngan）所称，描绘丝织的图像往往带有道德劝谏作用，强调的是丝织业在社会经济中的重要性。明朝文人孙艾（1452—？）就曾于1488年作过一幅《蚕桑图》，图中桑树枝丫上的蚕虫正在取食桑叶。颜亦谦认为，《蚕桑图》中的桑叶以花青敷色，说明画家直接以桑叶影射了花青色的丝绸成品。从这一层面上说，这幅画不仅反映了种桑养蚕，还暗示了丝织工序的多个步骤。此外，题诗与画面恰为吻合，引发人们反思丝织工作的艰辛及其对人类生活的重要意义。孙艾本人的题诗，就赞赏了蚕虫为天下人提供衣被而不邀功的品质："衣被天下人，自不居成功。"[47]

虽说册页绘画受众有限，但是有一套丝织劳动的图像始终广为流传，那就是《耕织图》。这套图式最早的版本，由12世纪楼璹（1090—1162）进呈御览。[48]在序言中，楼璹的侄子写下了下面这段话：

> 天下之本，尽在是（稼穑）矣……窃叹："夫世之饱食煖衣者而懵然，不知其所自者多矣，孰知此图之为急务哉？……孰知耕耨俾人，无饥衣皮与毛？"[49]

这段话先是点出了种桑养蚕在传统儒家社会中的重要性，随后表达了对于劳苦的"农夫蚕妇"的同情。这些图像还意在劝导农民从事种桑养蚕，并教导他们重视各自的职业。因此，《耕织图》的图文大力赞扬勤俭节约的品格。在中国传统观念中，勤恳的态度是温饱的关键，也是和平繁荣的基础。

《耕织图》的图式广受后世追捧，并多次重印。[50]在明朝，农学论著广泛流行。[51]《便民图纂》就是其中之一。现存的《便民图纂》，最早版本可追溯至1544年和1593年。该书阐明了社会运作
36 的基础，内容丰富、语言简明，备受读者欢迎。自明成化（1465—1487）到万历（1573—1620）年间，苏州、云南和贵州等地至少将《便民图纂》重印了六次。时任云南布政史的吕经（1476—1544）曾大力赞扬此书，说："况滇国之于此书，尤不可缺……遂布诸民。"[52]此书内容遵照了江南地区的传统，因为编纂者邝璠（1465—1505）曾任职于太湖沿岸。[53]全书共有十六卷，前两卷分别描述了农业、丝织生产的详细过程，呈现了二者在社会中的核心地位。

《便民图纂》中的图文，主要都是面向大众读者的。该书序言点明，将这些插图收录于此，是为了对平民"劝勉服习"种桑养蚕。正如韩若兰所言，《便民图纂》传达了一种朴素的道德观，即辛勤工作可以保证收成丰富。[54]刻绘这些插图，是为了传播当时与种桑养蚕技术、设备相关的知识。插图中的不少细节，都可以与书中的诗作相对应。例如第一首诗《下蚕》，配图描绘了纸上的蚕种与称量蚕种的天平（图1.4）。为了吸引大众读者，编者用民歌风格改写了宋朝的诗作，并采用了口头语，使相关内容更易理解，正如书中所述："其事既易知，其言亦易入。用劝于民，则从厥攸好。"[55]与原诗不同的是，《便民图纂》附带了相当多的技术指导，而原诗则多是偏重教化和审美。

与多数有关养蚕的农书一样，《便民图纂》中的诗歌，主要内容也是描写烦琐的养蚕工作。大多数诗歌都一定会写到这项工

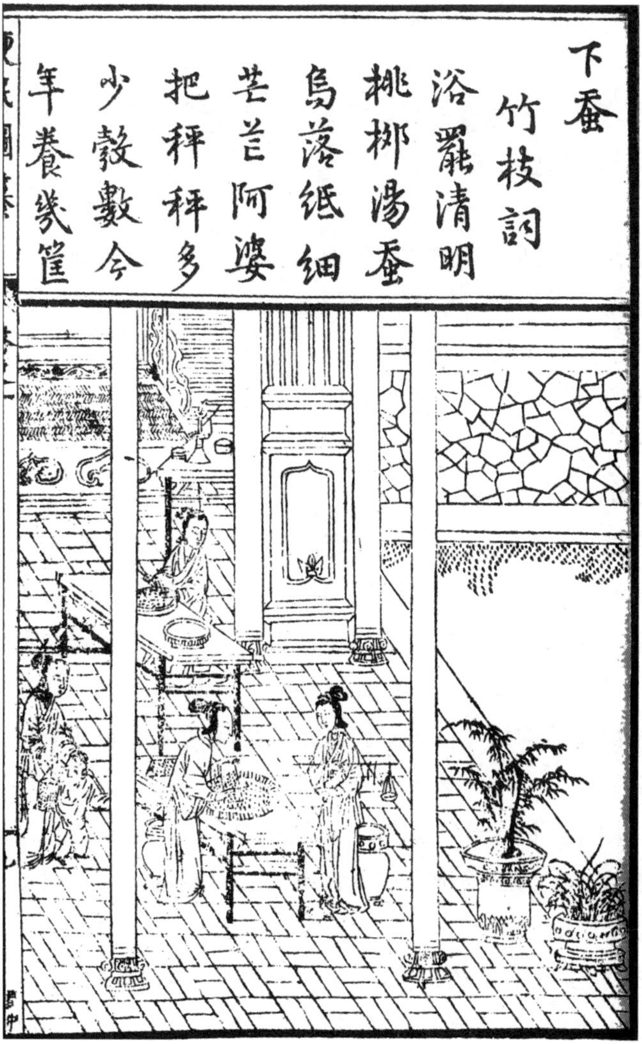

图 1.4 《下蚕》

资料来源：《便民图纂》，卷一，页九上。

作的艰辛。以诗作《喂蚕》为例：

> 蚕头初白叶初青，喂要匀调探要勤。到得上山成茧子，弗知即便吃辛艰。[56]

诗作开头两句描述了具体的工作内容，以及需要进行这些工作的原因。在发育的不同阶段，蚕虫需要的桑叶数量不同，需要以不同的速度和频率给蚕喂食。[57]余下诗句提到，给蚕喂食十分耗费精力，因为蚕妇不得不通宵喂食。这也就是为什么家中男性需要努力收获桑叶。[58]

37–38 诗中论及的许多养蚕方法，都是为了让蚕虫更适应环境（尤其是温度）。照看蚕虫，必须要遵照四季更替的规律。早在12世纪，就有人在品评《耕织图》时指出了蚕虫对于环境条件的依赖。养蚕的时节在诗歌、画作中都有所反映，比方说织造的预备工作一般都在初夏进行，因此《经纬》一诗的配图在背景中描绘了一棵初夏的柳树（图1.5）。而之前提到的《下蚕》一诗，表明此时正是三吴一带的沐浴时节，即清明节后。

在图1.4中，一位蚕妇正将蚕茧放入水中浸泡，通常是石灰水或盐水。为了筛选出优质蚕茧，这一浸泡工序不可或缺。[59]另一位蚕妇则正在把蚕种放在篮子里的垫纸上。正如诗中第二句所说："蚕乌落低细芒芒。"第三位蚕妇手持一把秤，称量蚕种的重量。诗中还继续描述道："阿婆把秤秤多少，谷数今年养几筐。"[60]虽然这第三位仕女容貌年轻，但是画面左边还有一位年长仕女，可能正是诗中所指的"阿婆"，她一边照看孩子，一边监督工作大局。

图 1.5 《经纬》

资料来源:《便民图纂》,卷一,页十五上。

称量蚕种，主要是为了确定需要多少桑叶。这道工序反映了生产线的连贯性。当时有文献指出，一钱（约 3.125 克）蚕种在三次蜕皮后可以生长成一斤蚕，而这个数量的蚕可以消耗大约 140 斤叶子。[61]称量蚕种有助于确定每年需要培育多少蚕，甚至可以确定需要购买多少桑叶。

这些诗作和插图表现了一种理想化的农民生活，暗示耕作和编织技术对于国家的兴旺有着举足轻重的作用。大多诗作虽然描述了养蚕的艰辛，但都是以欢快的口吻写成，展现了农夫蚕妇从事蚕业的成就感，表现出对织造绸缎的自豪。《经纬》一诗写道："只为太平年世好，弗曾二月卖新丝。"[62]（图 1.5）贫困人家在早春的收获季到来之前常常会耗尽食物和存款，因此他们需要在
39–40 抽丝季之前根据生产效率预售生丝。这种模式生成了一种合同制度：富人以信贷预购丝绸，而贫穷工人则以极低价格预售他们未来的劳动成果。因此，农民家庭是否需要预售生丝，成为评估社会政治状况的一个指标。

尽管自 15 世纪起，长江下游丝绸业的商业化程度迅速提高，但是出于政治考虑，这些插图仍将丝绸生产描绘为家庭内部的小农经济，是一种以女性劳动者为主的工作，重视对女性的道德教化。在 16 幅插图中，有 13 幅只描绘了女工，而男工却不见踪影。即便是描写男工的《采桑》一诗，也写道："男子园中去采桑，只因女子喂蚕忙。"[63]大多诗作仍然都将女性描写为主要劳动力，其中有许多以妻子的角度来描述，并且将养蚕表现为女性的职责。

从战国时期开始，"男耕女织"始终是儒家理想化家庭和

社会的模式：妇女主要留居室内，从事“四德”之一的“妇工”（缝、织、编、绣）。[64] 还有诗作阐释了孝道。《剪制》一诗的最后一联写道：“公婆身上齐完备，剩下方才做与郎。”[65] 性别、长幼尊卑，在这里显露无遗。

然而，图文尽管着重描绘女性劳作，但并不完全反映社会现实，也无法直接说明性别分工就是儒家教化的结果，因为实际情况或许恰恰相反。一方面，男性完全有能力成为丝绸织造的专职人员，并积极参与丝绸加工的工作。有学者指出，自晚明开始，男性开始频繁扮演纺织生产的主要角色，而女性织工只好退而居其次。[66] 另一方面，还有学者说明，帝制中国晚期的市场需求维护了男耕女织的分工模式。女性带来的收益可抵上一个江南普通人家全家的大半收入。与其说这种劳动分工是一种社会传统，不如说是一种保证利润最大化的商业策略。[67]

家庭内部的分工协作是此类论著的另一个着重点。大部分插图都描绘了室内环境，展现了家庭成员之间的互动。这些插图中多半有两三名年轻女性、一名年长女性和一两个孩童。整个画面的情境，一般都是描绘妇女在家中缫丝，怡情悦性，如田园诗般和谐安宁。劳动和育儿在这里结合为一体；劳动和社交也在这里共存。养蚕工作似乎已经融入这些女性的日常生活之中，暗示着 41
作息的合理平衡。

《便民图纂》中的插图反映出养蚕是家族事业，需要家庭成员的密切协作。例如，《上簇》的插图展现了家庭内部的协作情景：男人搭建剥茧用的棚子，女人去准备蚕茧。《祀谢》的插图描绘了家中的敬神祭祀，反映了信仰。这些插图似乎在说明，养蚕缫丝的每一个步骤都可以在家里进行。然而，这些插图绝不是社会现实的真实写照。这一时期的中国丝绸产量远超农民家庭生产力之所及。锦缎等高级丝织品都是在城中工坊生产的，且织工主要是男性。[68]为了节约成本，染色也主要是在城中完成的。

将丝织说成是以特定性别为主力的家族业务，并不意味着人们忽视了丝织业的经济价值。这些诗作说明了人们对于养蚕的成本和缫丝的利润的关切。诗中既提到了细丝与粗丝的不同价格，也提到了市场对新纹样设计的态度。[69]《攀花》一诗写道："近来挑出新花样，见一番时爱一番。"（图1.3）这首诗还记录道，纹样的编织难度极高。虽然诗中并未说是谁会看到、欣赏这些新纹样，但是"见一番时爱一番"的无疑是追捧"新花样"的顾客。从诗中可以窥见，织工的生产不一定是为了满足家庭需要，还有可能是为了响应市场需求。有文献记载，明朝中后期也有女性从富商那里接下丝织或刺绣订单，在家里完成加工，可以直接获得酬劳。但是，这些商业化的细节并未出现于上述插图之中，而是被编者暗藏在家庭劳作的图景之后。此外，讲到丝织的经济利润，很多文献仍是囿于儒家观念的框架之中，不断提及劳动的美德以及养蚕缫丝对生活的益处。这么说来，正如社会史学家王安在谈论清朝《耕织图》时所提到的，这些插图并非中国生产生活的真实图景，而是皇帝心目中理想的农耕画面。[70]

商业化

面对全球市场对丝绸日益增长的需求，政府的反应总是慢了半拍。与之相比，地方市场却迅速优化农业模式、劳动分工和工作效率，以进一步追求利润最大化。在江南地区，还有人雇用自由劳动力来织造丝绸，并支付相应的佣金。旧的家庭生产模式已不足以满足对丝织品日益增长的需求。1630年，明末文人何乔远（1558—1632）就说，货品大量出口带来的白银，足够保证织工、陶工与商人的就业。[71] 42

从明中期开始，丝织业的商业发展就与劳动力的流动密切相关。杭州人徐一夔（约1315—1400）写了一篇《织工对》，其中有一段描述十分生动：

> 余僦居钱塘之相安里，有饶于财者，率居工以织。每夜至二鼓，一唱众和，其声欢然，盖织工也。余叹曰："乐哉！"旦过其处，见老屋将压，杼机四五具，南北向列。工十数人，手提足蹴，皆苍然无神色。进工问之曰："以余观，若所为，其劳也，亦甚矣，而乐，何也？"工对曰："此在人心。心苟无贪，虽贫，乐也。苟贪，虽日进千金，只戚戚尔。吾业虽贱，日佣为钱二百缗，吾衣食于主人，而以日之所入养吾父母妻子，虽食无甘美，而亦不甚饥寒。余自度以常，以故无他思，于凡织作，咸极精致，为时所尚，故主之聚易以售而佣之值亦易以入。"[72]

这篇笔记反映出杭州丝织业的几点进步。首先就是到处都有私家作坊雇用织工。这种雇佣关系规模并不一定很大，但总有四五个人不停工作，产量巨大。其次，织工有可观的薪水，足够养活一家人。再次，就是这些织工能够意识到，他们的工作已经在引领时尚风潮。

在丝织的商业化和织工的雇用上，杭州并非特例。清朝苏州就有地方志记载了明万历年间的城市风貌：“郡城之东皆习机业，织文曰缎，方空曰纱。”接着，这份记载解释了织工雇用和劳动力市场的运作方式：

> 工匠各有专能，匠有常主，计日受值：有他故则唤无主
> 43 之匠代之，曰唤代，无主者黎明立桥以待。缎工立花桥，纺工立广化寺桥；以车纺丝者，曰车匠，立濂溪坊。什百为群，延颈而望，如流民相聚，粥后俱各散归。[73]

这段文字不仅描绘了一个能够应对急单的自由劳动力市场，还说明此时的织工已经相当专业，形成了自己的雇用市场。种种细节表明，一个成熟的劳动力市场已在此时形成。

在杭州和苏州等大城市大力研发丝织品的同时，许多周边的乡镇和县城也依赖这些大城市，供销本地生产的半成品。湖州就以高质量的丝线而闻名，并且在后来发展出了“桑基鱼塘”的农业模式，现在已成为受联合国教科文组织认定的农业遗址。湖州的丝绸生产不仅供给整个江南地区，而且还促进了许多其他产品的销售，比如日本绸缎和福建、广东生产的丝绡。[74]

当时社会中养蚕缫丝的商业化发展，也可以在明朝通俗小说《施润泽滩阙遇友》中窥见。这篇小说描写了一座毗邻苏州的小镇，那里的人主要依靠养蚕谋生：“男女勤谨，络纬机杼之声，

通宵彻夜。”[75]这则故事还说到了很多养蚕的专业知识，包括“十体”“二光”“八宜”等核心技术。[76]文中所有的方法在农学论著中都有记载，流传于广大普通读者之间。小说中有许多商人扎堆赶集，购入丝绸后倒卖到其他地方，使该镇成为丝织品的流通中心。小说中有诗写道：

> 东风二月暖洋洋，江南处处蚕桑忙。蚕欲温和桑欲干，明如良玉发奇光。缫成万缕千丝长，大筐小筐随络床。美人抽绎沾睡香，一经一纬机杼张。咿咿轧轧谐宫商，花开锦簇成匹量。莫忧八口无餐粮，朝来镇上添远商。[77]

这首诗描写了理想化的养蚕工序。诗中的大规模生产，使 44
得赚钱养家的喜悦掩盖了耕种和缫丝的艰辛。诗中还提到，在这座以养蚕为主业的小镇上，每家每户都将养蚕视为工作重心。从孵化到结茧的四十天里，人们都会专心闭门养蚕。[78]这样的丝绸生产情况，在明中期开始广泛出现。王穉登（1535—1612）就在嘉兴南部发现，丝绸市场吸引着来自五湖四海的商贾，出现了“积金如邱”的奇景。[79]

这些“四方大贾”中有许多人来自福建的港口城市。蒸蒸日上的海外贸易，尤其是与东南亚的贸易，确立了福建在丝绸市场上的重要地位。有宋以来，福建一直带动着各类商品的贸易，如靛蓝染料和席子。福建泉州则在10世纪因丝织业而崛起。[80]文人们称赞泉州的丝绸像镜面一样光滑，独具匠心。[81]福建温暖宜人的气候也为丝织业的进步提供了良好的环境，使得福建丝绸一年内收成多达五次。不过，由于缺乏传统和经验，福建生丝的质量仍无法与长江下游地区的生丝媲美。明朝专业化和区域化的发展，促使江南生丝运往福建，并在当地获得了更大的加工利润。许多不能靠自家田地谋生的人被迫转行，从事纺织品生产一类的工作。还有人在船上务工，向海外远航。[82]为了应对海外市场，在全国专业化丝织的发展进程中，江南地区多是负责生产，而福建主要是负责运输和贸易。

蚕业的空前发展使许多家庭过上了富裕的生活。在《施润泽滩阙遇友》这则故事中，施家原本是平常的织户。每当施家织出四五匹丝绸，主人公施复就会去找中间人售卖。施复曾经计算过：

> 如今家中见开这张机，尽够日用了。有了这银子，再添上一张机，一月出得多少绸，有许多利息……积上一年，共该若干，到来年再添上一张，一年又有多少利息。算到十年之外，便有千金之富。那时造什么房子，买多少田产。[83]

虽然上述情节纯属虚构，但也能反映出当时就算是普通人也能够积累财富，并且有许多人从事着丝绸买卖的行当。在相关农书中，盈利是养蚕论著中的一个重要议题，这也说明了此时的农
45 民已经有了商业思维。例如，成书于1640年前后的《沈氏农书》写道，虽然买卖生丝的利润微薄，但是丝织带来的利润却相当可观，尤其是那些用自家生产的丝绸织造的丝织品。一匹丝绸通常可以卖一两银子，而两个妇女每年可以织出120匹丝绸。[84]

“桑基鱼塘”模式

形成专业化的市场之后，人们对于丝绸有了更多的需求。于是，“桑基鱼塘”农业模式得以普及。早在唐朝，文学家刘恂就记录了一种水田和渔业的适配模式。[85]后来，果树取代了稻田。而由于人们需要大量用以喂蚕、养蚕的桑叶，桑树则慢慢取代了其他所有果树。[86]至17世纪，这一模式便开始迅速推广。

在“桑基鱼塘”模式下，农民在鱼塘四围种植桑树，鱼塘面积与桑树地面积分别占总面积的四成和六成。[87]桑树根系发达，可以稳固土壤。而丝绸带来的利润，反过来促进了渔业的成熟。同时，还可以用蚕蛹来喂鱼。这种模式的基本理念是使年历与生产线同步，以实现经济利润最大化，同时保障一种健康的生态系统。在这种模式下，农活是按照全年的年节安排的。农历一、二月主要是栽培桑树、在池塘放养小鱼，三、四月要给桑树施肥，五月一般是养蚕，六月则是卖纱，而蚕蛹则用于喂鱼，七、八月需要疏浚鱼塘，用鱼塘的泥沙巩固堤坝，剩余四个月则是喂鱼和清除杂草。[88]

这种模式在广东地区较为流行。那里的气候比其他地区更加温暖湿润。桑树每个月都会产叶子，一亩地大约能产1800公斤的叶子。[89]“桑基鱼塘”带来的收获或是普通作物模式的十倍。蚕虫的排泄物可以用来养鱼，池塘的水可以灌溉树木，而树根可以帮助保持岸边的土壤。在顺德等县，有民谣记载：“一担桑叶一担米。”“一船丝出，一船银归。”[90]在这些地区，“桑基鱼塘”
模式逐渐取代了稻田。[91]一定程度上，由于这种模式的成熟，广 46
州的丝绸产量在16世纪后半期迅速增加。[92]18世纪，当广州成为唯一的合法外贸港口时，其丝绸产量和质量均超过长江下游地区，人们认为："广之线纱……皆为岭外京华、东西二洋所贵。"[93]

这种模式极大地促进了蚕业的商业化。正如卜正民所说，从工业作物（棉花、桑树）的种植到原材料（丝线）的生产，再到织造和整理，每一个生产阶段都越来越独立。[94]桑叶产量的增加，使小型丝绸生产商能够购买足量的桑叶，不必担心树木的生长期过长，也不必担心蚕虫的食物短缺。[95]运作这一模式，需要普通家庭挖鱼塘、筑堤坝、买鱼、种桑树。在此期间需要的资源，原本远远超出了他们的承受能力。社会学家苏耀昌（Alvin So）指出，当地乡绅的支持（尤其是资金支持）对这种农业模式的推广有着显著的积极影响。[96]

木刻版画中描绘的理想化的儒家织造图景，与中国东南地区实际的商业化生产之间有着明显差异。这种差异凸显了官方愿景与社会现实之间的鸿沟。虽然官修农书着力刻画以妇女为中心的生产和农民家庭的美好生活，但现实中的人更渴望获利、积累财富。此外，官方对相关知识的介绍，通常落后于实操中先进的养蚕知识的传播。例如，《便民图纂》指导人们在采桑时使用梯子，然而，那时已有新的方法让桑枝变低，使人们能直接站在地上采桑。[97]

新西班牙的蚕业和丝绸生产

1492 年翻开了新、旧世界物种交流的新一页。新世界的农作物被引入欧亚大陆，大大促进了人口的增长。欧洲定居者也将许多新作物引入美洲。[98] 其中最重要的是支撑丝织业发展的蚕虫和黑桑树。

西班牙的赞助 47

随着美洲殖民地的建立以及对现有金银的开采，西班牙政府极力寻求新的收入来源来供应军需。在新大陆生产丝绸的做法，根植于西班牙传统的丝织业。伊比利亚半岛的许多城市在穆斯林统治下开始发展丝织业，到了15世纪，这一产业由于大量的意大利工人移民而出现了长足进步。[99] 墨西哥蚕业的兴盛，在一定程度上可以归功于来自中国的高质量丝绸。中国丝绸的流行，使欧洲及其殖民地的人民产生了对此类产品的强烈渴望。更重要的是，西班牙为了满足这种需求，减少了外国丝绸的进口，并努力在其本土和殖民地推广蚕业。这一做法在墨西哥埋下了蚕业的种子。

1503年，西班牙人在今天的海地首次培养蚕和桑树。他们带去了一盎司的蚕种，尝试使用加勒比海的本地桑树来养蚕。但他们并没有成功，一是由于当地的桑叶品种不适配，二是由于当地的人口不足，无法维系大规模的养蚕事业。1517年，他们在西印度群岛进行了第二次尝试。当时，西班牙修士和社会改革家巴托洛梅·德拉斯·卡萨斯（Bartolomé de las Casas，1484—1566）说服西班牙国王查理五世（Charles V，1500—1558）将欧洲农民带到西印度群岛从事养蚕。但这次试验也终告失败，因为欧洲贵族反对大量的农民离开本国。[100]

此后，新西班牙总督进行了第三次尝试。此地的土地面积是西班牙的四倍之大，很有优势。当地人口也十分充足，多达千万，进行任何劳动密集型农业都是绰绰有余。除此之外，墨西哥还有一种本地种植的桑树。虽然那些桑树的品质并不如人意，但它们确实为1523年喂养的第一批蚕虫提供了必要的食物。在成功使用本地桑树喂蚕后，西班牙政府开展了进一步的工程。其中的一项主要工程，是1536年在普埃布拉（Puebla）种植十万余株欧洲黑桑树。选址在普埃布拉是政府深谋远虑的结果。首先，普埃布拉土地肥沃，劳动力充足，并且地处墨西哥城和委拉克鲁斯（Veracruz）港之间的要道。此外，普埃布拉的本地教会支持纺织业的发展，使得普埃布拉成为与墨西哥城齐名的丝织中心。西班牙政府从欧洲引进黑桑树，并选择恰当时机与本地栽种的桑
48 树混用，由此形成的营养价值最高。欧洲桑树和中国桑树的差异决定了蚕丝的不同特性，这一点值得注意。欧洲使用的黑桑叶比较坚韧，所以蚕虫吐出的丝线很结实，但是不够细腻，而亚洲的白色桑叶则使得蚕虫吐出大量精细丝线。16世纪，西班牙广泛引入中国的桑树，而墨西哥则多是继续使用黑桑树。[101]这种差别，使后来的人们更偏爱中国生丝，因为精细的丝绸质地柔软，且更易染色。[102]

地方精英和政府官员也促进了蚕业的传播。新西班牙首位总督安东尼奥·德·门多萨·帕切科（Antonio de Mendoza y Pacheco，1490—1552）建立了桑树种植园，并教授当地人培育蚕虫，直接推动了养蚕缫丝这一重点项目。[103]主教唐·胡安·德·祖马拉加·阿拉佐拉尝试将摩尔人中的丝绸专家带到墨西哥，向当地人传授种桑养蚕的方法。[104]本章开头引用的法典中，就记录了丝绸专家是如何参与本土蚕业的（图1.2）。身着红衣的人，一般就是

那些从大城市（甚至是欧洲）被请到西属美洲的丝绸专家。他们经常直接参与生丝的生产，因此可以获得由社区提供的食物和报酬。

政府资助加上全民培训，刺激许多本地人主动请求生产丝绸。一封来自特乌巴的请愿书评估道，五分之一本地生丝带来的利润，就足够满足全镇向王室进贡。[105] 1537年，胡安（Juan）、弗朗西斯科（Francisco）和赫尔南多·马林（Hernando Marín）三兄弟在获得初步准许之后，便请求在特乌巴的米斯特卡（Mixteca）村生产丝绸，并向王室进贡。不到五年，三兄弟的工程就成果卓著，并且成为米斯特卡村的经济支柱。[106]

原住民社区

到16世纪30年代末，蚕丝已成为原住民的重要经济作物，
为他们提供了新的就业机会，并推动他们进入殖民地的税收体系
之中。原住民社区能够精熟于蚕业，归功于其几个特点：大量的
劳动力、默契的社区协作，以及本土的编织和染色传统。这些特
点使得原住民社区一直受到西班牙人的重视，先后被传教士和殖 49
民官员开发，最大限度地提高了这些社区的生产力。西班牙人对
原住民社区的利用，一直持续到了19世纪。普鲁士探险家亚历
山大·冯·洪堡（Alexander von Humboldt，1769—1859）以典型的
近代种族主义的口吻评论道："土著人生性有足够的耐心，能做
好任何严谨细致的工作"。[107]

墨西哥蚕业发展的两大特点，是社区的生产和教会的参与。与中国类似，墨西哥蚕业的兴盛也得益于家庭、村庄或城镇内部的合作，并反过来促进这些合作。其中，社区扮演了重要角色。

每当本地社区从西班牙人那里得到蚕种，就有两种主要的养蚕方式可供选择。一种是将蚕种平均分配，另一种是将全部蚕种整体培育。若是选择后者，市民既可提供劳动力，也可雇用熟练工人代替他们干活。当蚕茧化成后，匠人们就可将其卷成细线。[108]社区制度大大便利了殖民地政府对当地原住民的管理。首先就是这一制度可让原住民赚取现金，用于进贡和社区开支。正因如此，原住民和他们的产品才会合理地融入西班牙帝国的财政和行政体系。这样的生产方式为西班牙人提供了高效利用殖民地本土资源的方法。其次，丝绸文化产生了强有力的体系，确保政府或当地教会能够严格监管当地居民。能力极强的原住民劳工逐渐崭露头角，备受殖民政府的青睐。[109]

在墨西哥蚕业的流通和运作中，教会和传教士的作用是不可或缺的。其中，多明我会修士的地位举足轻重。[110]瓦哈卡州首位侯爵埃尔南·柯尔特斯（Hernán Cortés，1485—1547）曾致信西班牙国王，请求向墨西哥分配传教士。15世纪初，柯尔特斯如是写道："陛下也应请示教皇陛下，将相应权力授予即将到来的两位教会代表人，他们应成为教皇的使者。其中一位来自方济各会（Order of St. Francis），另一位来自多明我会（Order of St. Dominic）。"[111]方济各会和多明我会是第一批与墨西哥原住民接触的宗教团体。这两个教会的传教士往往是人们眼中的"托钵僧"，主要靠乞讨为生，能够适应各样的生活条件。他们的主要任
50 务就是向原住民传教，学习本地语言，教授一些职业技能，根据他们的教义改变原住民的生活方式，并且遵循西班牙的规章制度，将劳动成果上贡给王室。1529年，首批多明我会修道士来到瓦哈

卡州的安特克拉市（Antequera）。据记载，在那之后，当地蚕业便有了显著发展。在首任总督在任期间，他们出产的华丽织物就已经十分流行。[112] 这些传教士不仅让王室注意到原住民社区的纺织传统，还提议让这些原住民进一步开发亚麻和丝绸织造技术。[113]

在将养蚕技术引入原住民社区后，到了16世纪40年代，欧洲人便开始要求原住民进贡丝绸。伍德罗·博拉（Woodrow Borah）所说的“社区养蚕”（Community silk raising），在1552年得到了王室的正式批准。因此，此时的西班牙人引进了钱箱制度（chest system）。[114] 据传，传教士弗莱·弗朗西斯科·马林（Fray Francisco Marin）在米斯特卡社区设立了“社区商品”（bienes de comunidad），以支付城镇的开销。此外，马林还指导原住民种植胭脂掌（cochineal-bearing cactus）和桑树。[115]

教会也参与了什一税的征收，包括从蚕业征收的税款。本章开头提到的法典，就收录了几个地方对丝织业收取什一税的情况。征收什一税要经过多番斗争与谈判。在墨西哥教区，总督会在每个城镇指定两位可靠的当地土著征收什一税，并委派一名教士前去征税。瓦哈卡教区开发了另一种征税方法，那就是由大教堂的教士直接向当地社区收取什一税。每年都有一名教士去米斯特卡领取教会的牲畜份额和当年收成的丝绸。一般来讲，若是第二种情况，原本要交给大教堂的那一部分，有时会交予修士或社区财务部门。[116]

16世纪中期，蚕业已经遍布墨西哥中部与南部，即米却肯州（Michoacán）与尤卡坦州（Yucatán）的中间地带。由于墨西哥瓦哈卡州具备土壤、气候和本地农业社区的独特条件，丝绸种植区主要集中在了当地。1590年，历史学者约瑟夫·德·阿卡斯塔（Joseph de Acasta）描述了米斯特卡地区的名贵丝绸，以及以这种丝绸制成的塔夫绸（taffeta）、花缎（damask）、绸缎（satin）和丝绒（velvet）。墨西哥瓦哈卡州与中国长江下游地区蚕业区的设立，说明自然环境极度重要。这两个地区的繁荣都得益于温暖湿润的气候和适中的降水量。对于种桑养蚕而言，这样的气候再适合不过。

此外，瓦哈卡州的蚕业还得益于当地悠久的纺织传统和充足
51 的劳动力。在中国，长江下游地区也享有同样的优势。在西班牙，地主们大多利用当地劳工和私营经济。他们常常雇用原住民去他们的土地上劳作，后来还招募了不少从其他地区（例如非洲和亚洲）运来的奴隶。大量的劳工促进了大规模的生产。有人记录了米斯特卡高地的丝绸作坊，如是写道："许多西班牙人拥有七八座两百多英尺长、非常宽、非常高的作坊，可容纳一万至一万两千个蚕匾。在蚕虫吐完丝后，所有工坊都是满屋丝茧，就像一片玫瑰花林。"[117]据记载，40年后，也就是1580年，米斯特卡地区全年的丝线产量已经达到了两万磅之多。[118]

《西拉·特乌巴法典》和蚕业的视觉文化

出现在本章开头的插图本《西拉·特乌巴法典》，共62页，是圣·卡塔利纳·特乌巴社区的收支本，编纂于1550年至1564年。该法典图文并茂，可能是由原住民在传教士的指引下编纂的。特乌巴社区毗邻的泛美大道，穿过了瓦哈卡州的山谷，并且横穿墨西哥中部和普埃布拉州。据《法典》描述，该社区的居民为了运送贡品和生丝和为社区采购商品，会定期往返墨西哥城。

在治理殖民地时，西班牙人在个别原住民社区内设立了钱箱制度，将其设为西班牙市政委员会“市政厅”（cabildo）的一个新分支。因此，为了监控原住民社区的财政状况，西班牙人开始以法典形式做记录。同时，正如历史学家凯文·特拉恰诺（Kevin Terraciano）所言，在人口流失和殖民统治颠覆全域的时代，《法典》记录了原住民的各个机构，展示出原住民坚韧的特质。[119]《法典》中的经济记录，一方面说明社区加强了对资源的控制，另一方面则表明，西班牙神父和官员等外来者经常索取特乌巴的资源。

《法典》纵向长 30.7 厘米，横向宽 21.8 厘米，采用了欧洲账本的体例来记录开支。《法典》以手抄本形式装订，对开页的正反两面都写有文字，每一对开页都划有不同的纵列横行（最多七行）。每页的左列以象形字记录了支出金额。交易的日期和价值，52
是用米斯特克符号（Mixtec glyphic）的数字写成的。这些数字，是一种 20 进制系统数字。对于物品的描述，则主要是用纳瓦特尔语（Nahuatl）写成，其中夹杂了拉丁语和“总督”（viceroy）一类的西班牙语词汇。在右列中，每件物品的成本都用阿拉伯数字或罗马数字标明，后面跟上比索和托明（tomin，八分之一比索）的缩写，以标示币种。[120]

要寻找有关墨西哥丝绸生产的信息，《法典》是最好的素材。因为《法典》多次提及蚕业，相关内容包括雇用西班牙人当养蚕顾问、建造蚕房、聘请专人看管蚕虫、购买蚕业所需的物品（如孵化蚕种的布、建造蚕房的木材和铁线），[121] 以及向墨西哥城出售丝绸。《法典》类似会计账簿，列明了蚕业社区的支出，以及蚕业可能带来的利润。比如，1563 年是养蚕的荒年，许多蚕虫过早死亡。然而，即使在这一年，社区仍然有办法以超过 341 比索的价格，向一个西班牙人出售 120 磅的丝绸。[122]

《法典》详细记录了几乎所有与丝绸市场的往来。例如，图版 37 的第三行记录了购买蚕种的情况："给了胡安·德·维拉法尼（Juan de Vilafañe）大人 216 比索，从他那里购买了八磅的蚕种。"[123]此图将蚕种描绘在容器中（共八包，指的是八磅的重量），与银币一起出现（图 1.6）。上面带有红旗的大硬币，代表 20 比索，而每个小硬币则代表 1 比索，符合原住民社区使用的 20 进制数字系统。图版 37 中的最后一行记录道："按照约定，要为在此生产丝绸的西班牙人准备食物，一共花费 42 比索。"画面上，有一位穿着红衣服、戴着红帽子的西班牙人，指着上方爬有蚕虫的桑叶。此人很有可能就是原住民社区中负责监督丝工的"丝绸专家"。

有关为西班牙丝绸专家支付工资、准备食物的记录，在《法典》中很常见。另一类经常收取报酬的人是缫丝工人。图版 44 就有记载："给丝绸看守人 100 比索；每人 10 比索。"[124]要知道，在 1561 年，一磅丝绸的售价略高于 4 比索（图版 47），而 10 比索对这种临时工而言已算高薪。《法典》中的另一条记录显示，工资多是支付给"纺丝的人和在蚕房工作的人"以及"看顾蚕虫的人"。[125]

其他有偿劳工还包括了运输工。图版 44 记录了社区雇用工人将丝线运送到城市，并且购买了基本工具，包括"绳索、垫
53–54 子、包装架和棕榈篮"。[126]《法典》中涵盖很多向城市出售丝绸的记录，说明了贩卖生丝对于社区的经济生活意义重大。例如，图版 47（图 1.7）就记录道：

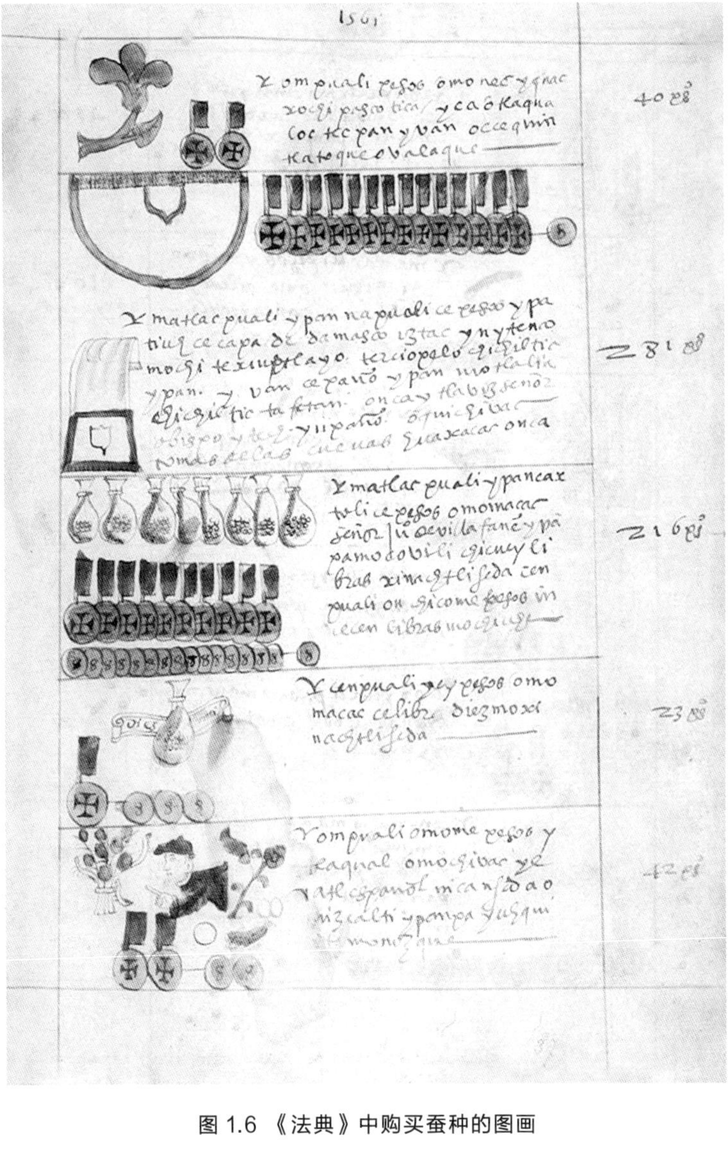

图 1.6 《法典》中购买蚕种的图画

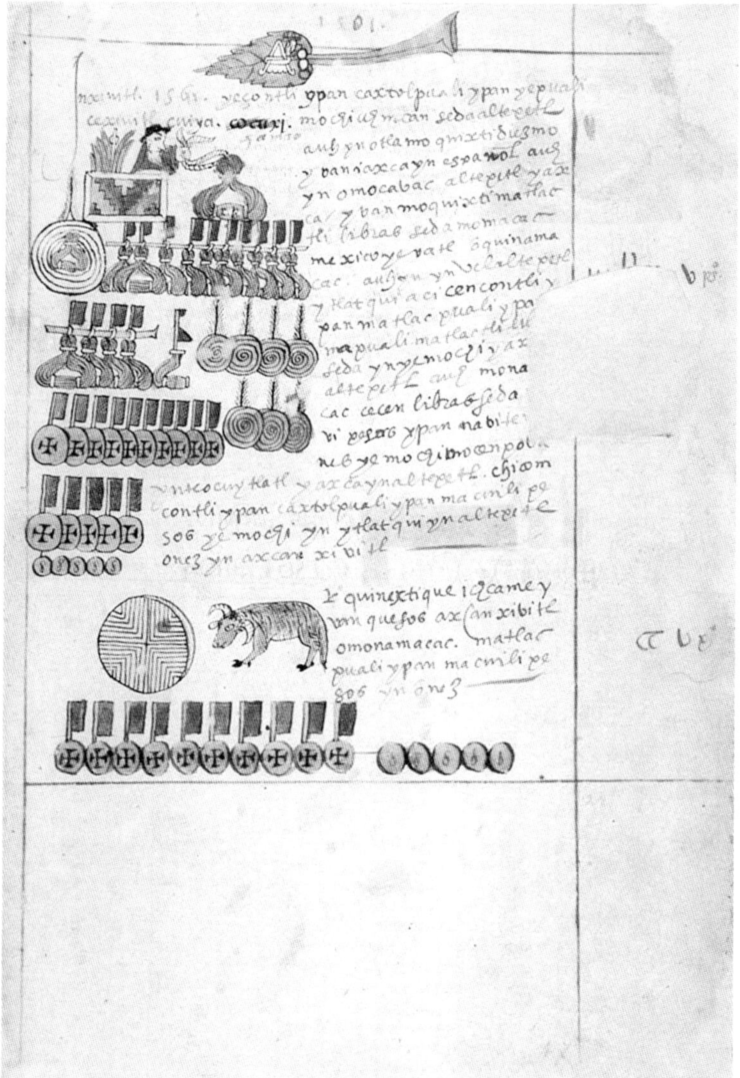

图 1.7 《法典》中贩卖生丝的图画

> 蚕丝是在本地城邦（altepetl）生产的。除去什一税和一位西班牙人的财产，剩下的都归属城邦。取出 10 磅丝绸，交给这个西班牙人，让他去墨西哥卖出。剩下的 690 磅丝绸，都是这个城邦的财产，以每磅 4 比索 4 托明的价格出售。[共计] 3105 比索。[127]

这条记录说明，贩卖生丝为社区带来了收入，成为社区上缴税款的重要来源。其中还说明，丝绸是属于该镇的产业，因此丝绸的销售是代表该镇进行的。图中紧贴上方的外国男子，可能是穿着红袍的西班牙人。画面中这种身穿红袍、头戴黑帽的人物，一般都是西班牙修士或殖民统治者。他们与原住民的穿着不同（图 1.2），肤色也不同。西班牙人的下方摞起了一捆捆丝线，旁边画有一个篮子，里面堆满长形桑叶，上面附有白色的蚕茧。这样的构图，似乎是描绘生丝运输的一种常见方式。类似的图像也可见于图版 38。[128] 此外，在图版 47 的顶部，画有一片桑叶，上面有一只蚕。这种装饰也可见于《法典》的其他许多图版，这说明了蚕业在社区日常生活中的重要性。

诸如此类的详细记录，说明蚕业已高度专业化，既有专人负责种植、销售蚕种，又有大量临时工受雇而加工、编织、运输丝绸。社区还会特意购买布料，便于孵化蚕种。图版 38 便描绘了一人双手托住布料，其上有一只飞蛾，而周围的黑点则代表蚕种。另外，生丝的生产在很大程度上都是以市场为导向的，生丝都要向城市市场售卖，赚取利润，目标明确。成功的生丝贸易，还可以促使市民亲近城镇，避免单独进行地下买卖。有时社区会直接将生丝卖给商人，有时则会雇用运输工，将生丝运到城市。这两种方法都行之有效。还有一点值得注意，即有薪水的人大多数都在蚕业的商业网络中服务，如充当顾问和负责运输。然而，孵化蚕种、种桑养蚕的普通工人则基本没有薪资。

55 特乌巴社区也是丝织品贸易的大客户。例如，图版 24 记载，1559 年，有人“以 20 比索买入了许多不同颜色的丝绸”，用来装饰教堂。彩色织物（图中描绘的是黄色、红色和棕色）的供应，反映了丝织和染色的流行。这些购入的织物大多有着宗教用途。图版 15（图 1.8）还记录了从市里购买的几件丝织品：

> 这些都是在墨西哥购买的：裁缝迭戈·吉特雷斯（Diego Guitierrez）亲自购买了［织物］，并制作了一块红丝绒的祭台布和祭台所有的悬挂物，用金线缝制，配有黄色绸缎，上面饰有花朵和图画；所有图画都在那里。此外，还有一个装十字架的箱子，同样是由红丝绒覆盖，上面也饰有图像和金线，非常华丽，还有一块红色塔夫绸的帷幕，用于圣餐。边框很柔软，是用红丝绒做的，其边缘是蓬松的丝绸。这三件物品的总花费为 436 比索。

这段文字主要列出了三件织物：一块红丝绒祭台布、一块黄色绸缎，以及一块红色塔夫绸帷幕。这三件织物都有精致奢华的装饰。图像中央描绘的就是带有边饰的帷幕，左边配上了硬币
56 的符号。右上角的人物可能就是制作这个帷幕的裁缝。旁边有一只篮子，装有大量的蚕虫和蚕茧，似乎暗示购买这些织物所花的

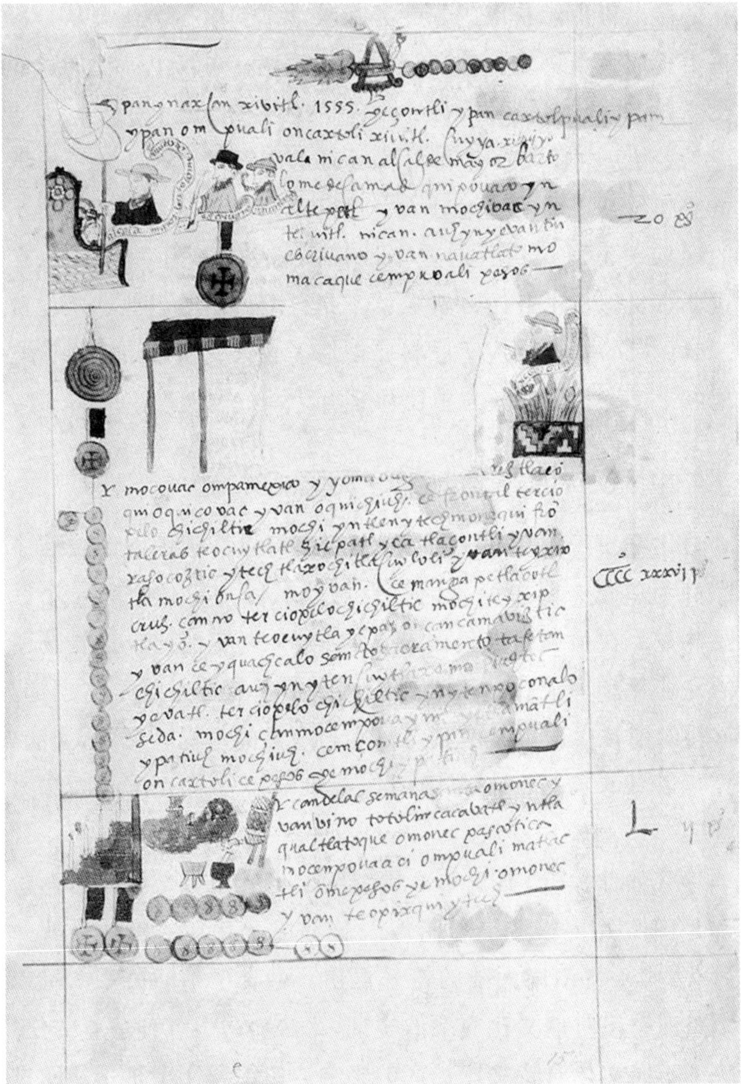

图 1.8 《法典》中购买丝织品的图画

钱，是靠出售生丝获取的。此外，教堂采购织物，还会从社区的钱箱中提取大量资金。这一记载或许说明，市场上流通的丝织品红飞翠舞，而其中较为流行的颜色是红色和黄色。

《法典》中有关蚕业和丝绸贸易的详细记录，证实了墨西哥的蚕业和丝绸市场的迅速壮大。这既要归功于从西班牙积累、引进的经验，也要归功于这些本地社区的蚕业对于整个丝织产业的重要意义。从一开始，蚕业就不是自给自足的产业。从经济上讲，原住民的蚕业供应了原料，创造了收入；从政治上讲，它完美地嵌入了庞大的宗教与殖民体系。

与中国图像的对比

对比《耕织图》与《法典》，我们可以看到中国的蚕业主要以家庭为单位，而墨西哥的蚕业则以城镇为单位。另一个区别是关注点。在墨西哥殖民时期，《法典》真实地记录且赞扬了养蚕的专业化和商业化，但《耕织图》似乎有意忽略了这一部分。在《耕织图》中，也看不到对数字和交易的重视。另外，《法典》中充斥着钱币符号，与中国图像着重描绘丝工劳作的画法大相径庭。

尽管如此，《法典》与《耕织图》仍有相似之处。这两份文献都是图文并用。文字与图像一起形成了互动的整体，缺一不可。《法典》将不同大陆的符号混用，融合了不同语系，可以说是中美洲殖民时期文化交融的实证。《法典》中各种色彩的使用，反映了不同文化对特乌巴社区的影响。边线和文字是用从欧洲进口的黑墨水绘制书写，而红色则是用朱砂和胭脂虫的混合物绘成；后者由当地人收获，也多是用来染织。[129]

《法典》和《耕织图》的文图互动，折射出近代的蚕业的几个共通特征。此时，养蚕的操作和销售成为系统化的工作，因此人们希望尽可能详尽地记录这一过程。这些文献要么是由平民编写的，要么就是为平民编写的，因为很多平民读者可能并不识字。相比之下，《耕织图》主要用来指导农民生产丝绸，而《法典》主要是为了记录原住民社区的财政情况。 57

清楚而直观的图画使这些文献通俗易懂。蚕业知识的积累，促进了这类文献的编纂，对社会经济产生了深远影响。这两份文献中的图像有着不同的侧重点：《耕织图》主要描绘丝绸生产的步骤和劳动图景，而《法典》则多是关于金钱和交易。对于颜色的选用，也比较有趣。《法典》使用红色、黄色、黑色和其他浅色来区分数字、西班牙人和普通劳工，以及桑叶和蚕虫。这样的搭配，更容易让多数平民理解《法典》的内容。相比之下，《耕织图》并无套色，这也与相同主题的绘画不同。其实，特意设计成单色书籍，是为了压低书价，让普通读者能够负担得起。毕竟，《法典》的目标读者是那些生活在原住民社区的人和监督社区的西班牙人，而中国相关书籍的受众，可能是普通的农民和丝工。

两国养蚕的过程也有很多相似之处。一直以来，中国和墨西哥的蚕业都有几个共同的侧重点。首先，不论是文字介绍还是图像描绘，这些文献都主要着墨于蚕虫和桑叶。其次，这两本书都强调了合作的重要性。蚕业的发展是随着城镇或社区内的劳动分工和专业化进步而实现的。最后一点共性是强调市场协调。不论中国还是墨西哥的文献，都记录了有关生丝销售的信息。

此外，这两份文献都反映出国家在蚕业中所发挥的关键作用。中国的农书是由地方官编纂和传播的，而《法典》的主要内容是蚕业与税收制度之间的关联。从中国与墨西哥相关文献的对比中，可以看出国家议程的不同。中国的图像描绘了和谐的家庭，强调了家中女性的辛勤劳动与男女之间的默契协作，勾画了理想儒家社会的图景。相比之下，《法典》的编写，是为了管理社区经济，所以其中的文字和图画主要是记录金钱和交易。《耕
58 织图》主要渲染当时和平的政治环境，而《法典》则主要是记录数字，更为客观地呈现当地社区与殖民政府的贸易往来。这两份文献都说明两国统治者对蚕业特别关注，因为蚕业具有巨大的经济潜力，并且可以调动整个社会中的劳动力。西班牙人希望增加收入，并将当地的原住民牢牢地纳入殖民统治之中。中国人想保障税收，以此确保社会的和平稳定。

商业化

与中国一样，墨西哥在引进养蚕技术后很快就出现了工匠市场。1540 年，西班牙总督贡萨洛·德·萨拉查（Gonzalo de Salazar，1492—1564）观察到，墨西哥城“充斥着正在建造的织布机、纺纱轮以及正在制作的腰带、丝带和花边”。[130] 与世界上许多其他地方一样，丝织品的制造在城市中促进了丝业公会的产生。1552 年，西班牙历史学家弗朗西斯科·洛佩斯·德·格玛拉（Francisco López de Gómara，1511—1566）也提出，墨西哥城有很

多从事贸易活动的人，尤其是“负责丝绸和［其他种类］布匹的官员”。[131] 这些文献表明，丝绸生产已成为墨西哥城经济的重要部分，并且政府也广泛参与其中。

很快，开始养蚕的普埃布拉便有能力挑战墨西哥城丝织垄断地位。1544年，葡萄牙探险家塞巴斯蒂安·罗德里格斯·塞尔梅尼奥（Sebastián Rodríguez Cermeño，1560—1602）在绘制太平洋航海图的旅途中，代表普埃布拉与西班牙政府交涉，请求政府批准在普埃布拉发展丝织业。他论证道，该地靠近生丝产地，且有染色所需的优质水源。他还强调，“许多居民和正直的寡妇”可以在这个行业工作。这也说明了妇女在蚕业中发挥的重要作用。四年后，塞尔梅尼奥的请求获批：“任何居民，不论长居或暂住……都可以自由拥有、保管织机。”[132] 后来，普埃布拉也成为丝织品的商业中心，主要功能是进行总督府的内部销售和外部出口。不过，墨西哥拥有众多丝绸业发达的城镇，普埃布拉只是其中之一。

然而，到了16世纪末，墨西哥本土生丝的生产开始走下坡路。伍德罗·博拉在关于墨西哥殖民时期蚕业的论著中，列出了导致这种衰退的七个可能。其中便包括西班牙政府进行的大范围
破坏和原住民的流失。不过，一直以来，不少官员和学者还是认 59
为，这种衰退是由马尼拉帆船每年进口价值数百万比索的中国丝绸引发的。这种说法最早出现在1582年：克雷塔罗（Querétaro）的科雷吉多（Corregidor）认为，由于从菲律宾进口了中国的生丝，所以已经没有必要依靠当地人来生产丝绸。1605年，负责检查丝绸质量的路易斯·卡尔巴乔（Luís Calbacho）也感叹，进口丝

绸大大阻碍了社区的丝织业进步。[133]

然而，正如下面几章将要探讨的那样，中国丝绸的影响绝不仅限于降低墨西哥本地生丝的吸引力，而且这绝不是墨西哥蚕业衰退的唯一原因。实际上，在殖民地时期的墨西哥，丝绸市场的商业化及其与全球市场的联系，使得进口生丝更为便宜，运来本地加工可以获得更大的利润。

小结

在16、17世纪，中国和墨西哥的蚕业同中有异，异中有同。中国是丝织业的发源地，而墨西哥可以说是新兴之地，在16世纪开始与中国同台竞技。这是两种不同生态系统之间的竞争。其间，中国蚕种被引入欧洲，并最终到达美洲，取代了本土蚕虫。来自欧洲的桑树也被进口到墨西哥，拉开了当地发展大规模蚕业的序幕。虽然养蚕的大部分技术是由欧洲人引入墨西哥的，但技术的流通和完善也离不开瓦哈卡地区本身的纺织传统。在中国和墨西哥，养蚕都是耗时费力的工程，并且都需要男性和女性的通力协作。更重要的是，两地的丝织业都得到了官方的赞助支持。在制定赞助计划时，官方既考虑了经济战略，也照顾到了当地特有的环境条件。

有一点必须说明，那就是丝绸生产和贸易的全球联系，使两个地区的蚕业进入了一个全新的阶段。海外市场的需求，促进中国人开发新的农业模式，以便生产更多桑叶。而西班牙人

试图发展本土丝绸业，与外国丝织品竞争，这促使墨西哥大力推动蚕业进步。为了满足海内外对生丝和丝织品的需求，中国和
墨西哥都加速了劳动力的专业化，衍生出了新的农业理念。正 60
如下面几章所说明的，墨西哥的大量需求促使中国进行商业化生产；同时，中国生丝的大量供应，也促进了墨西哥纺织技术的完善。

利用自然环境，可使蚕业在保留地方特色的同时走向全球。在发展蚕业的过程中探索自然环境，可让时尚遍布全球各地。在这期间，就连原住民村庄也被改造成了适宜养蚕的场所。同时，特定的环境条件也决定了丝绸生产的质量和数量。例如，用白桑喂养的蚕和用黑桑喂养的蚕，二者生产的生丝之间的差异，使中国的生丝在全球市场上特别有吸引力，因为它更易吸收鲜艳的色彩。不过，墨西哥人也有自己的本地染织传统，所以他们更愿意进口生丝，从而在本地加工。由于生态条件的影响，全球市场开始进入地域化阶段，全球时尚也开始凸显当地特色。

蚕业的发展促进了蚕虫培育的专业化。其间，蚕虫和桑叶都进入了商业流通阶段。有的家庭专门进行丝绸加工，有的城镇也开始专门养蚕。这种专业化不仅发生在特定地区，也发生在全球市场上。专业劳动力在丝织行业内也很受欢迎。因此，有经验的丝绸工人在全球各地都很吃香。此外，蚕业的专业化推动了各种专业知识的记录和传播。有些论著主要关注如何大幅提高蚕和桑树的生产力，还有一些则是详述生丝贸易的意义。

尽管中国和墨西哥文献的性质不同，但有关养蚕的文献通常都会折射出官方督导和社会合作之间的碰撞。一方面，这些书

可能是为普通的养蚕人编纂的，也可能是由他们编纂的，另一方面，这些书也是由官方赞助的，或是在内容上与政府有关。只有发挥养蚕者（家庭或社区）与国家之间的合作与协调，才能最好地利用自然条件来获利。处理桑叶、喂养蚕虫、进行劳动密集型的产业，以及追求利润等目标，缺一不可。昆虫、植物、天气和地理等环境因素，是政治、经济发展的必要条件。

对自然环境的利用，赋予了劳动者和政府特定的权利。一方面，许多一直以来被忽视的人（包括农民、妇女和商人）在蚕
61 业中找到了归属。《耕织图》原本是为皇帝和权贵所作，但是晚明的大众也有了阅读的机会。在诗文和画作中，女工们可以袒露自己的心声。织工的生活也成为文人画和小说的主题。反观墨西哥，当地人利用不同语系的符号，记录了他们的经济生活。欧洲文献开始记载这些社区，说明它们在殖民地发挥着越来越大的作用，促进了都市丝织业的进步。农书和植物学家的论著，也在国家的管控中扮演了重要角色。对于普通人和社区的社会经济生活而言，蚕业有了前所未有的重要意义。

另一方面，养蚕也使国家意识形态进一步渗透到工人的日常生活中。对中国而言，“男耕女织”是理想社会中儒家思想的宣传符号，而对于墨西哥而言，原住民社区可通过税收和教会监管融入殖民系统。此外，对环境资源的占有和使用，也扩大了劳工和权贵之间的阶级差距。在中国和墨西哥，桑树都逐渐成为商业作物，出现了大规模、系统化的桑树种植。因此，桑叶的种植和销售，逐渐被中国的世家大族和西班牙的富裕地主所掌握。控制、利用蚕业所需的自然资源，使社会等级进一步

固化。

蚕业搭起了自然资源与商业市场互动的舞台，引发了国家管控与个体劳工之间的斡旋，以及全球化与地方性的互动。不论对个人还是对国家而言，蚕业都极具吸引力，因为它有可能大幅提高自然环境的生产力，并且能够形成特权、凝聚组织，以此进行高度专业化的生产。当然，它还能够带来巨大的利润，这一点显然更为重要。相关讨论，将在下一章《贸易》之中出现。

注释

[1] 原文的英文翻译引自韩若兰（Roslyn Lee Hammers）《18 世纪中国工笔画的帝王赞助》（*The Imperial Patronage of Labor Genre Paintings in Eighteenth-Century China*），第 267 页。

[2] *Codex Sierra-Texupan*, plate 9。英文译文源于 Kevin Terraciano, *Codex Sierra: A Nahuatl-Mixtec Book of Accounts from Colonial Mexico*, p.143。

[3] Maxine Berg, "In Pursuit of Luxury: Global History and British Consumer Goods in the Eighteenth Century."

[4] Patrick Hunt, "Late Roman Silk: Smuggling and Espionage in the 6th Century CE."

[5] Hoàng Anh Tuan, *Silk for Silver: Dutch-Vietnamese relations, 1637–1700*, p.29.

[6] V. K. Rahmathulla, "Management of Climatic Factors for Successful Silkworm (bombyx Mori L.) Crop and Higher Silk Production: A Review," p.1.

[7]（明）宋应星著、潘吉星注：《天工开物译注》，第 88、91 页。

[8] 伊沛霞（Patricia B. Ebrey）：《养蚕》（"Sericulture"）。

[9]（明）冯梦龙：《醒世恒言》，卷十八，页七下。

[10] Luca Molá, *The Silk Industry of Renaissance Venice*, pp.230–232.

[11] 吴芳思（Frances Wood）：《丝绸之路 2000 年》（*The Silk Road: Two Thousand Years in the Heart of Asia*）；Allison Margaret Bigelow, "Gendered Language and the Science of Colonial Silk," p.273。

[12] 同样的政策也在英格兰实施过，当时，英王詹姆斯一世（King James I）大力推动地方领主种植桑树。不过这也是失败的政策，英格兰仍然不得不从意大利等南方国家进口原材料。Mary Jo.Maynes, "Technology, Entrepreneurialism, the Household, and the State: the European Textile Labor Force in the Long Eighteenth

Century," p.4; Luca Molá, *The Silk Industry of Renaissance Venice.*, p.63.

[13] John Bonoeil, *Obseruations to be Followed*, p.7.

[14] 更多相关讨论，详见第三章。

[15]《天工开物译注》，第 93 页。

[16]《天工开物译注》，第 109—110 页。

[17] Luca Molá, *The Silk Industry of Renaissance Venice.*, pp.29-51.

[18] Luca Molá, *The Silk Industry of Renaissance Venice.*, p.17.

[19] Kim Yong-sik, *Questioning Science in East Asian Contexts: Essays on Science, Confucianism, and the Comparative History of Science*, pp.53-72.

[20] 潘吉星:《〈天工开物〉在国外的传播和影响》。

[21] 可见于马熙乐（S. J. Vainker）《中国丝绸：一部文化史》（*Chinese Silk: A Cultural History*），第 13—15 页，第 3—8 版，关于丝绸生产的水彩画，1800—1850 年，广州。

[22] Luca Molá, *The Silk Industry of Renaissance Venice.*, pp.230-232.

[23] Borah, *Silk Raising in Colonial Mexico*, 9-10; Hubert J. Miller, *Juan de Zumarraga: First Bishop of Mexico*, p.15.

[24] 马熙乐:《中国丝绸：一部文化史》，第 9 页。

[25] 赵丰:《唐代丝绸与丝绸之路》，第 13—22 页；陈步云（Chen Buyun）:《唐风拂槛：织物与时尚的审美游戏》（*Empire of Style: Silk and Fashion in Tang China*），第 124 页。

[26] 本书第四章将会讨论法律法规。

[27] 周安邦:《由明代日用类书〈农桑门〉中收录的农耕竹枝词探究吴中地区的蚕业活动》，第 64—65 页。

[28]（元）司农司:《农桑辑要》。

[29] 薛凤:《权力与丝绸：明代官营生产的中央与地方（1368—1644）》["Power and Silk: The Central State and Localities in State-Owned Manufacture During the Ming Reign (1368-1644)"]，第 30 页。

[30] 薛凤:《权力与丝绸：明代官营生产的中央与地方（1368—1644）》，第 45 页。

[31] 薛凤:《工开万物：17 世纪中国的知识与技术》（*The Crafting of the 10,000 Things: Knowledge and Technology in Seventeenth-Century China*），第 95 页。

[32] 韩婧（Han Jing）:《明清中国高级服饰与织物中染料的历史与化学研究》["The Historical and Chemical Investigation of Dyes in High-Status Chinese Costume and Textiles of the Ming and Qing Dynasties (1368-1911)"]，第 110、162 页。

[33] 盛余韵（Angela Sheng）:《为什么是天鹅绒？明代中国纺织的本土创新》（"Why Velvet? Localized Textile Innovation in Ming China"），第 58—60 页。

[34]（清）陈梦雷等编：《钦定古今图书集成》，卷六八八，页六十一上。

[35] 韩若兰：《18 世纪中国工笔画的帝王赞助》，第 102 页；林萃青（Joseph S. C. Lam）：《明代中国的国家祭祀与音乐：正统、创造性与表现力》（*State Sacrifices and Music in Ming China: Orthodoxy, Creativity, and Expressiveness*），第 55—74 页。

[36] 迈克尔·马默（Michael Marmé）：《苏州：各省货物汇集之地》（*Suzhou: Where the Goods of All the Provinces Converge*），第 108—126 页。

[37] 范金民、金文：《江南丝绸史研究》，第 80—81 页。

[38] 卜正民：《纵乐的困惑：明代的商业与文化》，第 114 页。

[39] 薛凤：《工开万物：17 世纪中国的知识与技术》，第 97 页。

[40]《江南丝绸史研究》，第 200—204 页。

[41] 卜正民：《纵乐的困惑：明代的商业与文化》，第 75—76 页。

[42] 范金民：《衣被天下：明清江南丝绸史研究》，第 272—275、318—370 页。

[43] 施敏雄（Shih Min-hsiung）：《清代中国的丝绸业》（*The Silk Industry in Ch'ing China*），第 40—41 页。

[44] 马立博（Robert B. Marks）：《虎、米、丝、泥：帝制晚期华南的环境与经济》（*Tigers, Rice, Silk, and Silt: Environment and Economy in Late Imperial South China*），第 119 页。

[45] 薛凤：《工开万物：17 世纪中国的知识与技术》，第 11 页。

[46]《天工开物译注》，第 87 页。英文译文可见于薛凤《工开万物：17 世纪中国的知识与技术》，第 119 页。

[47] 颜亦谦：《两幅 15 世纪中国画中的靛蓝》（"Indigo in Two Fifteenth-Century Chinese Paintings"）。

[48] 韩若兰：《耕织图：宋元中国的艺术、劳工与技术》（*Pictures of Tilling and Weaving: Art, Labor and Technology in Song and Yuan China*），第 9 页。

[49] 这些图像也是为了提高皇帝对农民生活的艰苦性的认识。韩若兰认为，楼璹用这幅画来赞扬王安石改革，尤其是王安石对实用知识的重视。韩若兰：《耕织图：宋元中国的艺术、劳工与技术》，第 6 页。

[50] 韩若兰：《耕织图：宋元中国的艺术、劳工与技术》，第 9—40 页。

[51] 很多此类书籍都非常实用，主要是举例介绍了园艺经济。韩若兰：《耕织图：宋元中国的艺术、劳工与技术》，第 161 页；Clunas, *Fruitful sites*, pp.78-79；杜新豪：《地域转移、读者变更与晚明日用类书农桑知识的书写》，第 10—11 页。

[52]（明）邝璠：《便民图纂》，序言。王加华：《教化与象征：中国古代耕织图意义探释》。

[53] 早期丝织图像中的孵化方法，仅出现于嘉兴和湖州地区。见《天工开物译注》，第 88 页。

[54] 韩若兰:《18世纪中国工笔画的帝王赞助》,第28页。

[55](明)邝璠:《便民图纂》,序言。英文译文源自韩若兰《18世纪中国工笔画的帝王赞助》,第260页。

[56]《便民图纂》,卷一,页九下。英文译文源自韩若兰《18世纪中国工笔画的帝王赞助》,第267页。

[57] 例如,刚开始饲养时,蚕需要每半个时辰喂两次。三天后,当它们的身体变白时,需要增加提供的叶片数量。当蚕虫变成青绿色时,就需要更多的叶片。之后,它们又变回了白色,此时需要放慢喂食速度。当蚕长成黄色时,需要进一步放慢速度,最终在蜕皮期需要停止喂食。蚕在蜕皮苏醒后,会从黄色再次变成白色,然后再变成绿色,再回到白色,最后在再次蜕皮前再次变成黄色。这样的循环一般需要重复三次。

[58](清)程岱:《西吴蚕略》下,《妇功》,第162页。

[59] 滤液是由桑枝或稻草的灰烬(最好是桑枝)制作的。需要将蚕茧在这种液体中浸泡一整天,然后取出。

[60]《便民图纂》,卷一,页九上。英文译文源自韩若兰《18世纪中国工笔画的帝王赞助》,第266页。

[61] 周安邦:《由明代日用类书〈农桑门〉中收录的农耕竹枝词探究吴中地区的蚕业活动》,第48页。每斤桑叶至多值十个铜板。

[62]《便民图纂》,卷一,页十五上。英文译文源自韩若兰《18世纪中国工笔画的帝王赞助》,第270页。

[63]《便民图纂》,卷一,页十下。英文译文源自韩若兰《18世纪中国工笔画的帝王赞助》,第267页。

[64] 特蕾莎·M. 凯莱赫(Theresa M. Kelleher):《三从四德》("San-ts'ung ssu-te"),第496页。

[65]《便民图纂》,卷一,页十六下。英文译文源自韩若兰《18世纪中国工笔画的帝王赞助》,第271页。还有一点值得注意:虽然大多数晚明的平民仍然自己制作便服,但许多人仍会找裁缝制作正装。原祖杰(Yuan Zujie):《衣装国家、衣装社会:明代中国的礼仪、道德与炫富消费》("Dressing the State, Dressing the Society: Ritual, Morality, and Conspicuous Consumption in Ming Dynasty China"),第141页。

[66] 卜正民:《纵乐的困惑:明代的商业与文化》,第202页。

[67] 李伯重:《从"夫妻并作"到"男耕女织"——明清江南农家妇女劳动问题探讨之一》,第269—288页。李伯重:《"男耕女织"与"半边天"的形成——明清江南农家妇女劳动问题探讨之二》,第289—314页。

[68] 弗兰切斯卡·布雷(Francesca Bray)指出,到了明末,除了维持生计的家纺外,

所有丝织工作基本上都由男性承担。

[69]《便民图纂》，页十三上，十六上。

[70] 王安:《图绘理想的农民：耕织图与 18 世纪中国的家庭经济》（“Picturing the Ideal Peasant: ‘Pictures of Tilling and Weaving’ and the House hold Economy in Eighteenth-Century China”），第 13 页。

[71]（明）何乔远:《请开海禁书》，见《镜山全集》，卷二十三，页三十下至三十四上。英文译文来自 von Glahn, *Fountain of Fortune*, p.127。

[72]（元）徐一夔:《始丰稿》，卷一，页三下至四上。英文译文来自原祖杰《衣装国家、衣装社会：明代中国的礼仪、道德与炫富消费》，第 118 页。

[73]（清）陈梦雷等编:《钦定古今图书集成》，卷七八一，页五十五。英文译文源自原祖杰《衣装国家、衣装社会：明代中国的礼仪、道德与炫富消费》，第 118 页。亦可见于陈丽贞《明清商业网络的活化研究》，第 6—8 页。

[74] 朱新予:《浙江丝绸史》，第 61 页。

[75]（明）冯梦龙:《醒世恒言》，卷十八，页三上。

[76]《醒世恒言》，卷十八，页七上。这些都是指元朝总结的养蚕方法。“十体”是指养蚕时要注意的十种情况：蚕是冷、是暖、是饿、是饱；是相互远离还是挤在一起；何时蜕皮；何时醒来；吃得快还是慢。“八宜”是指工人在养蚕的环境中需要注意的八条规则，如温度和风的大小。“两光”有时也被称为“三光”，指的是蚕的身体所呈现的两种不同的颜色色调。更多细节，可见于《醒世恒言》英文版（*Stories to Awaken the World*），952，nn 2-4。

[77]《醒世恒言》，卷十八，页三下。英文译文来自《醒世恒言》英文版，376。

[78]《醒世恒言》，卷十八，页七下至八上。

[79]（明）王稺登:《客越志略》，第 143 页。另可参考卜正民《纵乐的困惑：明代的商业与文化》，第 195 页。

[80] 盛余韵:《为什么是天鹅绒？明代中国纺织的本土创新》，第 58 页。

[81]（清）王沄:《漫游纪略》，卷二，页二五六。

[82] 有关福建的早期历史，见克拉克（Hugh R.Clark）《社区、贸易和组织 :3—13 世纪南方的福建省》（*Community, Trade, and Networks: Southern Fujian Province from the Third to the Thirteenth Century*）。

[83]《醒世恒言》，卷十八，页四上至下。英文译文来自《醒世恒言》英文版，377。

[84]《沈氏农书》，页二十四下至二十五上。

[85]（唐）刘恂:《岭表录异》，卷一，页六。郭文韬:《我国古代保护生物资源和合理利用资源的历史经验》，第 83 页。另有一些学者认为，这一模式应起源于东汉时期。黄启臣:《明清珠江三角洲的商业与商业资本初探》，第 206—209 页。

[86] 更多有关明朝之前以桑树种植为基础的农业模式的讨论，可见于王建革《宋元

时期家湖地区的水土环境与桑基农业》；周青《河网、湿地与蚕桑——嘉湖平原生态史研究（9—17 世纪）》。

[87]（清）邹兆麟、蔡逢恩：《（光绪）高明县志》，卷二，页三十上。

[88] 王建革：《明代家湖地区的桑基农业生境》。

[89]（清）屈大均：《广东新语》，卷二十四，页一下。

[90] 黄启臣：《明清珠江三角洲"桑基鱼塘"发展之缘由》，第 4 页。

[91] 到了 19 世纪，这一模式逐渐占据了九江县的一半土地。详见（清）朱次琦等编《（光绪）九江儒林乡志》，卷三，页八上。

[92] 马立博：《虎、米、丝、泥：帝制晚期华南的环境与经济》，第 119 页。

[93]（清）沈廷芳：《广州府志》，卷二十六，页二十二下。（清）屈大均：《广东新语》，卷十五，页四二七。

[94] 卜正民：《纵乐的困惑：明代的商业与文化》，第 194 页。

[95] 卜正民：《纵乐的困惑：明代的商业与文化》，第 117 页。

[96] 苏耀昌：《华南丝区：地方历史的变迁与世界理论》（*The South China Silk District: Local Historical Transformation and World-System Theory*），第 86—87 页。

[97] 杜新豪：《地域转移、读者变更与晚明日用类书农桑知识的书写》，第 14 页。

[98] William W. Dunmire, *Gardens of New Spain: How Mediterranean Plants and Foods Changed America*, p.292.

[99] Luca Molá, *The Silk Industry of Renaissance Venice*, p.20.

[100] Patricia Careyn Armitage, "Silk Production and Its Impact on Families and Communities in Oaxaca, Mexico," p.16. 也可参见马里亚诺·波尼亚利安（Mariano Alberto Bonialinan）《16—18 世纪西班牙美洲之路沿线的中国丝绸与全球化》（"Chinese Silk and Globalization along the Hispanic American Road, from the Sixteenth to Eighteenth Centuries"）。

[101] Borah, *Silk Raising in Colonial Mexico*, pp.5-14.

[102] 更多有关染料的实用及其对丝绸生产的影响，可见于第三章。

[103] *Silk Raising in Colonial Mexico*, pp.9-10.

[104] Hubert J. Miller, *Juan de Zumarraga: First Bishop of Mexico*, pp.36-38.

[105] "The Indians of Tejupan Want to Raise Silk on Their Own 1543," in Richard E. Boyer, Geoffrey Spurling eds., *Colonial Lives: Documents on Latin American History, 1550-1850*, pp.6-10.

[106] Ben Marsh, "Spain and New Spain," p.60.

[107] 亚历山大·冯·洪堡等编：《论新西班牙的政治》（*Political Essay on the Kingdom of New Spain*），第 38 页。

[108] *Silk Raising in Colonial Mexico*, pp.46-47.

[109] *Silk Raising in Colonial Mexico*, pp.49–50.
[110] William B. Taylor, "Town and Country in the Valley of Oaxaca," pp.66–69; José Luis Gasch-Tomás, *The Atlantic World and the Manila Galleons*, pp.253–254.
[111] Hernán Cortés, J. H Elliott eds., *Letters from Mexico*, p.334.
[112] José Antonio Gay, *Historia De Oaxaca*, p.435.
[113] Hubert J. Miller, *Juan de Zumarraga: First Bishop of Mexico*, p.15.
[114] *Codex Sierra: A Nahuatl-Mixtec Book of Accounts from Colonial Mexico*, pp.6–7.
[115] *Codex Sierra: A Nahuatl-Mixtec Book of Accounts from Colonial Mexico*, p.6.
[116] *Silk Raising in Colonial Mexico*, pp.82–84.
[117] *Silk Raising in Colonial Mexico*, p.15.
[118] Patricia Careyn Armitage, "Silk Production and Its Impact on Families and Communities in Oaxaca, Mexico," p.19.
[119] *Codex Sierra: A Nahuatl-Mixtec Book of Accounts from Colonial Mexico*, p.3.
[120] 更详细的讨论可见于 Jesús Barrientos, "The Sierra-Texupan Codex: Three Cultural Traditions, Two Writing Systems, and One Shopping List"; Kevin Terraciano, "Parallel Nahuatl and Pictorial Texts in the Mixtec Codex Sierra Texupan"。
[121] *Codex Sierra-Texupan*, plates 38, 28, 42.
[122] 更多细节详见 Kevin Terraciano, "Parallel Nahuatl and Pictorial Texts in the Mixtec Codex Sierra Texupan", pp.504–517。
[123] *Codex Sierra-Texupan*, p.37. 英文译文引自 *Codex Sierra: A Nahuatl-Mixtec Book of Accounts from Colonial Mexico*, p.156。
[124] *Codex Sierra-Texupan*, p.44. 英文译文引自 *Codex Sierra: A Nahuatl-Mixtec Book of Accounts from Colonial Mexico*, pp.159–160。
[125] *Codex Sierra-Texupan*, p.16. 英文译文引自 *Codex Sierra: A Nahuatl-Mixtec Book of Accounts from Colonial Mexico*, pp.146–147。
[126] *Codex Sierra-Texupan*, p.44. 英文译文引自 *Codex Sierra: A Nahuatl-Mixtec Book of Accounts from Colonial Mexico*, pp.159–160。
[127] *Codex Sierra-Texupan*, p.47. 英文译文引自 *Codex Sierra: A Nahuatl-Mixtec Book of Accounts from Colonial Mexico*, p.161。
[128] 这一页记录着："8 比索给了两个代表城邦去墨西哥城的贵族，他们去拿卖丝绸的银子。" *Codex Sierra-Texupan*, p.38. 英文译文引自 *Codex Sierra: A Nahuatl-Mixtec Book of Accounts from Colonial Mexico*, p.157。
[129] Jesús Barrientos, "The Sierra-Texupan Codex: Three Cultural Traditions, Two Writing Systems, and One Shopping List."
[130] *Silk Raising in Colonial Mexico*, p.33.

[131] Chimalpahin Cuauhtlehuanitzin etc., *Chimalpahin's Conquest: A Nahua Historian's Rewriting of Francisco López de Gómara's La Conquista De México*, p.363.

[132] Jan Bazant, *Evolution of the Textile Industry of Puebla,1544–1845*, p.60.

[133] Alexander James Robertson etc., *The Philippine Islands,1493–1898*, vol. 8, pp.90–91.

第二章

贸易：中央政府与地方社会之间的斡旋

1564年，奉新西班牙第二任总督路易斯·德·贝拉斯科（Luís de Velasco，1511—1564）之命，西班牙航海家、总督米格尔·洛佩斯·德·莱加斯皮（Miguel López de Legaspi，1502—1572）率领船队远航太平洋。当时正值西班牙国王费利佩二世在位时期，此次航行也是受国王之命而展开。航行93日之后，莱加斯皮终于在1565年抵达马里亚纳群岛。接着，他继续向前，成功登陆今日的菲律宾。莱加斯皮向费利佩二世介绍西班牙在菲律宾修建的前哨基地，称其为“世间最幸运国度的大门及其周边地带”。[1]虽然他在后来的信中怀疑了以贸易维系殖民统治的做法，但是有关这一发现的消息仍然遍传海外，获得商人们的盛赞：“此壮举的意义非同小可，墨西哥人为他们的发现感到无比荣耀和自豪。他们一定相信，这将令墨西哥成为世界的焦点。”[2]此番评价，暗示着大西洋与太平洋之间巨大的贸易潜力。 67

莱加斯皮所说的“世界最幸运国度”，是东亚、东南亚诸国，这些国家位处当时世界经济的核心地带。几个世纪以来，欧洲探险家对此地心驰神往。菲律宾位于亚洲东南部，西濒中国南海，东临太平洋。西班牙国王意欲借助菲律宾的战略优势，开放亚洲市场，与欧洲共享荣华。那些鹤立潮头的商贾，有占据巴达维亚的荷兰人，后来逐渐成长为垄断中日贸易的巨头；也有在中国南部拥有一处宝贵据点的葡萄牙人。

成就这一局面的契机，出现于16世纪60年代后半段。当时明朝倡行的新政，使得西班牙访客大受裨益。1567年，福建巡抚徐泽民等地方名士受隆庆皇帝（1537—1572）的肯定，废除了
68 自1371年以来的私人海上贸易禁令。[3]当时的诏书记载，得到明朝廷分发的许可证的船只，仅可在“东西洋”范围内建立商业联系。“东洋”指的是中国东海，特指吕宋（中国对菲律宾的旧称，有时仅代指菲律宾北部的吕宋岛）地区；而“西洋”则是印度洋。[4]次年，随着政策的不断完善，福建的港口城市月港更名为漳州。在接下来的两个世纪里，漳州成为中国距离东南亚最近的港口。此后两年，西班牙人也成功在菲律宾马尼拉建港，这进一步说明了此地的重要性。

西班牙在菲律宾建港、明朝终止海禁，这两件震荡世界市场的大事，几乎同时发生，反映了近代这两大帝国合理应对日益增长的外贸需求的举措。自1573年第一艘满载中国货物的大帆船抵达美洲以来，两大洲共享了持续两百年的商贸网络。每年的马尼拉大帆船从墨西哥阿卡普尔科港将大量白银运至菲律宾，在诸多港口城市换取无数亚洲货品。太平洋贸易主要由中国、西班牙以及亚欧其他地区的商贾、走私者互通往来。自15世纪以来，其中一些人在中国南海、东海水域已经活跃不衰。

步入本章，我们将回看马尼拉贸易的运作策略，及其对明朝及墨西哥社会的影响。众多学者都关注马尼拉贸易。[5]近年来，有些全球史学者探索了马尼拉与亚洲其他港口的联系。[6]大部分学术论著关注贸易量及其带来的利润，而贸易运作引致的双方反

复冲突、谈判以及社会的重大变革，却少见学者涉猎。

太平洋贸易网络并非总是受到皇家的青睐，倒是多次陷入禁令之桎梏。明朝更关注边疆安全，而西班牙王室显然更在乎维系帝国税收。因此，以太平洋贸易谋利，并非明朝皇帝的治理之道。太平洋贸易直接带来的利润，也没有进入西班牙国王的口袋。在太平洋两岸，中央与地方各方权力纠结，地方权贵之间也藏有冲突的暗流。中国文士众说纷纭，争论外贸利弊，而马尼拉与墨西哥的西班牙官员，则反复请求禁止或批准外国进口。通过 69
关注两国权贵阶层对贸易冲突的态度，本章致力于新的比较。由于纸面上的贸易禁令和现实中的做法出现差异，中国和西班牙都对盛行的走私行径深感担忧。不过二者担忧的缘由各不相同：明朝廷关注边境安全，担心海疆之难以捍卫，而西班牙王室则更加关心从其殖民地获得的收益。全球市场的联系挑战了国家的权威，预示着这些国家对地方社会的全面掌握逐渐弱化。

明朝的对外贸易政策

14 世纪下半叶，明初皇帝在西部边陲筑垒驻军。此举虽说抵御了外来入侵，却使陆上丝绸之路举步维艰。在致力于复古的同时，明太祖对外国产生了极强的戒备之心。然而，所谓“香料之路”沿线的海上贸易却势不可当。郑和及其船队“七下西洋”，堪称明朝在 15 世纪初最重要的远航。此壮举标志着航海技术的进步，以及中国与东南亚之间的联系日益紧密。然而，郑和远航与同时期的欧洲远航大有不同。郑和下西洋并非纯受经济利益驱动，而是有来自统治者的考量。郑和远航壮大了明朝声威，影响力波及东南亚。不过其收益甚微，朝廷上下对此批判不绝，这一伟大的远航只好就此终结。同时，北方的蒙古不断威胁明王朝，纷争不断。在郑和下西洋之后，明朝再也没有远航海外。[7] 15世纪末，欧洲人发现了好望角，这为海上探险带来了长足进展。在此基础上，他们建立了横跨印度洋的航线，并发现了新大陆。

对于明朝来说，外贸是朝贡体系的一部分。当时，外国使团多将货物进贡给明朝廷，以换取中国物产。他们在朝廷的监管下，可在特定的时节、指定的市场出售剩余货物。[8]但是，这样的对外贸易引发了官方监管与民众活动之间的巨大分歧。为了从容应对海盗"倭寇"的挑衅，明朝禁止了朝贡体系外的所有外
70 贸。直到1567年，明朝才开始允许少量船队在东南亚进行合法贸易。明初，在禁止对外贸易的同时，皇帝还禁止人们使用进口商品。1394年，太祖朱元璋就曾下诏，如是规定："凡番香番货，皆不许贩鬻。其见有者，限以三月销尽。"[9]下达此诏令，主要就是为了让国民保持节俭的生活，限制其与外界的接触。类似的政策也曾在欧洲和美洲出现，本书第四章将对此有所讨论。尽管1567年后只有少数船只获准出海，但在暗地里从事外贸的船只数量却远超限额。

1592年，丰臣秀吉（1537—1598）出征朝鲜，威胁到了明朝的海防。次年，明朝只好再次实行海禁。虽然日本在1598年从朝鲜撤兵，但直到1599年春天，福建的海上贸易才再次获准开展。[10]

虽然东西洋贸易得以重启，但与日本的贸易往来仍是禁忌。然而，明朝末年，葡萄牙、荷兰舰队来犯，所以到了 17 世纪 20 年代末，为了维护边境稳定，明朝只好第三次关闭海上贸易的通道。

官员们（尤其是福建官员）极力反对这一贸易禁令。何乔远和陈子贞（约活跃于 1580 年前后）都认为，受制于自然环境，福建百姓缺乏谋生手段，而从事国际市场贸易，是他们养家糊口的最佳方式。[11] 他们的观点源于福建的历史。多年以来，福建一直以与外国市场的密切联系而闻名。自宋朝以来，泉州就以其拥有大量的外国商品和外国商人住所而闻名。[12] 宋朝甚至在漳州港设立了督查官员，招揽外国商人。[13] 元朝则继续见证了福建的贸易交流和技术工匠的迁移。[14]

虽然官方禁止海上贸易，但是过去的贸易传统仍然滋生了大量走私活动。例如，在反复海禁的胶着局面中，明朝与日本的商贸关系从未获得正式批准，而走私持续发生。沿海城市，尤其是福建和浙江的城市，“视海如陆，视日本如邻室耳”。[15] 明朝的文书有专门的词来指代这些走私案，即“通番”。“番”是贬义词，指外国人，“通”则指代密谋的交涉。使用这个词表明，明朝统治者担心走私会导致民间与外国人的非正式交易，最终可能危及国家安全。[16]

显然，明朝无法守住整个沿海地区和数千座离岛。单在 1610 年 71
到 1614 年间，明朝就处置了七起重大走私案，其中，丝绸走私占比相当大。[17] 这些案件仅是中国丝绸走私的冰山一角。官方管制走私案件的态度，表明了这种非法贸易的普遍存在。一位官员指出：“豪门巨室，间有乘巨舰，贸易海外者，奸人阴开其利窦，而官人不得显收其利权。”[18]然而，尽管京城官员的态度模棱两可，但中国对中东和欧洲等地货物的需求，还是产生了紧密的商业联系。[19]讽刺的是，管制对外贸易不仅未能阻止走私，还中断了朝廷奢侈品的来路。1555年，嘉靖皇帝因为十多年没得到自己最喜欢的龙涎香，甚至亲自派遣官员到沿海城市联系走私商购买。朝廷对地方走私活动的矛盾态度，为日后废除对外贸易禁令埋下了伏笔。[20]

对外贸易的禁令，不料为走私提供了土壤，还使中国商人垄断了近海贸易。由于官方禁止对外贸易，来自南亚和东南亚的商人不再来到中国，中国沿海城市的外国社区很快就开始衰落。因此，明朝的海运政策使中国首次在近海垄断了中外贸易。[21]如海洋史学家张彬村所说，尽管这一政策的最初目标是遏制私人商业，但它在不经意间为未来中国商人的崛起奠定了基础。官方的无力，导致了海外贸易缺乏监管和监督，从而为商人创造了自由发展的空间。这些商人大部分都应算是走私商。尽管他们的经商活动属于非法行为，但是活跃于地方政府视线之外的商人，通常都可以逃避官方的监管。禁令还催生了许多海外的华人社区，并在其间促进了商业网络的构建。[22]

但后来，当海上贸易首次获准却再次被禁之时，欧洲商人抓住机会接手市场，并与中国商人（尤其是活跃于东亚地区的中国商人）互争雄长。[23]因此，中国大陆的走私商大多时候都需要与海外商人合作。其中包括菲律宾的西班牙人、澳门的葡萄牙人、荷兰人，以及17世纪末期台湾的郑氏。[24]走私贸易连接了东海和南海上的多处岛屿和社区，形成了高度活跃的贸易网络。

当明朝允许对外贸易、西班牙在马尼拉殖民时，这个地下网络扮演了重要的角色。 72

马尼拉与马尼拉大帆船

西班牙人一直渴望在菲律宾建立堡垒，并将其设为太平洋贸易路线的起点。在初次抵达菲律宾后，几经葡萄牙人的骚扰，西班牙人开始试图与中国建立联系。驻扎在菲律宾的官员，曾于1565年向墨西哥写信求助，要求立即运送大量的食物和军事装备。在信中，他们还要求提供大量的贸易货物，包括“用来与中国贸易的硬币和足银（fine silver）条”。[25] 1571年，西班牙在菲律宾建立两处据点的尝试失败之后，马尼拉终于因其得天独厚的海港优势而成为西班牙人眼中的完美殖民地。从那时起，西班牙与中国的商贸便逐渐稳固，官员们也向王室连连报喜。

中国人很早就知道菲律宾，并一直有人前往。1571年，海盗林凤在广东沿海被当地军队击败后，逃到了吕宋岛。中国将领刘尧诲请示吕宋王，请求他们协助打击海盗，并焚毁海盗船只。1575年，中国军队前往吕宋岛，追击海盗林道乾。[26] 类似史实说明，中国与菲律宾之间的航线已经非常完善和知名。16世纪70年代之后，日渐繁荣的马尼拉吸引了不少来自福建的移民。最早是泉州，接着是月港，然后是厦门。[27] 早在16世纪之前，就有中国人移民到东南亚，但他们此前从未有过真正的“移民潮”。[28] 16世纪末，移民数量逐渐增加，到17世纪，已经有了几万人。

1573年，菲律宾的第二任西班牙总督吉多·德·拉韦扎里斯（Guido de Lavezaris，1512—1582）向费利佩二世报告："自从我们抵达以来，中国人每年都来这里（马尼拉）做买卖……每年都有越来越多的人和船舶到来。"[29]到了1600年，生活在马尼拉的中国商人"常来人"（Sangleys）达到了两万之多，每逢贸易旺季，还会有更多的人驶向马尼拉。[30]后来的史料，包括张燮（1574—1640）的《东西洋考》，还讨论了生活在吕宋岛之外的菲律宾其他群岛上的中国人。[31]

73 在马尼拉的日常运作中，这些中国移民至关重要。留在马尼拉的，有技术精湛的工匠，也有商户、农民、渔民和佣人，他们保障了外贸人员的日常生活。[32]根据政府公证人赫尔南多·雷克尔（Hernando Requel，活跃于1498年前后）的说法，中国人"带来了令人眼花缭乱的商品小样，便于定价，如水银、火药、胡椒、优质肉桂、丁香、糖、铁、铜、锡、黄铜、丝绸和各种织物……以及各种陶瓷"。[33]不过，殖民地长官在1581年下令，中国移民只能居住在特定区域，即当地人口中的巴里安（Parián，俗称"涧内"）市场。中国人也被禁止在马尼拉城墙内过夜。

马尼拉建成后不久，新世界的魅惑便层出迭见。在大街上，在当地仓库里，总能看到来自新大陆的白银、中国制造的丝织品，以及雄心勃勃的海洋商人。在西班牙统治期间，马尼拉主要是一座贸易港，与新西班牙在帝国体制中扮演的角色并不相同。除了肉桂和胡椒粒，马尼拉本地的产物有限，但这些物品价格实在太低，长途运输并不划算。为了使马尼拉为西班牙扩张全球市场的征途作出重要贡献，必须维系一条可持续运作的太平洋商路。1565年2月，米格尔·洛佩斯·德·莱加斯皮成功从阿卡普尔科穿越太平洋，在此之后，奥古斯丁修士兼领航员安德烈·德·乌尔达内塔（Andrés de Urdaneta，1508—1568）也奉命从马尼拉出发，找到返回阿卡普尔科的航线。[34]

贸易路线的运营

开展海外贸易需要依靠特定天气，尤其是潮汐和风力。在航海前不可或缺的一步，就是正确认识并观测天气。在航海时，季风是必要因素。每年的4月到9月，亚洲大陆都会持续升温。此时，热气流上升，形成吸入海洋大气的真空，带来西南季风。在一年内的其他六个“冬月”中，也会出现类似现象，带来东北季风。除了“季风”一词，中文还把这种风称为“信风”或“贸易风”。[35]在每年的季风期间，只需二十来天便可从中国运货到马尼拉。运往马尼拉的丝织品，一半以上会被运往日本，剩下的则是被运往太平洋彼岸。[36]

沿着洋流，大约五六个月便可从马尼拉到达新大陆。[37]若是从马尼拉向东航行到日本（图2.1），那么第一段航程受控于夏季风，因为此时海上虽风力稳定，却波涛汹涌。从马尼拉出发，情况比较复杂。若是耽误出海的最佳时机，船只就有可能因恶劣的天气而中途折返。1620年，西班牙国王下令，船只必须在6月的最后一天之前从马尼拉出海。借助东北季风，大帆船便会驶抵黑潮（Kuroshio current）。中国的史料早已记载了这条航线的凶险。澎湖列岛周围的渔船，在遭遇台风后被急流冲进公海的例子不胜枚举。[38]按时出发，大帆船便可在6月驶过圣贝尔纳迪 74–75

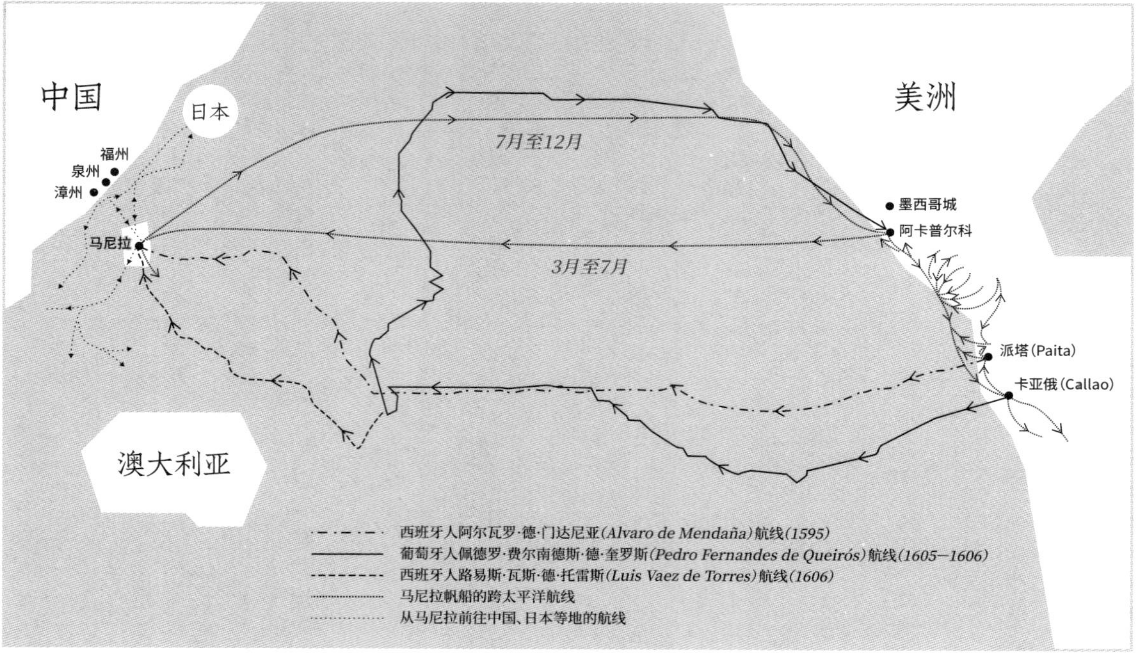

图 2.1　跨太平洋贸易中的主要线路示意图

资料来源：基于原书插图改绘。此图仅用于示意，不代表实际比例。原图 Copyright © 2020 by Inspiration Design House, Hong Kong. Reprinted by Permission of SAGE Publications, Inc.。

诺海峡（Strait of San Bernardino），历时两到四周后抵达公海。许多船只都会沉没在这段危险的航程之中。不过，航程的中段较为轻松，只需沿北纬 40 度线航行。最后一段沿加州海岸的航路，又会像噩梦一般。这里被称为“旋风区”，埋伏着大量私掠者和海盗。[39] 17 世纪的意大利冒险家约翰·弗朗西斯·格梅利·卡雷里（John Francis Gemelli Careri，1651—1725）详述了这段东向航程的艰险：

> 从菲律宾群岛到美洲的航程，可以说是世界上最长、最可怕的。这既是因为要在惊涛骇浪中横渡相当于半个大陆面积的广阔海洋，又是因为那些说来就来的暴风骤雨和千灾百病。在长达七八个月的航程中，冷热交替，天气时而温和，时而酷寒、酷热。这样恶劣的环境，足以摧毁钢铁之躯，更不要说那些只能在海上食用劣质食物的血肉之躯了。[40]

起初，从墨西哥出海的大帆船，是从圣诞港（port of Christmas）启程的。但后来，船员们发现从阿卡普尔科出海更安全，那里也有更好的泊船位。从阿卡普尔科航行到马尼拉，全程相对轻松。阿卡普尔科位于 17 度纬线之上，船只从那里出发，可以借助顺风前往 18 度纬线，取道 10 度纬线和 15 度纬线之间，前往马里亚纳群岛。马里亚纳群岛是美洲与亚洲之间的一处中转站。这段航程大约需要两个月完成。短暂停留后，大帆船可以在罗塔航道（Rota Channel）穿行。此航道宽达 30 英里，从关岛北岸经过，较为安全。继续航行两到三周，便可抵达马尼拉。为了避开北太平洋5月至11月的台风季，西班牙王室于1620年规定，船队必须在3月25日前离开阿卡普尔科。其间，领航员会不断提醒船员遵循航行时间表，以降低恶劣天气带来的风险。[41]

76 许多亲历者记录了第一艘马尼拉大帆船抵达墨西哥时的情况。1573年12月，新任西班牙总督马丁·恩里克兹（Martín Enriquez）迎接了这艘大帆船，上面载有“136马克的黄金……珠宝……从棉兰老岛（Mindanao）收获的280英担肉桂……各色丝绸（锦缎和绸缎）、（加工过的）织物以及大量棉披肩……蜡烛，上釉的陶器，以及其他小装饰品，比如扇子、阳伞、书桌和数不胜数的其他制品”。[42]恩里克兹特别强调了丝织品，说明当时丝织品在货物中占大多数。对于殖民地居民来讲，丝织品或许更具价值。而“各色丝绸”可能是指生丝，“织物”大概是指那些经过加工的丝绸产品。

在接下来的几十年里，丝织品在马尼拉大帆船上保持着优势地位。马尼拉商人包装丝绸的方式非常巧妙，可以最大限度利用空间。中国的装运工能够尽可能多地装载货箱。因此，他们也在就业市场上备受青睐。丝绸和缎子紧密折叠，外部则用廉价材料包裹，以防止虫蛀或受潮。每个包裹都需要用帆布再包一层，确保货物的完好。正如西班牙历史学家安东尼奥·德·莫尔加（António de Morga，1559—1636）记录的那样：

通常，他们卖给西班牙人的商品包括：成捆的生丝，其中有两股质量上乘的，还有其他质量没那么好的；白色和各种颜色的精致无捻丝，卷成小线团；各种丝绒，有些是

> 素色的，有些绣满了各种流行图案和花色，还有些金光闪闪的，使用了金线绣制；以金丝银线绣出的织物和锦缎，上面装饰有层出不穷的颜色与纹样；大量的金线、银线与丝线缠绕——但所有金银的光彩都是虚假的，仅存在于纸面上；锦缎、绸缎、塔夫绸、格瓦兰（gorvaranes）挂毯、皮科特装饰环（picotes），等等。他们还带来了许多床饰、挂毯、床罩和刺绣丝绒挂毯，还有五颜六色的锦缎和格瓦兰挂毯。[43]

这份繁杂的清单，不仅囊括种类繁多的丝织品（如精品与次品、未加工与经过加工的材料），还有饰以贵金属、刺绣纹样的物件。清单中还包括了人们购买的一些异域物品、日常用品，例如“小麦粉，橙子、桃子、鸦葱、梨、肉豆蔻和姜等中国水果制成的果酱，咸猪肉和其他腌肉……各种绿色水果，各种橙子，优质栗子，核桃”。[44]这些货物可能是由随行的中国人带来的。与此同时，织物也占据了秘鲁市场。常住利马的葡萄牙人莱 77
昂·德·波托卡雷罗（León de Portocarrero，约1504—1539）发现，秘鲁每年都会收到各式各样的丝织品。[45]

从墨西哥返航时，帆船将满载白银。白银是需求量最大的物品；据估算，从16世纪70年代到19世纪30年代，西行航线运送了价值近4亿比索的白银。新西班牙总督早就向国王报告，在新商路初成之时，除了白银，他们想不出有什么是中国需要的商品：“这种贸易和交流的一个难点在于，从目前了解的情况来看，无论是从这片土地还是从西班牙，都无法向那里出口他们尚未拥有的任何东西。因此，简而言之，与那片土地的贸易，必须依靠白银进行，因为他们认为白银比其他任何东西都更有价值。”[46]正如信中所说，这种情况是由中国丰富的商品以及明朝税法中对白银的重视导致的。此时，有更多不同的人向西远航，包括官员及其家属、商人、修士和传教士、士兵，以及其他想在亚洲殖民地赚大钱的人。他们使用的许多日常用品，也成了西行航船上的货物。

贸易和参与者的利益

买卖中国丝绸是暴利行业。当时的中国权贵以高利润为由，请求重新开放海上贸易。1630年，何乔远在他的奏疏中记录道：

> 东洋……其国有银山，夷人铸作银钱独盛。中国人若往贩大西洋，则以其物产相抵。若贩吕宋，则单得其银钱……是以中国湖丝百斤，值银百两。若值彼，得价二倍。而江西瓷器，福建糖品、果品，诸物皆所嗜好弗郎机之夷。[47]

“银山”可能指的是波托西（Potosí）*。[48]东海的长途运输利润更为惊人。1585年，马尼拉一位热心的西班牙财政官向他在西班牙的同行保证：“投资中国货物带来的利润远超黄金。”[49]1638年，一位西班牙海军军官报告称，将中国丝绸从马尼拉运至西属美洲的利润率达到了400%。[50]这样的利润率远超世界其他
78 地区的丝绸贸易，包括自印度洋至东南亚、欧洲的传统海上商路。

* 西班牙殖民地的一处白银产地，位于今玻利维亚南部。

在中国，开展长途海外贸易的一般是有权有势的世家大族。远航海外做买卖的家族非常之多，他们多数与官方有密切联系，或者是家里本来就有人在做官。如明末清初文人屈大均（1630—1696）所说，只有三成参与外贸的商人是平民百姓，而七成则是官宦家族。他们既可以待在广东，也可行至东海、西海。[51]除了单独投资外，这些世家大族还可合伙投资。万历年间，周元暐（活跃于1586年前后）记录道，每艘出海贸易的船上，都会有一位富裕的主要出资人，其他人都只是投资小额财物。那些没有足够资金投资的人，可以在船上当水手。[52]鸿儒顾炎武（1613—1682）将此描述为“富室又假贷而济之，贫民惟出力耕耘”。[53]还有许多社会下层的人，负债累累，只好去从事海外贸易。清朝的广东地方志也曾记载，常常有百十来人合伙在印度洋和菲律宾之间从事贸易。[54]

反观马尼拉，太平洋贸易吸引了不少西班牙和新西班牙的权贵。1671年写于波托西的一份手稿记载，皇家铸币厂的官员弗朗西斯科·德·阿拉佐拉（Francisco de Arrázola）曾参与墨西哥和中国的贸易往来。[55]在1593年至1693年之间，政府出台了一种名为“整批交易法”（pancada）的制度，使贸易更为公平，并可落实政府的监管。根据这一制度，整批货物需由西班牙总督购买，然后总督可分发给他的同胞。[56]此外，马尼拉的民众和水手都有权利参与“选票”（boletas）制度，每个人都有份额购买价值125比索的马尼拉帆船的货物。[57]不过，他们实际在这上面投入的金额，往往是规定金额的好几倍。

信用是贸易的核心。当时，雄心勃勃的西班牙人会提前一年与中国商人打交道，预约在吕宋岛海岸与中国的小商船会面，以批发价进货。墨西哥城的商人，往往是在马尼拉帆船抵达墨西哥前就急于完成交易。因此，大多货物在船进港之前就已售罄。这种基于信用的交易制度，一直延续到19世纪，正如亚历山大·冯·洪堡所说：“我们必须承认，虽然相距3000英里，这两个国家之间的贸易仍然是诚实守信的，甚至可能比某些欧洲文明
79 国家之间的贸易更为公正。”[58]贸易信用制度有一大优点，就是即便没有大额存款，贸易仍可进行。不过，若是整船的货物在旅途中被罚或丢失，那么贸易信用就会带来极大的不稳定性。

与商人之间运作顺利的贸易信用制度相反，政府的法规往往效率低下。菲律宾总督负责监管大帆船，包括建造、购买和维修，以及分配装载空间、征收关税和管理贸易额。1593年的一项皇家法令规定，大帆船的载重不可超过300吨，但是大帆船一年只可远航一次，为了最大限度地获利，实际载重一般都会超过1500吨。大帆船上藏有许多非法货物，由船长和下属贩运。此外，西属美洲沿海缺乏检察机关，这助长了非法商业活动。[59]原则上，1586年的大帆船在抵达墨西哥时，在阿卡普尔科上缴了每吨12比索的关税，后来在1591年改为按货物价值的10%上缴。其中，走私货物逃过了检查。

马尼拉与阿卡普尔科两地的贪污和管制的松懈，扩大了马尼拉贸易的规模。西班牙律师兼官员安东尼奥·德·莫尔加（António de Morga，1559—1636）在16世纪末记录道，每年约有三四十艘来自广东和福建的船只驶向马尼拉。[60]在1616年至1620年间，每年都有价值超过60万比索的商品被运往墨西哥。直至1645年，

贸易总额一直没有跌下 50 万比索。[61] 17 世纪的前二十来年，是马尼拉贸易的巅峰时期，但是下文将会讨论，17 世纪 20 年代末有很多船只失事，还出现了不少检修事故，此后的马尼拉贸易便略有衰退。不过，这一贸易很快就回春了。1701 年，马尼拉教会有人说明，运往墨西哥的丝绸价值可达 20 万比索。[62] 从中国运送如此大量的货物到墨西哥，对中国社会和墨西哥市场都产生了巨大影响。

贸易活动对明朝的影响

马尼拉贸易为明朝社会带来了税收和财富。1639 年，明朝文官傅元初上奏《开洋禁疏》，提到丝绸贸易吸引了许多中国人移居东南亚：

> 若贩吕宋，则单得其银钱，是两夷者皆好中国绫缎杂缯。其土不蚕，惟借中国之丝，到彼能织精好段疋之，以为 80
> 华好。是以中国湖丝百斤值银百两，若至彼得价二倍。而江西磁器、福建糖品果品诸物皆所嗜好。佛郎机之夷则我人百工技艺，有挟一技以往者，虽徒手无不得食民争趋之。

傅元初还概括了中国参与海上贸易的三大益处：

> 若洋税一开，除军器、硫磺、焰硝、违禁之物不许贩卖外，听闽人以其土物往他，如浙直丝客江南陶人，各趋之者当莫可胜计。即可复万历初年二万余金之饷，以饷兵，或

有云可至五六万。而即可省原额之兵饷，以解部助边，一利也。沿海贫民多资以为生计，不至饥寒困穷聚而为盗，二利也。沿海将领等官不得因缘为奸利，而接济勾引之祸可杜，三利也。[63]

傅元初清楚地认识到外贸对中国东南沿海城市和市场的影响。虽然他列举的这三大益处都与外贸带来的经济利益有关，但其主要目的还是通过贸易来构建和平稳定的社会。对当时的朝廷来说，陆上强盗、海盗和外敌是傅元初及一众朝臣的心腹大患。经济利益之所以事关重大，主要是因为可以用征来的税费预防各类对地方社会的威胁。傅元初的论证得到了许多文人的支持，前文提到的顾炎武就是其中之一。[64]

傅元初提到的“三利”也与当时中国关于征收外贸税收的争论有关系。一般来讲，儒家思想认为官方从社会获利是不道德的行为。[65]这也是长期以来明朝廷纠结于是否征收商业税的原因。如经济史学家王国斌所言，中国政府在财政安全或政治权力上，并不依赖富商巨贾的支持，这与欧洲政府相反。外贸事业与从事外贸的商人，与国家的核心利益基本无关。[66]中国官员力求减税，不给百姓增加负担。相反，欧洲国家渴望在国际竞争中占
81 上风，便坚持大量征税，进行经济扩张。因此，对明朝来说，政治因素通常比经济因素重要。如傅元初所说，明朝关心的是通过区分、管控私人贸易来稳定地方秩序，而不是直接参与贸易。不过，大多地方官和文人们仍然认为征税与国家福祉及百姓生活息息相关，所以明朝最终还是决定征收税款。

税收与费用

应该征多少税、允许多少船只进行贸易、朝廷是否应当允许这种贸易，仍备受热议。有关这些问题，中央和地方通常持有不同意见。中央希望维持政体的稳定，而地方想要盈利，因此确定了外贸商船应缴的费用。最基本的花费是船只的停泊许可费用。起初，每份许可仅需缴纳三两银子，后来却翻了一番。一开始（1567 年），朝廷每年只发行 88 份许可，但后来就增加到了 111 份。根据历史学家万志英（Richard von Glahn）的说法，在朝廷发放的 88 份许可中，相对占比较高的一部分（最多 16 张）是为菲律宾预留的（这一数字是巴达维亚、暹罗、巨港和科钦等地获批许可的总和，其他各地顶多分配 2 份许可）。[67] 到了 16 世纪末，菲律宾商人已经成为中国商人最重要的海外合作伙伴。

其他征收的税款包括水税、土地税和附加税。水税是根据船只的大小来决定的。远航西洋的船，大多都是六尺长。[68] 以每尺五两的税率计算，这样一艘船应缴约 80 两的税款。驶往东洋（菲律宾）的船只所需支付的税款，约为驶往西洋的船只的百分之七十。土地税是依照商品的数量和固有价值征收的。附加税是向专门运送银两的船只征收的，这些船只大部分来自菲律宾。每艘船一开始需要交 150 两银子的附加税，但是经多方协商后，每艘船只需交 120 两。由于福建省土地贫瘠，大米总是入不敷出，所以有些船只专门运输大米。因此，当地官府开始对运送超过 50 石进口大米的船只征税。[69] 外贸税收制度并不是刚一出台就严谨完善的。各类税收规定的背后，是这一制度不断调整、更新的过程。

82 17世纪20年代前，明朝统一了税收制度，并出台了一系列法律法规。据记载，1583年后的年国库收入约为2万两白银，主要用于支付军费。十年后，这一数字增加到2.9万两。后来，整个福建省的税收大约为6万两白银，其中光是漳州就占了将近一半。[70]福建本地人周起元（1571—1626）记录了海上贸易重新开放的场面：

> 我穆庙时除贩夷之律，于是五方之贾，熙熙水国，刳艅艎，分市东西路。其捆载珍奇，故异物不足述，而所贸金钱，岁无虑数十万，公私并赖，其殆天子之南库也。[71]

周起元认为，官方和地方社会都可从外贸中获益。他提出，公私之间要公平分配利润。周起元的说法呼应了顾炎武有关皇帝征税的理论。然而，这种理想化的局面并没有持续很久。明末清初，另一位文人吴震方（活跃于1694年前后）记录道，官方只拿到十分之一的利润，而剩余的利润被强大的地方势力瓜分——主要是一些扶贫的富商、支付税费并发船出海的人，以及腐败的官员。[72]与周起元讨论的"公私互利"的理念不同，吴震方认为，公私之间存在对于利润的争夺。

对外贸易带来的财富，也僵化了官方与当地商人间的关系。一方面，海运的财富使商人有底气与官员谈判，甚至违抗他们的命令。比方说，商人可将每艘船的税收从150两谈判至120两。另一方面，官方日渐苛刻的要求给商人带来了沉重的负担。正如政治史学家彼得·克鲁克斯（Peter Crooks）和蒂莫西·帕森斯

（Timothy Parsons）所言，官僚机构可辅助帝国在偏远区域建构社会力量、调集各类资源：“为了实现这些目标，帝国的官僚机构专横压榨，恃强凌弱。”[73]明朝也不例外。地方官员和朝臣通常会向商贾大力征税，以便填补皇帝的国库。不过，对他们而言更 83
重要的是，这样做还可以给他们自己带来丰厚的利润。朝廷常委派太监担任税官，他们横征暴敛，而且索贿成性。这一点在1570年内阁首辅高拱向隆庆皇帝递交的奏疏中有所体现：

> 臣惊问其故，则曰：商人之为累也。问其所以为累，则曰：朝廷未尝亏商，商人私费泰冗，故耳。如供办百金，即有六七十金之费，少亦四五十金。是私费与官价常相半也。乃官价不以时给，则又有称贷之费，有求托吏胥之费，比及领价所得，不能偿其所失故。派及一家，即倾一家，人心汹汹，恶得而宁居也。[74]

官方和当地商人对外贸财富的看法和要求，必定会导致利益冲突。地方商人抵制太监高寀便是其中一例。1599年，高寀奉万历皇帝之命，前往福建查税。在万历治下，中国西北和朝鲜的军事给朝廷财政带来了很大压力，因此皇帝经常任命太监在重点矿区和贸易区征税。这些太监一般都是贪官，高寀当然也不例外。由于太监经常受到文人士大夫的鄙视，所以高寀一到福建，就拉拢下马官员、罪犯和黑帮为他工作。他在繁忙的市场建立了征税站，要求几乎所有路过的商贩纳税。不久后，高寀便发现漳州最有利可图的是外贸，于是他转到港口征税。[75]每当他发现有船只带回奇珍异宝，都会借皇帝之名将其没收，并威胁所有违抗者。1602年，高寀下令，所有返港船只必须在获准登陆之前先缴纳税费。许多人为此干等多日，还有一些人因偷偷回家而被捕。由于被捕的人越来越多，当地居民便开始谋划暗杀高寀。得知此事后，高寀不得不逃离漳州。不过，他还在福州待了几年，依旧向当地家庭索贿。据传，他甚至为了取乐而滥杀儿童。

1611年，高寀升任福州和广州监丞。上任后，他建造了两艘大船，想要私自开展外贸。福建人得知高寀打算走私价值数十万两白银的商品，愤怒至极。他们堵住港口，与高寀的护卫发生暴力冲突。于是，当地文人向地方官告状，并上奏朝廷，指责高寀
84 的恶行。地方上的抗议实在是过于激烈，所以万历皇帝不得不下令召回高寀。[76]外贸财富引发了国家与社会的诸多冲突事件，高寀之事仅是其中一例。

对日常生活的影响

在16世纪至18世纪，对外贸易既对官方和商人影响显著，也对整个国内市场有重要影响。最直接的影响是中国南方丝织业的迅速兴起。根据葡萄牙地理学家安东尼奥·博卡罗（António Bocarro，1594—1642）的记录，17世纪初，中国每年大约生产3.6万至3.7万匹丝绸，其中有1.2万匹用于出口。[77]随着海外市场需求的不断增加，葡萄牙商人和经济学者杜阿尔特·戈麦斯·索利斯（Duarte Gomes Solis，约活跃于1562—1632年）发现，1622年中国市场的丝绸价格涨幅明显。[78]海外市场还促进了丝织的创新。16世纪，漳州人开始专门为出口海外织造丝绒。据万历年

间的地方志记载，丝绒最初属于舶来品，后来成为漳州特产，在国内市场广泛流通。[79]明朝末年，苏州取代漳州，成为丝绒生产的中心。到了清朝，丝绒已成为该地区的招牌产品。[80]

全球市场还改变了中国国内的商业网络。历史学家贾晋珠（Lucille Chia）指出，海外市场带来的白银，流入了旅居者的地盘，尤其是福建和长江沿岸。[81]白银不停地涌入，刺激了这些地区的经济发展，尤其导致了承包商的活跃。比如，社会史学家叶显恩解释了广东商人如何借助外贸来改变当地农业。此间，丝绸商人从当地专门市场购买生丝，并垄断了蚕茧的贸易。[82]这些承包商筑起了生产与销售、国内与海外之间的桥梁。

此外，东南沿海不仅向外参与了全球商业革命，还在中国内陆产生了深远影响。由于白银大量涌入中国，所以到了1600年，将劳务折算成白银的做法已经遍及全国。“不依赖邻近地区或偏远地区供应的商品的地方”相对较少。[83]黄仁宇在这个问题上回应了何炳棣的观点：“将白银引进来当作交易媒介的影响不可忽视。[梁方仲]估计，在明朝最后的72年[1572—1644]里， 85
除了国内银矿的产出，还有一亿多外国银币流入中国……白银的广泛流通，彻底改变了全中国的经济格局。”[84]

合法与非法贸易的扩张，都深刻地影响了中国人的日常生活。有许多学者认为，地下交易解释了商品为何、如何流向最偏远的地区和最受忽略的消费者。[85]日渐活跃的贸易，着实影响了社会中的消费习惯。高效的配送和低成本的免税品，使人们更有机会接触新奇的奢侈品。有很多进口商品在国内市场流通，而售卖舶来品的店主，常常都会通过广告的方式来吸引顾客。比如，传为仇英所作的手卷《南都繁会图》中描绘了这样的一些商铺，其中两面悬帜写着："东西两洋货物俱全。"（图 2.2）这幅画中的其他招牌，也主要是强调商品原产地，例如"西北两口皮货"。张家口、古北口"两口"，是毛皮和其他游牧部落商品的主要进口市场。画中的这部分商铺，似乎是外国商品的集散地，方便顾客一站式购物。另外，图 2.2 左侧的两个较短的招牌写有"兑换金珠"，说明外贸商人有着对黄金、珍珠的强烈渴求。

福建和广东的外贸最为集中且繁荣。这大概是由于购买进口商品的人们频繁购买黄金与珍珠，也大概是因为这两个地区近水楼台，与马尼拉相隔不远。福建文人徐㶿（1570—1645）曾经作诗描写海上贸易开放后繁荣的漳州：

> 东接诸倭国，南连百粤疆。秋深全不雨，冬尽绝无霜。货物通行旅，赀财聚富商。雕镂犀角巧，磨洗象牙光。棕卖夷邦竹，檀烧异域香。燕窝如雪白，蜂蜡胜花黄。处处园栽橘，家家蔗煮糖。利源归巨室，税务属权珰。[86]

86 诗中描写了各种异域商品的汇集。其中最后一句指出，那时的富商家中有着巨量的财富。商人获利丰厚，社会地位不断提高，逐渐改变了社会环境。

明朝与全球市场的联系

不过，来自外国市场的大量白银，使明朝的财政体系与全球的白银供应休戚相关。当白银供应充足时，这样的关系并不成问

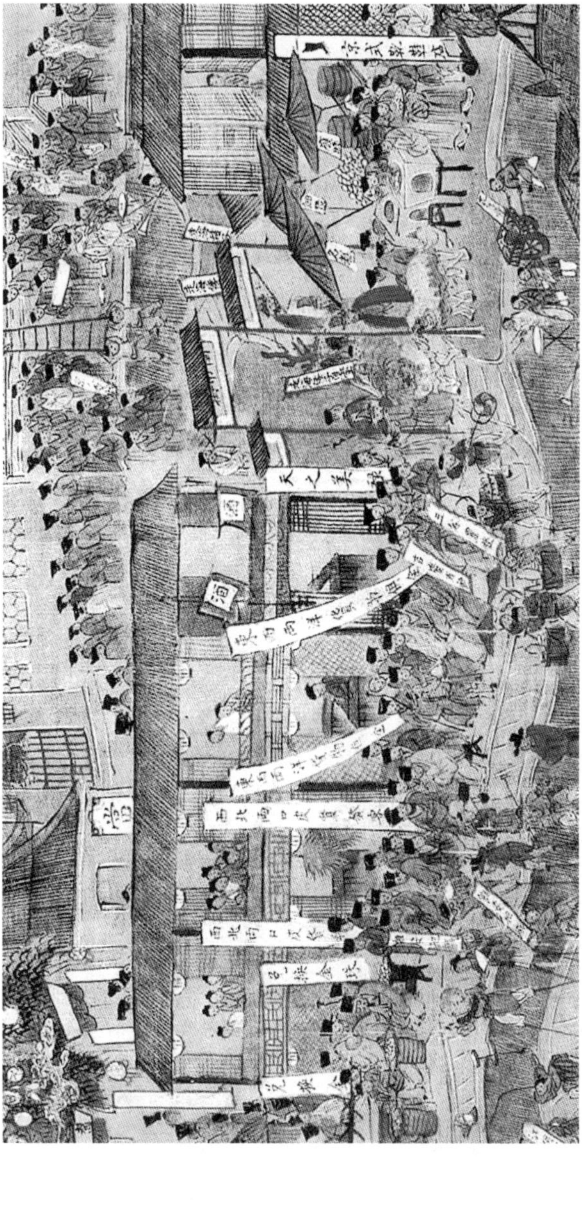

图 2.2 《南都繁会图》中各类招牌的细节

资料来源：（明）仇英：《南都繁会图》，现藏于中国国家博物馆。

题，但从17世纪20年代开始，许多意外事件导致全球的经济和政治形势有了翻天覆地的变化。第一件大事就是银矿开采的缩减。这一缩减后，银矿开采直到17世纪60年代才完全恢复。多亏利用挥发汞制取纯银的汞齐技术，美洲的白银产量才在16世纪下半叶达到顶峰。但在17世纪20年代，由于优质矿石的枯竭、开采和劳动力成本的提高，以及一次大幅贬值，波托西的白银产出和声誉受到了非常不良的影响。[87]

第二件大事发生于17世纪30年代。当时，马尼拉贸易处处受限，障碍重重。一般来讲，关口只需检查大帆船上已报关的货物，在抵港时并不需要开箱或称重。然而，时任菲律宾总督塞巴斯蒂安·乌塔多·德·科尔克瓦拉（Sebastián Hurtado de Corcuera，
87 1587—1660）对整个贸易过程处处留心，极度严格，并且试图依据重量而非报关来征税。1636年，墨西哥的检查员也密切监视抵达阿卡普尔科的大帆船，并严格核对货物及报关记录。这些程序在几年以前常常被直接略过。

当一艘名为“圣母无染原罪号”（Nuestra Senora de la Concepcion）的大帆船抵达阿卡普尔科时，检查员安东尼奥·德·奇洛盖·莫亚（Antonio de Quiroge y Moya，？—1651）下令对每个箱子和包裹进行称重，并打开检查。完成后，他故意将整艘船的货物估值为100万比索，这是规定价值的四倍之多。于是，他借国王之名扣押了超额宝物，并收取了90万比索的关税。帆船返航时只能运送50万比索的白银，远远低于商人们期望的150万比索。这无疑是马尼拉的一场经济灾难。次年，西班牙国王在敕令中提到，此事使生活在马尼拉的中国商人失望：“常来人已经离开，他们

说不愿意损失更多的货物。”[88]

因此，17 世纪 30 年代末，太平洋贸易量急剧减少。1638 年，久居菲律宾的一位西班牙人写道，最近从中国抵达的少量商船，给马尼拉的商人带来了“最大的慰藉，因为在过去的两年里，从墨西哥运来的白银数量锐减，很少有船到来。人们担心中国人今年也不会来”。[89] 费利佩四世（Philip IV，1605—1665，1621—1665 年在位）于 1638 年作出回应，下令放松检查，才得以减轻菲律宾贸易商的怨气。国王下令：“除非有我明确的特别命令，否则你和新西班牙总督不可以在这些岛屿与新西班牙之间的贸易中，出于任何理由征收任何新的费用与永久或临时的税费。”[90] 这项法令使贸易活动在接下来的年岁里自由进行，无需经受严苛的监管。[91]

但是，马尼拉大帆船的厄运仍在继续。1638 年，一艘大帆船在前往阿卡普尔科时遭遇海难，船上的所有货物丢失殆尽。后来有人调查，这艘帆船运载了三百来吨丝绸。[92] 对马尼拉的中国商人和西班牙商人而言，这又是一次经济灾难。次年，又有两艘前往马尼拉的帆船遇难，这次的损失超过 50 万比索。由此，流入中国的白银便大幅减少。[93] 虽说没有确切史料能够解释究竟为何这十年内海难如此频繁，但是纵观 17 世纪早期，大范围的气候变化已在世界其他地区催生了数不清的自然灾害。

17 世纪上半叶在菲律宾遭遇不公正待遇的商人们经历了另
一件大事。正如贾晋珠所说，常来人三番五次被迫迁移，对他 88
们的船队造成了威胁，导致他们多次揭竿而起，很多人因此惨遭屠杀。[94] 马尼拉政府由于担心新来的中国人会威胁当地的安全，就在1603年后出台了限制移民、增加国家财政收入的居住证政策。但是总督在1639年提高了居住证的收费，增加了25比索的人头税，并迫使许多常来人无偿在稻田里干活。这一政策直接导致了1639年的一场起义，造成了大约两万三千人死亡。[95]关于1639年起义的通告记录道，中国的屠夫是最初反抗西班牙人的群体。类似的通告，进一步加剧了殖民地统治者对中国移民的猜疑。此外，常来人和当地居民之间的冲突也几乎无法调解。后来在1662年、1686年和1762年发生了多次起义。在这些起义之后，菲律宾对常来人的政策愈发严苛，许多中国商人只好离开马尼拉或者直接放弃贸易。

如上所说，这些事件接二连三地发生，导致了17世纪30年代中国白银流入量的下降，从而影响了中国经济。与政治经济史学家艾维泗（William S. Atwell）所指出的一样，从17世纪30年代中期到40年代中期，中国白银相对于铜和铜币的价值急剧上升，说明晚明中国的白银数量大幅减少。[96]白银的匮乏，反映并加剧了明朝中国的社会和经济问题。[97]

毋庸置疑，马尼拉贸易的遭遇以及人们对中国丝绸需求量的下降，给全球丝绸市场和整个中国东南沿海的市场带来沉重打击。当时有位文人指出：

> 至今蚕桑，乃湖民衣食之本。何意十四年叶少价贵，丝绵如同草芥，十五年丝绵稍稍得价，而叶贱如粪土，二蚕全白无收。所留头叶在地，并新抽二叶，几及一半生息，悉翦牦耘耕抛地，反费工食，可惜无力而胆小者，不蒙其利，

贪婪而多叶者，独其受殃。何人事之不齐，湖民之福薄至此耶？[98]

丝绸业的衰落，也是由17世纪的气候变冷导致的。这样的自然条件，对桑树和蚕虫都有害无益。[99]1642年初，一位长江地区的居民描写了丝业衰落导致的破败景象：“民房多空废坍颓。良田美产，欲求售而不可得。”[100]江南曾是明朝中国最富庶的地 89
区，这般衰败，更是象征着国民经济和人民生活水平的下降。这些经济和环境的灾难，加上频繁的农民起义以及东北日益加剧的威胁，最终导致了明朝的覆灭。

贸易活动对墨西哥的影响

一旦运抵墨西哥，中国丝绸很快就会拥有比本土与欧洲织物更高的人气。在太平洋贸易之前，来自欧洲（尤其是西班牙）的纺织品，是墨西哥价值最高的进口商品。驻美洲领事的商业政策，就是极力限制从欧洲进口到美洲的贸易量，以拉高这些商品的价格。因此，1567年，西班牙多明我会修士和经济学家弗雷·托马斯·梅尔卡多（Fray Tomas Mercado，1525—1575）发现：“在塞维利亚值一千马拉维迪（maravedis）* 的一瓦拉（vara）** 的

* 西班牙货币单位。

** 西班牙长度单位，约合33英寸。

丝绒，在印度群岛的价格就是两千马拉维迪。”[101]只有少数人能负担得起这样奢华的面料；大部分殖民地居民只能使用国内纺织的布料。欧洲商品的高价，不仅刺激了本地丝织业的兴起，也使初代马尼拉大帆船运送的中国商品风靡于墨西哥。[102]

中国丝绸物美价廉，十分抢手。大约16世纪末，利马的西班牙官员给国王费利佩二世写了一封信，提到“一个人花两百里亚尔就可以给妻子穿中国丝绸，而花出两百比索却买不到足够的西班牙丝绸”。[103]在17世纪，一个西班牙里亚尔折合八分之一比索。中国丝绸价格低，主要是因为中国丝绸的生产规模较大。而且，中国丝工的劳动效率更高。最重要的是，由于一条鞭法改革，中国白银的需求量较大，所以中国和新西班牙的白银价格不同。一般来讲，新大陆的白银供应充足，所以银价较低；而中国白银供应不足，银价自然是更为昂贵。到16世纪末，一枚金比索在中国相当于五枚半白银比索，而在墨西哥约相当于十二枚白银比索。[104]西班牙商人和墨西哥商人在中国市场的消费能力，是他们在墨西哥市场的消费能力的两倍。[105]

中国商品受欢迎的另一个原因，是中国商人可以灵活地满足
90 买家的需求。大多数中国的丝绸制造商都经营中小型工坊，可以轻松满足市场需求。[106]有些中国织工甚至能够制作带有欧洲纹样的“西班牙织物”。[107]例如，现藏于纽约大都会艺术博物馆的一件明朝织物，以红色为底，就反复饰有类似纹样（图2.3）。[108]这件织物，与早期西班牙制作的一件纺织品非常相似，很有可能是根据委托方提供的纹样设计的。下一章将进一步讨论，这件中国织物还反映了墨西哥的多元文化。

图 2.3　明朝的双头鹰冠冕织物

资料来源：现藏于美国纽约大都会艺术博物馆。

中国丝织品的进口，不仅满足了消费者的需求，还满足了完善整个丝织业的需求。中国的生丝（尤其是未染色的白丝原料）供应，促使工会改革服装生产模式、增加就业机会。据说为了
91 处理从马尼拉运来的生丝，墨西哥城的丝织行业专门聘用了1.4万人。[109]此外，对中国商品的仿制，促进了技术进步，推动了墨西哥商品的精加工。因此，中西的结合，丰富了墨西哥的时尚风格。[110]

马尼拉贸易对墨西哥社会的另一大影响，是它促进了人口的流动和知识的传播。普通人开始有机会从亚洲迁移到美洲，亦可反向迁移。各地移民都会传播有关外域的知识，这就导致西班牙对中国产生了浓厚的兴趣。曾经有一位西班牙商人，从秘鲁航行到中国、马尼拉、澳门，最后再回到墨西哥，于1583年访问了澳门、广州、潮州、福州和肇庆等城市。[111]他的记录，既为美洲带去有关中国及周边列岛的一手信息，又丰富了中国文人对美洲地理的了解。两年后，西班牙探险家兼汉学家胡安·冈萨雷斯·德·门多萨（Juan González de Mendoza，1545—1618）出版了一些有关中国的最早的西文论著。他的著作《大中华王国了不起的大事、仪式和习俗》（*Historia de las cosas más notables, ritos y costumbres del gran reyno de la China*），记录了几位西班牙旅行者在中国的见闻。三年后，这本书就被翻译成了英文。此外，西班牙商人和福建商人之间日渐频繁的接触，催生了第一本中文与西班牙文辞典《潮州语词汇》（*The Vocabulario de la Lengua Chio Chiu*）。该辞典于17世纪二三十年代编纂完成，收录约2.1万个汉字，每个汉字都附有西班牙语、福建话、福建闽南语和普通话

的解释。[112]

很快，西班牙开始对中国政治有了兴趣。[113]西班牙政客、新西班牙总督胡安·德·帕拉福克斯·门多萨（Juan de Palafox y Mendoza，1600—1659）根据一些流传于菲律宾的轶事，撰写了《鞑靼征服中国史》（*Historia de la conquista de la China por el Tartaro*），在书中讨论了明朝的灭亡和清朝的兴起。此书于1670年首次出版，并很快被翻译成其他欧洲语言，反映出欧洲人对中国政治变革的极大兴趣。由于改朝换代很可能改变出口商品、移民和对外贸易政策，所以明朝的灭亡自然就会受到广泛关注。出版这些关于中国的论著，说明西班牙文化圈对中国丝绸的兴趣已经超出了经济和物质层面，延伸到了文化和社会层面。

西班牙商人到访中国的一大动机，是希望不经过马尼拉社 92
区，直接与中国商人交易。墨西哥商人曾作此尝试，却不料激怒了马尼拉的居民。愤怒的居民们向西班牙国王请愿，要求新西班牙总督禁止马尼拉和墨西哥之间的贸易。[114]其实，他们真正反对的并非贸易本身，而是墨西哥商人在贸易上掌权。1586年春天，马尼拉召开大会，最后向费利佩二世请求禁止从墨西哥向菲律宾发送货物。墨西哥的商人每年都带着巨量的白银来到马尼拉，常常可以负担比马尼拉的西班牙居民所能负担的更高价格。这次会议认定，垄断马尼拉贸易不利于菲律宾的民生福祉。为了解决这个问题，大会请求王室只允许在马尼拉待满三年的居民购买亚洲货物并去墨西哥销售，而王室最终批准了这一请求。[115]

中国的贸易活动构建了多方联系，吸引了欧洲水手和商人来往殖民地和亚洲港口。[116]墨西哥港口城市全年都在为大帆船的航行做准备，提供了多种海事服务方面的就业机会。墨西哥城经济生活的方方面面（包括饮食、劳动岗位、水手的住宿与理发店，以及通往内陆城镇的国内交通）都受到了马尼拉帆船航行的影响。[117]每当大帆船在港口停泊，阿卡普尔科的大市集就开始了。直到19世纪，阿卡普尔科仍有这样的大市集。后来洪堡说，这是“世界上最著名”的市集。[118]那时，来自墨西哥和美洲其他总督辖区的大商人，都会前来采购来自亚洲的珍品。墨西哥因此就成了亚洲、欧洲和南美之间的商业纽带。马尼拉和墨西哥城成了亚欧货物的交易中心，动摇了过去整个以跨印度洋或大西洋路线为中心的世界贸易体系。

美洲联系着全球市场，不仅成为太平洋和大西洋之间的贸易纽带，还迅速促进了美洲本地的经济增长。1580年至1630年，仅墨西哥一地的商贩与男性户主人数就从1.1万人增长到3.6万人。城市化与商业扩张相结合，引来了“一个更神秘的消费群体，[要求]商家提供从前人们不知道或无法获取的神秘商品”。[119]在此期间，消费规模迅速扩大。1600年居住在西属美洲的欧洲人口，一般估算是20万，其中可能有许多人都乐于购买进口商品。在社会地位较高的原住民之中，也有大约百分之五至百分之十的人长期购买进口商品。[120]

93 太平洋贸易虽然提升了西班牙帝国的全球影响力，但同时也赋予了商人变革帝国体制的能力。从事进口、分销亚洲商品的西班牙富商可以大量投资，从而控制土地和其他资源。这样的富商，大体能够维持皇家税收。为了提高政治和社会地位，许多富商都希望获封贵族头衔或受命去地方政府任职。[121]与此类似，中国商人也渴望与官方建立更紧密的社会、政治与文化关系。这些商人权力越来越大，挑战了外贸时代之前的政治等级制度，引发了传统权贵的担忧，这成为马尼拉贸易受限的另一大原因。

西班牙对马尼拉贸易的限制

要想知道西班牙对马尼拉贸易的态度，我们需要首先了解新西班牙行政机构的性质。首先，借款给王室的富商组成了商会，拥有管理西班牙与新大陆间所有贸易往来的权力。为了获得这种特权，他们定期借给王室大笔资金。换句话说，殖民地与王室间的关系更多是基于经济的互利而非政治控制。因此，西班牙政府并不会制定条文分明的贸易律令，而是根据当地的经济情况，为美洲殖民地量身定制政策。王室和西班牙众多富商之间需要多次谈判商讨，才可最终出台相关政策。[122]

太平洋贸易的蓬勃发展，其实让西班牙王室非常担忧，因为它可能危及王室的商业利益。虽然殖民地商人和居民一般都支持丝绸贸易，但西班牙王室距离太远，很难直接从中获益。因此，费利佩二世于 1585 年 10 月 17 日下令：

> 尽管现在有很多利于王室、公共事业与王国商业的禁令，但是中国商品贸易在秘鲁规模仍然过大……因此，我们命令秘鲁和新西班牙总督不惜一切代价取缔这两个王国［中国和驻扎美洲的西班牙帝国］之间的商贸往来……这项禁

令，必须严格遵守，决不动摇。[123]

94 本土白银的流失以及皇家财政收入的下降，使西班牙王室忧心忡忡。这也是王室实施该禁令的主要原因。类似的担忧也笼罩在帝国的其他角落。1590年，费利佩二世收到了一封葡萄牙里斯本的官员的来信，信中论证了亚洲和新世界之间的贸易对葡萄牙的远东商业构成的威胁。如果继续允许跨太平洋贸易，那么“美洲所依赖的关税收入必将丧失。所以就不可能有足够的钱财和力量供国王调养大量船队，保卫和捍卫这片领地，也无法养活驻守在此的将士”。[124]从这封信中可以看出，皇家收入和军事开支通常是王室最在乎的事。

1593年，西班牙王室下令全面禁止中国丝绸的进口，同时也禁止已有中国商品的申报登记。当年，费利佩二世在早些时候发布的法令中抱怨道：“中国贸易的利润已经大幅增长……以致削弱了我自己统治的国家的贸易……为此，每个人都应在他所居住的城市、城镇或村庄的法官那里登记他目前所拥有的东西。”[125]后来，1604年的一项皇家法令将跨太平洋航行的控制权移交给王室，并建立起一种能够管理所有马尼拉贸易商船装卸货物的机制。[126]另外，由于大量的亚洲丝绸通过秘鲁走私进入墨西哥城，西班牙王室还可选择终止墨西哥和秘鲁之间的合法贸易。[127]按前文所述，亚洲商品沿着太平洋航线，可运抵秘鲁。西班牙王室对秘鲁的亚洲进口商品较为宽松；不像墨西哥，秘鲁总督没有直接贸易路线通往西班牙，秘鲁的商人只能横穿巴拿马，去进行大西洋贸易，所以他们经常无法获取足量的西班牙商品。因此，秘鲁一般不是西班牙商品主要的目标市场。随后的1631年，这两个殖民地之间的贸易与航路被完全切断。然而，这种禁令效果甚微，反而会使墨西哥丝绸行失去最重要的出口地，极大地损害了它们的利益。墨西哥的商人失去了国外市场，便不得不在国内直面中国丝绸的竞争。[128]

对白银流失的顾虑，并非杞人忧天。经济史学家全汉昇估计，到16世纪末，从新西班牙运往中国的白银价值约为100万比索；这个数字在接下来的一个世纪里翻了一番，可能在18世纪达到了300万至400万比索。[129]这还没算上从西班牙的亚洲殖民地流出的银子。马尼拉人也对此心存芥蒂。1584年，菲律 95
宾最早的地方法官之一梅尔基奥·达瓦洛斯（Melchior Davalos，1526—1589）告知费利佩二世，马尼拉城内居住着四千多名中国人，尽管“法律禁止任何人将钱币带出贵国领土……但每年［他们］都会带走所有的钱币……因为我们没有任何商品可以跟他们交易，除了里亚尔货币”。[130]另一位菲律宾官员胡安·德·库埃拉（Juan de Cuéllar，约1515—1600）在1591年估算，当时的菲律宾原住民为了购买中国制造的服装，至少花费了20万比索。[131]

除了担忧购买外国面料会导致大量资金外流，对于墨西哥丝绸生产和商品出口的保护使人们对进口商品更加杜微慎防。如上一章所述，当时有许多人将本地蚕业的衰败归咎于中国丝绸的进口。[132]然而，虽然保护本地蚕业是禁止中国丝绸进口的合理借口，但是王室的忧虑主要是因为新兴的太平洋贸易阻碍了西班牙商品的倾销，因为很久以来，西班牙政府一直将新西班牙视为丝织贸易的主要市场。哈布斯堡王朝规定，丝绸和丝绒等奢侈布料必须从西班牙进口，以杜绝外国奢侈品消费。[133]因此，西班牙商品在海外的适销性，成为西班牙王室的核心议题。

然而，中国丝绸过高的人气还是危及了大西洋贸易，拉低了西班牙丝织品的价值。1589年初，领事馆写信给国王，称“当卡斯蒂利亚的船队到达［新大陆］，他们只能减少本国商品的销售，因为市场已充斥着中国和菲律宾的廉价商品”。[134]据殖民地官员说，菲律宾商品在美洲市场中远比西班牙进口商品更受青睐：“这些王国［西班牙］的商业正在衰落，且将资产转移到这里障碍重重，［因为中国］商品的低价诱惑无可匹敌。”[135]当时有不少人坚称，亚洲纺织品“毫无价值，［但］人们仍然会购买它们，因为足够便宜，而且西班牙丝绸的价格受到了影响……［并且］如果这种情况持续下去，人们将不再需要从西班牙［向殖民地］运送丝绸”。[136]不过，这些抱怨可能含有夸张成分。虽然有人说中国丝绸备受欢迎，但这并不意味着它已经在墨西哥的丝绸市场占据了主导地位。相反，正如经济和社会史学者何塞·路易斯·加施·托马斯（José Luis Gasch-Tomás）所说，在墨西哥权贵的丝绸文化和服饰潮流中，中国丝绸其实仅占一小部分；他们还有许多其他地区生产的传统丝绸，同样销量可
96 观。[137]不仅如此，还有些商人甚至将中国纱线运到西班牙市场进行加工，直接影响到了西班牙的丝绸市场。[138]这样行销的丝绸，即便数量较少，也可能对西班牙市场产生潜在威胁。

因此，禁止太平洋进口贸易，主要目的并非保护墨西哥的丝织业，而是保护西班牙本土的丝织业。毕竟一直以来，保护本土织物的销量一直是西班牙人研究的课题。1518年的一份诉状表

明，有西班牙律师请求禁止从印度、葡萄牙、中国和波斯进口丝绸。这份诉状主要是详述捻丝如何破坏了现行法律，并且损害了格拉纳达、穆尔西亚和瓦伦西亚的丝绸生产。[139]律师给出的理由是，域外丝绸的进口，减少了帝国境内的丝绸产量。这意味着不能进口任何生丝，只能进口一些精加工的织物。这也是国王准许进口丝绸的条件，[140]因为生丝的进口被看作丝织业的最大威胁。当时欧洲的普遍做法也正是这样，以禁止外国商品进口来保护本土产业。

因此，为了保护墨西哥丝织业而禁止中国丝绸进口，可能只是维护利益的拙劣借口。西班牙对所有外来织物的态度，已经可以说明一切。因此，从这个角度来讲，中国丝绸并非威胁墨西哥丝织业的罪魁祸首。西班牙尝试颁布的禁令，揭示了西班牙和墨西哥之间的贸易冲突。西班牙希望继续将墨西哥当成倾销欧洲丝织品的市场。然而，墨西哥已不再满足于给西班牙充当生丝货源，而是希望开创自己独有的丝织业。1552年，一份来自新西班牙总督的诉状请求禁止从西班牙向墨西哥出售织物，其中就包括丝绸。诉状说明，墨西哥的羊毛比西班牙的更好，并且墨西哥的一些省份还可以生产丝绸。所以，此诉状建议在墨西哥本地推广羊毛、亚麻和丝绸，不再从西班牙进口。[141]墨西哥对本土丝绸加工能力的提升，也说明其并不像西班牙那样排斥马尼拉贸易。

尽管抱怨和管制层出不穷，但中国丝绸的进口从未真正停止。西班牙政府在1602年、1604年、1609年、1620年、1634年、1636年和1706年多次重新颁布禁令，但是反复颁布禁令，恰恰说明了这些禁令的实施效果不尽人意。当时，殖民地总督与君主之间的距离过于遥远，所以法令很可能在传到总督手上时就已经丧失时效，要么是与当前现实脱节，要么就是根本就无法执行。当时西班牙殖民地人民的普遍态度是：“虽然尊重皇家法令，但
97 实际上并不一定会遵守。”[142]正如明朝贸易的非法性使地方社会有能力对抗皇权一样，墨西哥的走私活动也增强了殖民地对抗王室的能力。历史学家艾伦·卡拉斯（Alan Karras）提出，对于美洲殖民地的人们来说，“走私只不过是抵抗国家对于消费活动和模式的控制的一种手段”。[143]

因此，在诸多可能导致禁令失败的因素中，最具伤害力的就是贸易双方不愿停手。并不是所有殖民地官员都支持进口中国丝绸的禁令。比如西班牙贵族、新西班牙第七任总督阿尔瓦罗·曼里克·德·祖尼加（Alvaro Manrique de Zúñiga，？—约 1590）就认为，从马尼拉运来的中国货物虽然只是“一种负担”，但这种贸易对天主教的传播至关重要。在他看来，终止贸易将导致西班牙帝国失去菲律宾，并削弱西班牙在亚洲的影响力。他在给国王的信中提出的另一个好处是，这种贸易将保障菲律宾安全稳定，“若出现意外，他们就会拿起武器面直面战争，所以这些岛屿及其周边地区的人民爱好和平，并且畏惧西班牙人”。[144]曼里克·德·祖尼加在岗位上勤恳卖力，致力于提高每年往返菲律宾的船只数量。在发往马德里的报告中，他说明了他在加强私营的太平洋商船队，为造福国王而努力。他估计：“太平洋的优势，最终将像北海［大西洋］一样。”[145]另一位新西班牙总督蒙特雷公爵（Conde de Monterrey，1560—1606）也认为，中国商品的

流通对皇家财政同样有利。[146]

为了保证可观的经济利润，马尼拉的商人和官员也需要努力确保大帆船满载航行。1637年，马尼拉总检察长胡安·格劳·马尔法尔孔（Juan Grau Malfalcon）在给费利佩四世的信中说：“今天，对于新西班牙而言，菲律宾贸易已经非常必要。新西班牙已经很难不依靠这种贸易。”[147]他还举了在矿井中穿着棉织品的例子：在矿井下，中国的廉价棉布比卡斯蒂利亚棉布更为耐久，矿井可以开采更久，而后者的价格是前者的五倍。他认为，禁止中国织物还会导致矿业的衰退，从而对王室经济收入造成更大损害。菲律宾当局和王室在关于中国进口商品的问题上常常意见不统一。马尼拉实际上较为独立，因为西班牙对马尼拉的管控相当松散。如果发生了经济冲突，那么很少有殖民者会遵循西班牙法令。[148]远离了欧洲，殖民官员就会过得非常随心所欲。有人在 98
17世纪初描写道：“我们走出了国王的视野。总督和其他官员在此非常自由，可以为所欲为。”[149]西属马尼拉及其跨太平洋帆船贸易的故事，是边缘地区影响中心地区政治的一大例证。[150]

小结

16世纪60年代，中国明朝和西班牙帝国不约而同地开始支持海外贸易。这主要有两个原因。一方面是受全球市场带来的高额利润所诱惑，另一方面则是对监控地方商业活动的渴望。明朝通过收费来控制对外贸易的规模，并通过税收来维持军饷。西班牙王室则直接利用贸易增加收入，提升帝国的全球影响力。明朝希望监管走私贸易，而西班牙王室则试图将大帆船贸易置于自己或殖民地官员的掌控之下。

然而，对贸易的限制管控成效甚微。中国的大部分利润流向了商人或地方贪官，而西班牙王室防止白银外流的贸易禁令也几无建树。无论是在中国还是墨西哥，走私行为都非常普遍。实际开展海外贸易的船只，比明朝官方准许的数量要多。运往太平洋的货物量，也是远远超过了西班牙殖民政府的可接受的范围。由于许多中国商人进行非法外贸，明朝的朝贡体系也受到了破坏。受到菲律宾进口商品和墨西哥丝织业的双重影响，西班牙王室保护本土丝织业的愿望也未能实现。在近代的全球市场上，走私已是司空见惯。实际上，走私通常形成了特有的供应系统，使非法渠道与合法网络交织共存。因此，走私直接加强了不同地区之间的联系，证明了上层监管规定的无效，形成了“去中心”的过程。[151]

走私的去中心化弱化了皇权的威信，却为地方社会与商人提供了获益良机。中国商贾获益颇丰，积累了财富，提升了社会地位。如下文所述，中国商人们纷纷仿效社会上层的风尚，甚至掀起了自己的新时尚，无视禁奢令的束缚。外国市场也重新构建了
99 国内的商业网络与商业模式。新西班牙也发生了类似的事。马尼拉与墨西哥商贾从贸易活动中获取了数不胜数的财富，进而在殖民地有了更大的底气。此时，美洲的丝绸加工向前大步迈进，在大西洋贸易中有了更高的地位。在朝廷政治规划与社会经济利益的斡旋之中，以及国王威权和本地商人自治意愿的协调之中，跨

太平洋的商人作出了不可小觑的贡献。[152]

因此，地方对异国的态度与王室大不相同。明朝将西班牙人视为洪水猛兽，西班牙王室也将中国货物视作潜在威胁。尽管如此，明朝地方商人仍然珍视原本的贸易网络，并且大力加强贸易联系，而殖民地官员仍然认为进口货物妙不可言。每当去中心化削弱威权，地方商贸便可掌握大局。

开展太平洋贸易，需要的是中央政府与地方官员之间的相互制衡。这样的制衡，折射并加剧了国内政治与经济权力的割裂。协调与冲突的剧情，在明朝廷与地方官之间、各大权贵之间、西班牙王室与其殖民地官员之间，以及马尼拉与墨西哥之间频繁上演。在日益壮大的全球市场上，错综复杂的关系日渐显露，中心与边陲矛盾重重的利益诉求也已经是众目昭彰。

人们的消费行为与穿衣习惯，超出了都市沙龙和帝国中心时尚的局限。人们对新兴全球市场的矛盾态度，在这两方面上的体现更为具体。走私商与正经商人在全球范围内销售奢侈品和新奇商品，为经济发展带来更为多样的模式。接下来，我们就将讨论那些新奇、奢侈的纺织品如何形成时尚。

注释

[1] *The Philippine Islands, 1493–1898*, vol. 2, pp.214–226.

[2] *The Philippine Islands, 1493–1898*, vol. 2, p.226.

[3]（明）张燮：《东西洋考》，卷七，页二上。

[4]（明）何乔远：《请开海禁疏》，收入（明）何乔远《镜山全集》，页六七五。

[5] 苏尔兹：《马尼拉大帆船》；Dennis O. Flynn, Arturo Giráldez, "Path Dependence, Time Lags and the Birth of Globalization: A Critique of O'Rourke and Williamson."

[6] 阿图罗·吉拉德斯：《贸易时代：马尼拉大帆船与全球经济的开端》。

[7] 更多有关郑和下西洋的讨论，可见于戴德（Edward L. Dreyer）《郑和：明代初期的中国与海洋（1405—1433）》（*Zheng He: China and the Oceans in the Early Ming Dynasty, 1405-1433*）。

[8] 萧婷：《世界历史上的“中国海”》。

[9]（明）姚广孝、（明）夏元吉：《明太祖实录》，卷二五二，页二三一。

[10] 黄彰健编：《明神宗实录》，第 331 页。

[11]《镜山全集》，页六七四。《明神宗实录》，第 262 页。

[12]（宋）祝穆：《方舆胜览》，卷十二，页六上。

[13]（宋）蔡襄：《蔡忠惠公文集》，卷十二，页十上。

[14] 唐文基：《福建古代经济史》，第 391 页。

[15]（明）谢肇淛：《五杂俎》，卷四，页三十九下。

[16] 更多有关中日走私贸易的讨论，可见于范金民《贩番贩到死方休：明代后期的通番案》。

[17] 范金民：《16 至 19 世纪前期中日贸易商品结构的变化：以生丝丝绸贸易为中心》，第 5—14 页。

[18] 克雷格·洛卡（Craig Lockard）：《公海：东南亚贸易时代中的海疆、港口城市与中国贸易（1400—1750）》（“‘The Sea Common to All’: Maritime Frontiers, Port Cities, and Chinese Traders in the Southeast Asian Age of Commerce, c. 1400-1750”），第 219—247、225 页。

[19] 贝弗利·勒米尔：《全球贸易与消费文化的演变》，第 159 页。例如，自宋朝起，中国人平时最常用的香是从中东进口的乳香（Frankincense）。

[20] 黄彰健编：《明神宗实录》，第 422 页。

[21] 张彬村（Chang Pin-tsun）：《中国贸易力量在东南亚海事的兴起》（“The Rise of Chinese Mercantile Power in Maritime Southeast Asia”），第 205—230 页。

[22] 萧婷：《世界历史上的“中国海”》，第 85 页。

[23] 范金民：《贩番贩到死方休：明代后期的通番案》，第 112 页。

[24] 郑家曾经主导中国东海以及中国和吕宋之间的贸易。总共有十家商行在郑家的控制之下。其中五家从苏州和杭州收集丝绸和其他纺织产品，然后将其走私到福建的港口城市。他们的另外五家商行负责将货物秘密运往台湾，然后再运往日本和菲律宾。可参考欧阳泰《在枪炮、病菌与钢铁之外：欧洲扩张与海上亚洲（1400—1750）》，第 179—182 页；吴振强（Ng Chin-Keong）《厦门的兴起》（*Trade and Society: The Amoy Network on the China Coast, 1683-1735*），第 53—54 页。

[25] *The Philippine Islands*, vol. 2, pp.183-195.

[26] 伊川健二（Igawa Kenji）：《在十字路口：16 世纪菲律宾的林凤与倭寇》（“At the Crossroads: Limahon and Wakō in Sixteenth-century Philippines”），第 80 页。更

多有关中国和菲律宾之间关系的讨论，可见于亚卡里诺（Ubalano Iaccarino）《16 世纪之交马尼拉的“帆船体系”与中国贸易》（“The ‘Galleon System’ and Chinese Trade in Manila at the Turn of the 16th Century”），第 96—99 页。

[27] 有关 1684 年后这些中国旅居者对马尼拉的影响，更为详细的讨论可见于贾晋珠《屠夫、烘焙者与木匠》，第 514 页。

[28] 包乐史（Leonard Blussé）：《看得见的城市：东亚三商港的盛衰浮沉录》（*Visible Cities: Canton, Nagasaki, and Batavia and the Coming of the Americans*），第 14 页。

[29] *The Philippine Islands*, vol. 3, p.160.

[30] Jay Gitlin Barbara Berglund and Adam Arenson eds., *Frontier Cities: Encounters at the Crossroads of Empire*, pp.19-20. 有关马尼拉的中国移民，可参考 Gebhardt, “Microhistory and Microcosm”。

[31] 例如，可参考《东西洋考》，卷五，页十上至下。另外可参考贾晋珠《屠夫、烘焙者与木匠》，第 515 页。

[32] *The Philippine Islands*, vol. 27, pp.130-131.

[33] *The Philippine Islands*, vol. 3, p.219.

[34] 阿卡普尔科后来取代瓦尤尔科（Huayulco）成为太平洋港口，因为它离墨西哥城的商人更近。Borah, *Early Colonial Trade and Navigation between Mexico and Peru*, p.116.

[35] 萧婷：《世界历史上的“中国海”》，第 66 页。

[36] 有关中国丝绸在日本国内的贸易，可参考范金民《16 至 19 世纪前期中日贸易商品结构的变化》。

[37] 张铠：《中国与西班牙关系史》，第 91 页。

[38]（明）宋濂：《元史》，卷二百一十，页四六六七。

[39] 有关大帆船的运作，可见于刘文龙《马尼拉帆船贸易》。另可见于 Guampedia, “Navigation and Cargo of the Manila Galleons”。

[40] Careri, Francesco, and Churchill, *A Voyage Round the World*, p.478.

[41] McCarthy, “Between Policy and Prerogative,” p.168.

[42] *The Philippine Islands*, vol. 3, p.192.

[43] *The Philippine Islands*, vol. 16, pp.232-237.

[44] *The Philippine Islands*, vol. 16, pp.238-239.

[45] 萧婷：《东亚的另一个新世界》（“East Asia’s Other New World: A General Outline of the Role of Chinese and East Asian Maritime Space from Its Origins to c. 1800”），第 27 页。丝绸在货物中的主导地位一直持续到马尼拉大帆船的时代。1751 年马尼拉大帆船“圣特立尼达”（Santissima Trinidad）号上的一份货物清单能让我们深入了解 18 世纪中期的货物。在这批东行货物中，几乎一半的物品是纺

织品。参见 Guampedia, “Navigation and Cargo of the Manila Galleons”。另可参考 Perez, *Spain's Men of the Sea*。

[46] *The Philippine Islands*, vol. 3, p.190.

[47]《请开海禁疏》，收入《镜山全集》，页六七五。英文译文来自 von Glahn, *Fountain of Fortune*, p.127。

[48] 晚明有很多中国学者颇关注拉美。例如，《职方外纪》提到了秘鲁，并谈到了“极其丰富的金银”。可参考（明）艾儒略《职方外纪校释》，谢方校，第 122—123 页。

[49] Licuanan and Llavador Mira, eds., *The Philippines under Spain*, p.249.

[50] 全汉昇：《自明季至清中叶西属美洲的中国丝货贸易》，第 113—114 页。

[51]（清）屈大均：《广东新语》，卷九，页二十七上。

[52]（明）周元暐：《泾林续记》，卷八，页三十七。

[53]（明）顾炎武：《天下郡国利病书》，卷十，页五十八下。

[54]（明）郭春震：《备倭论》，收入（清）周硕勳《（乾隆）潮州府志》，卷四十。

[55] 萧婷：《东亚的另一个新世界》，第 36 页。

[56] McCarthy, “Between Policy and Prerogative,” p.169.

[57] 苏尔兹：《马尼拉大帆船》，第 364 页；Gitlin, Berglund, and Arenson, ed., *Frontier Cities*, p.22.

[58] 亚历山大·冯·洪堡等编：《论新西班牙的政治》，第 357 页。

[59] 萧婷：《东亚的另一个新世界》，第 18 页。

[60] *The Philippine Islands*, vol. 16, pp.232-237.

[61] Reid, *Southeast Asia in the Age of Commerce*, p.22. 由于走私盛行，这一数字可能只是保守估计，实际数字可能是好几倍。当时，60 万比索大约相当于 120 万荷兰盾，在今天可能价值超过 4 000 万美元。可参考 Turner, “Money and Exchange Rates in 1632”。

[62] 全汉昇：《自明季至清中叶西属美洲的中国丝货贸易》，第 360 页。

[63]（明）孙承泽：《春明梦余录》，卷四十二，页三十五。

[64]（明）顾炎武：《天下郡国利病书》，页一六。

[65] 早在汉朝，关于政府对盐铁垄断的讨论，就衍生出平衡商业利润与政治责任的概念。

[66] 王国斌：《中国关于货币供应与外贸的观点（1400—1850）》（“Chinese Views of the Money Supply and Foreign Trade, 1400-1850”），第 177 页。

[67] von Glahn, *Fountain of Fortune*, pp.118-119.

[68] 一丈等于十尺，约等于 3.07 米至 3.22 米。

[69] 一石差不多是 100 斤至 120 斤，约 132 磅至 158 磅。

[70] 林仁川:《明代漳州海上贸易的发展与海上反对税监高寀的斗争》, 第 82 页。
[71]《东西洋考》, 页一七。
[72](清)吴震方:《岭南杂记》, 页二四至二五。
[73] Crooks and Parsons, eds., *Empires and Bureaucracy in World History*, p.4. 有关马尼拉的这种紧张关系, 可参考 McCarthy, "Between Policy and Prerogative"。
[74]《明穆宗实录》, 卷四十四, 页二零五至二零六。英文译文引自 Yuan, "Dressing the State, Dressing the Society," p.272。
[75]《东西洋考》, 卷七, 页五上至七上。
[76]《东西洋考》, 卷八, 页一上至七上。另可参考林仁川《明代漳州海上贸易的发展与海上反对税监高寀的斗争》, 第 80—85 页。
[77] Souza, *The Survival of Empire*, 46. Flynn and Giráldez, "Silk for Silver," p.54.
[78] Matthew F. Thomas, "Pacific Trade Winds: Towards a Global History of the Manila Galleon," p.51.
[79] 盛余韵:《为什么是天鹅绒? 明代中国纺织的本土创新》。
[80] 聂开伟:《论漳缎艺术形式的历史沿承关系》, 第 25—26 页。
[81] 贾晋珠:《屠夫、烘焙者与木匠》, 第 529 页。
[82] 叶显恩:《明清珠江三角洲商人与商人活动》。
[83] 何炳棣:《1368—1953 中国人口研究》(*Studies on the Population of China*, 1368-1953), 第 196—197 页。
[84] 黄仁宇:《明代的财政管理》("Fiscal Administration during the Ming Dynasty"), 第 124—125 页。不过近年来, 万志英等学者提出, 白银在 17 世纪中国整体经济结构中的意义并没有那么大。万志英:《16—19 世纪拉美白银对中国经济不断变化的意义》("The Changing Significance of Latin American Silver in the Chinese Economy, 16th-19th Centuries")。
[85] 贝弗利·勒米尔:《全球贸易与消费文化的演变》, 第 138 页。城市人类学家艾伦·斯马特(Alan Smart)和菲利波·泽里利斯(Filippo Zerillis)创造了"法外性"(extralegality)这一术语, 以解释当代发展中地区的金融传统和模式。Smart and Zerilli, "Extralegality," p.222.
[86](明)梁兆阳、(明)蔡国祯等编:《(崇祯)海澄县志》, 卷二十, 页六。
[87] 更多相关讨论, 可见于 Guerrero, *Silver by Fire, Silver by Mercury*。
[88] *The Philippine Islands*, vol. 30, p.86.
[89] *The Philippine Islands*, vol. 29, p.39.
[90] "Philip IV to Hurtado de Corcuera, Dec. 8th, 1638," Bancroft Library, Reales Cedulas Philipinas, tomo VI, fol. 112v.
[91] McCarthy, "Between Policy and Prerogative," p.183.

[92] 完整的故事可见于 Fernando, “La Primera Navegación Transpacífica,” *Extremo Oriente y Perú en el siglo XVI*, pp.134-138。

[93] 约 57 500 公斤的白银。

[94] 贾晋珠:《屠夫、烘焙者与木匠》, 第 516—517 页。

[95]《中国起义的关系》(“Relation of the Insurrection of the Chinese”), *The Philippine Islands*, vol. 29, pp.208-258。

[96] 艾维泗:《白银流入中国的再观察(1635—1644)》(“Another Look at Silver Imports into China, ca. 1635-1644”)。

[97] 杰克·A. 戈德斯通(Jack A. Goldstone):《17 世纪的东方与西方:斯图亚特英国、奥斯曼土耳其与明代中国的政治危机》(“East and West in the Seventeenth Century: Political Crises in Stuart England, Ottoman Turkey, and Ming China”)。

[98] 陈恒力:《补农书研究》, 第 290 页。

[99] Parker and Smith, *The General Crisis of the Seventeenth Century*.

[100] 艾维泗:《白银流入中国的再观察(1635—1644)》, 第 482 页。陈纶绪(Albert Chan):《明朝的兴亡》(*The Glory and Fall of the Ming Dynasty*), 第 235—236 页。

[101] McAlister, *Spain and Portugal in the New World, 1492-1700*, p.245.

[102] Matthew F. Thomas, “Pacific Trade Winds: Towards a Global History of the Manila Galleon,” p.26.

[103] Mexico City Cabildo and Bejarano, “Canete to Philip II, April 12 1594.” 更多讨论, 可见于 Borah, *Early Colonial Trade and Navigation between Mexico and Peru*, pp.121-122。

[104] 钱江:《十六到十八世纪国际间白银流动及其输入中国之考察》。

[105] 丹尼斯·O. 弗林、奥图罗·吉拉德斯:《早期近代的套利、中国与世界贸易》(“Arbitrage, China and World Trade in the Early Modern Period”)。另可参考张世均《论 17 世纪中国丝绸对拉美的影响》。

[106] Brook, “Communications and Commerce,” p.698.

[107] *The Philippine Islands*, vol. 45, p.64.

[108] Canepa, *Silk, Porcelain and Lacquer*, p.99.

[109] *The Philippine Islands*, vol. 27, p.199.

[110] 本书第三章将会详细讨论这一问题。

[111] 后来, 他将自己的经历编辑成册, 题为《关于 1583 年胡安·德·门多萨从秘鲁利马到菲律宾马尼拉的远航》(*Relación del viaje que hizo don Juan de Mendoza desde la ciudad de Lima en Pirú a la Manila en las Filipinas y a la China, año 1583*)。详情可见萧婷《东亚的另一个新世界》, 第 38—39 页。

[112] 详情及相关图片收录于陈宗仁、李毓中、陈巧颖《略述巴塞罗那大学所藏

《漳州话语法》》。

[113] 更多有关西班牙语文献里中国政局的讨论，可参考陈宗仁《西班牙文献中的福建政局（1626—1642）——官员、海盗及海外敌国的对抗与合作》。

[114] 布姬·特伦威纳（Birgit Tremml）:《西班牙、中国与日本在马尼拉的交会（1571—1644）》（*Spain, China and Japan in Manila, 1571–1644*），第 216 页。

[115] *The Philippine Islands*, vol. 6, p.157.

[116] 贝弗利·勒米尔:《全球贸易与消费文化的演变》，第 1 页。

[117] 详情可见 Seijas, "Inns, Mules, and Hardtack for the Voyage," p.69。

[118] 萧婷:《东亚的另一个新世界》，第 18 页。

[119] Hoberman, *Mexico's Merchant Elite, 1590–1660*, p.7.

[120] Israel, *Race, Class, and Politics in Colonial Mexico*, p.44.

[121] Matthew F. Thomas, "Pacific Trade Winds: Towards a Global History of the Manila Galleon," p.86.

[122] Haring, *Trade and Navigation between Spain and the Indies in the Time of the Hapsburgs*, p.129.

[123] *The Philippine Islands*, vol.6, pp.282–284.

[124] *The Philippine Islands*, vol. 7, p.190. 葡萄牙人向费利佩二世上诉的原因是，他当时正是葡萄牙国王（自 1580 年以来一直如此）；因此，西班牙当时控制了葡萄牙的贸易路线并从中获利。

[125] 海军博物馆档案中的"1594 年"。Fernández Navarrete Collection, Nav., XVIII, fol. 298.

[126] *The Philippine Island*, vol. 13, p.256.

[127] Borah, *Early Colonial Trade and Navigation between Mexico and Peru*, p.86.

[128] Borah, *Silk Raising in Colonial Mexico*, pp.97–99.

[129] 全汉昇:《明清间美洲白银的输入中国》。

[130] *The Philippine Islands*, vol. 6, p.54.

[131] *The Philippine Islands*, vol. 8, pp.78–89. 详情可见 Bjork, "The Link that Kept the Philippines Spanish"。

[132] 本书第一章详述了这一话题。

[133] Freudenberger, "Fashion, Sumptuary Laws, and Business," pp.41–42.

[134] 苏尔兹:《马尼拉大帆船》，第 405 页。

[135] *The Philippine Islands*, vol. 5, p.279.

[136] Licuanan and Llavador Mira, *The Philippines Under Spain*, p.4.370.

[137] José Luis Gasch-Tomás, *The Atlantic World and the Manila Galleons*, pp.259, 261–263.

[138] Slack, "Orientalizing New Spain," p.118.

[139] Juan Sempere y Guarinos, *Historia del luxoy de las leyes Suntuarias de España*, pp.114–115.

[140] 禁止进口的纺织品也包括来自"佛兰德"的纺织品。一份 1542 年的文书指出，从这个荷兰语地区进入西班牙和新西班牙的进口丝绸和羊毛，影响了西班牙的贸易。Juan Sempere y Guarinos, *Historia del luxoy de las leyes Suntuarias de España*, pp.50–52.

[141] Juan Sempere y Guarinos, *Historia del luxoy de las leyes Suntuarias de España*, p.51.

[142] 苏尔兹：《马尼拉大帆船》，第 399 页。

[143] Karras, *Smuggling: Contraband and Corruption in World History*, p.131.

[144] *The Philippine Islands*, vol. 6, pp.285–287.

[145] *The Philippine Islands*, vol.6, p.295.

[146] *The Philippine Islands*, vol. 12, p.57.

[147] *The Philippine Islands*, vol. 27, pp.198, 202–203.

[148] Bjork, "The Link that Kept the Philippines Spanish," p.43.

[149] Cushner, *Spain in the Philippines, from Conquest to Revolution*, p.157.

[150] McCarthy, "Between Policy and Prerogative," p.165.

[151] 贝弗利·勒米尔：《全球贸易与消费文化的演变》，第 189 页。

[152] 萧婷：《东亚的另一个新世界》，第 19 页。

第三章

时尚：对奢华丝绸、红色、异国情调的渴望

随着世界各地蚕业的兴盛，人们愈发青睐丝绸服饰。染料和 105
编织技术的革新，进一步激发了人们对色彩与设计的热情，催生了日新月异的潮流。与此同时，世界各地对丝织品和生丝的巨大贸易量，也推动了时尚潮流的传播。本章深入讨论了丝绸时尚在社会经济层面日益普及的现象，探索了关于生丝和织物的消费活动与炫耀行为。本章还讨论了丝绸如何通过视觉表现，反映并重构这个瞬息万变的全球时代中的各种社会等级制度。

时尚为我们提供了一扇窗户，让我们目睹传统社会的演变。丝绸的流通，大力推动了全球消费者的认知进步。有关丝绸的讨论，早已超出技术和商业范畴，从而涉及了当时的价值观、个体身份以及全球范围内的集体意识。我们需要切记，衣着的时尚，是人们改良传统、追求新奇，以及热爱当下的鲜活体现。正如社会学家所指出的那样，时尚不仅宣示着阶层，还带领人们摆脱了传统世界的束缚。[1]

时尚的涌现，是消费时代的一大革新，成为全球史中的里程碑。不少学者认为，至少从 16 世纪开始，时尚就已迸发出迷人火花，引发欧洲社会各阶层的渴求。[2] 近来，学者们开始研究时尚在近代以及非西方地区中的意义。[3] 这一讨论，扩展了彭慕兰的“大分流”（Great Divergence）范式，重点说明了世界各地的经

106 济活动与消费变革是同步涌现的。[4]因此，近年有关近代时尚的论著，多是倾向于以欧洲之外的地区为研究中心。勒米尔和列略发现，一些时尚理论家仍然声称时尚完全是西方产物，是“只在西方而非任何其他地方”出现的现象。[5]相反，勒米尔和列略二人则发现，1500年至1800年间的“时尚界”形成于各个不同地区（主要是城市），有一些共同特征（例如模仿、由商人和宫廷带动），并存在一定程度的互动（例如贸易和与其他文化的接触），但是也有独有的特性（例如特定的社会经济环境与社会等级结构）。[6]

学者们开始关注世界不同地区的时尚潮流，并探索时尚的多维定义。他们不再假定全球时尚只有单一的主干，而是强调近代世界各个地区有着无数相互关联的分支。时尚史学家陈步云在研究唐代中国的时尚时，提出了这样一个新颖的观点：时尚不一定与现代性相关，而更多的是一种自我创造的过程。她认为，时尚与历史上的时间和地点错综复杂地联系在一起。[7]时尚史学家苏瑞丽（Rachel Silberstein）在她新近出版的关于清朝时尚的书中，也呼吁对中国的时尚和各个地方时尚之间的互动进行更为深入的研究。[8]本章呼应了上述的研究成果，比较了时尚如何影响人们对时代变迁和全球市场的态度。

明代中国和墨西哥都留下了独特的案例和丰富的史料，为时尚研究作出了重要贡献。在这两大社会中，纺织品早已渗透到社会生活的各个方面，无论贫富贵贱。这两个社会也与外国市场产生了频繁的接触。更重要的是，这两个地区都处于历史转型期：晚明中国在文化和商业方面开始呈现现代性，而墨西哥也开始追求自身的发展。因此，学者们开始对这两个地区的时尚产生了浓厚的兴趣。举例来说，卜正民、柯律格、董莎莎（Sarah Dauncey）、安东篱（Antonia Finnane）和巫仁恕等学者，从经济、物质文化、社会史和文学的视角，对明代中国的时尚作了深入剖析。[9] 另一方面，丽贝卡·厄尔（Rebecca Earle）和雷吉娜·鲁特（Regina Root）等拉丁美洲史学家，充分讨论了时尚与艺术、商业化和种族的相互作用。[10] 尽管这些学术研究已经提出，不同地区存在不同的时尚偏好和社会仿效，但是有关丝绸时尚的共性（尤其是两大区域之间的贸易与时尚趋势），学界尚未进行充分比较。

这样的比较，不仅能够凸显西方与非西方帝国之间的对比， 107
同时也能够揭示不同形式的社会结构对时尚的影响。时尚不仅在穿着丝织品的明朝商人与仆人之间传播，还在非西班牙人和卡斯塔制度中的底层人民之间传播。[11] 这两大地区尽管存在诸多政治、社会和经济上的差异，但仍然具备相似的发展趋势，比如城市化和技术进步。正如第一章所讨论的，纺织业为服装提供了多样的图案、色彩、印花和刺绣。朝廷对丝绸的需求和边境的拓展，促进了能工巧匠涌入帝国，推动了纺织创新。[12] 城市化在中国南部和墨西哥的主要城市达到鼎盛，也促进了丝绸行会和商业市场的壮大。无论从地理上还是从社会上来讲，时尚的流通都不乏多样性，并且受到城市化和外国新奇事物的商业刺激。全球化的城市生活，产生了公共空间，将贸易市场与设计的流传紧密关联。

关键是，这两大地区还表现出对违法的奢华织物、进口的新奇商品，以及鲜艳色彩（尤其是红色）的追求。艺术史学家泰门·斯克里奇（Timon Screech）指出，近代时尚的核心是布料，而非布料剪裁。[13]虽然这观点适用于亚洲而非欧洲，但是抛开剪裁和设计，布料本身在近代就更受重视。在近代，织物往往是精致的、有装饰性的，无论来自国内纺织中心还是海外市场，都备受青睐，这点与现代世界大不相同。此外，刺绣、丝带、颜色的独特搭配，甚至是布料上的手绘，都是人们眼中的时尚元素。服装的剪裁可能随着时间而变化，但是织物的设计、颜色和图案的创新性，则更多是随空间变化的。比方说，下文将讨论最受欢迎的丝织品，通常带有原产地的特色，同时，来自国外市场的丝织品也颇受追捧。正如苏瑞丽所言："原产地在纺织品营销中的主导地位，反映了人们对当地材料特性的理解，这对于不同区域之间的纺织市场尤为重要。"[14]在近代，原创性一般就是需要获取来自外域的东西。因此，原创性就是新颖和别样的代名词。所以，时尚风格体现了对外国文化符号的挪用和审美模式的混合。

对鲜艳色彩的渴望，也是源于同样的心理，就是希望得到
108 更好的、别样的东西。红色之所以价值较高，有两大原因。其一
是红色承载了深厚的社会象征意义，其二则是制造红色需要艰苦的劳动、稀缺的原料。在中国和西班牙，红色染料和用于染色的化学配方都是外来的，这些原料的培育和染色的过程，需要耗费大量的人力与物力。时尚对这两大地区有着相似的影响。举例来说，无论是在中国还是在西班牙，时尚的传播都赋予了妇女新的权利，让她们既成为时尚的创造者，又成为时尚的消费者。

下文将首先探讨明代中国的时尚，聚焦于长江下游地区，那

里是丝织中心，也是最繁华的都市区。之后，我们将把视线移到墨西哥，看看那里的丝织中心和大都会——墨西哥城。本章会揭示，特定的历史时期与新兴的外国货品，在时尚的形成和传播过程中不可或缺。丝绸时尚为个人赋能，使人们能够脱出传统桎梏，追求个性角色。因此，随着时代的变迁与地理范围的扩展，这两大地区的时尚形成了一种个体的存在感与自我身份认同。国内不同社会群体之间的互动，以及国内与国外的互动，说明近代世界愈发复杂的联系，跨越了社会与文化的边界，促进了文化的多元发展。人们普遍希望在社会群体甚至整个社会中与他人区分开来，以此展示他们关于商业商贸独立与文化交融的愿景。

中国的时尚

服装是社会等级制度的表象。传统的中国社会，由四个社会阶层组成，其从上到下分别为：士大夫、农民、手工业者和商人。一个人所属的社会阶层决定了他的税率、就业机会和日常消费习惯，包括服饰穿搭。中国古代学者贾谊（前200—前168）曾提出："是以天下见其服而知贵贱，望其章而知其势。"[15]然而，时尚的概念实际上与贾谊的观点相反。新式样的出现和变化，使人很难一眼就从穿搭上看出阶级和威望。

日益奢侈的生活方式，生成了服装的时尚。虽然明朝初期经济复苏缓慢，有节俭之风，并非所有人都穿着丝绸，[16]但新奇的城市生活仍然产生了奢侈的生活方式。正如一本嘉靖年间的地

109 方志所记载的那样：“生养日久，轻役省费，民穪滋殖，此后渐侈。”[17]经济发展和政策的宽松，活跃了社会生活，刺激了人们对时尚服装的追求。随着以市场为导向的商业迅速兴起，贫富差距被逐渐拉大。文人胡侍（1492—1553）发现：“今农民絺毦不蔽体，而商贾之家，往往以锦绮为襦袴矣。”[18]财富积累促使商人穿上他们本来无权穿着的丝绸服装。[19]对商人群体来说，穿戴丝织品既是一种日常享受，也是更高社会地位的象征。

城市是时尚的中心。城市化推动着时尚的形成，促进了时尚的传播。正如苏瑞丽所观察到的：“白银货币化、手工业商品化以及商品经济的发展，都受到了城市消费的刺激。”[20]安东篱参考了欧洲史，观察到16世纪末的苏州与巴黎非常相似。像巴黎一样，苏州也有一种独特的“苏州风格”；与巴黎和伦敦的竞争一样，苏州风格在另一个长江三角洲中心城市——扬州也遇到了竞品。[21]私营纺织业所受的监管较少，因而在城市里迅速壮大。这些私营业主可以复制那些本不可擅用的设计，使消费者有机会选购那样的织物。从事贸易的人近水楼台，可以在纺织业发展和销售的新风向中日进斗金。[22]城市不仅是买卖时尚商品的地方，也是产生时尚行为的完美环境。正如历史学家彼得·伯克所言：“在城市里，个人或集体更有机会以物质来表现、构建身份。”[23]看和被看，是时尚流通的内部因素。城市居民要比其他地区的人更爱攀比。

从两幅长卷中，可以看出明末城市的爆炸性发展。一幅是上文提到的《南都繁会图》（图2.2），描绘了农历三月南京城的风光。南京是明朝的“南都”，商业化程度很高，并且有北京之外的另一处皇宫。另一幅是《皇都积胜图》，描绘的是北京城，也描绘了城市居民的数量和商业店铺的多样性。在第一幅长卷的中央，矗立有一座高台，观众可站在高台的三面观看昆剧表演。拥 110
挤的人群和各个阶层的人聚在一起，说明“看”与“被看”是城市生活的核心。

城市市场也为消费者提供了琳琅满目的商品。画中大约有109幅商业广告，包括“西北两口皮货”“京式靴鞋店”“闽粤海产店”“东西两洋货物俱全”“布店”等。这些海报说明商品有着不同的风格与产地，博得广大消费者的关注。许多明朝文献记载，普通人也买得起几件丝绸服饰当作他们的正装。明朝的一则故事就提到，正德年间（1506—1521），苏州一位名叫宋敦的普通农民，穿着以湖丝制成的崭新白袍去朝拜。[24]

城市生活的快节奏生活，促成了时尚的快速演变。这反映了时尚的一个重要特征，即与时俱进。17世纪初的文人顾启元（1565—1628）评论了苏州城的时尚潮流：

> 留都妇女衣饰，在三十年前，犹十馀年一变。迩年以来，不及二三岁，而首髻之大小高低，衣袂之宽狭修短，花钿之样式，渲染之颜色，鬓发之饰，履綦之工，无不变易。[25]

根据顾启元的说法，时尚涵盖了衣服、鞋子和饰品的各种细节。这些细节不断变化，迫使人们紧跟潮流，入手新品。服装史学家菲利斯·托尔托拉（Phyllis Tortora）将时尚定义为“许多人在短期内共有的品位”。[26] 短时的变化，无疑创造了更多的商业机会，并使时尚通过市场结构从城市中心流向小城市、城镇和乡村集市。[27]

时代的变化与时尚的概念密切相关。在当时的记载中，“与时俱进”是常用概念。任何特定的风格都具有历史意义，代表了特定的历史时期。将时间抽象成居住空间或具体环境，反映了晚明的新价值体系。[28]文学家袁宏道（1568—1610）在描述
111 苏州游人时说：“舟中丽人，皆时妆淡服，摩肩簇舄，汗透重纱如雨。”[29]不论是衣服还是妆容，都需要及时跟进。

“时风”并不是说所有这类风格都是新近创造的；古风也可成为时尚，这与文人对古代文物的崇尚相呼应。据顾启元记载，当时文人流行戴巾帽。虽然戴巾帽早已不是新鲜事，但它从明中期开始有了新的风格和名称，包括“汉巾”“唐巾”“诸葛巾”“东坡巾”等。[30]巫仁恕认为，这属于传统巾帽的复兴，当时的人把自己打扮成历史人物的情况并不鲜见。[31]女性也有同样的偏好，比如明朝文人田艺衡记录道，当时有一种“细简”的女装穿搭沿袭了唐朝的风格。[32]这种不断创新、变化的时尚风格和对古代的致敬，形成了古今之间的对话，反映了历史的螺旋式上升。明朝的古风复兴，其背后是一种对古意的敏感，是人们发现历史、再现历史的趣味。他们渴望通过穿搭来顺应时移世易，同时又可寓居往昔。时尚，使他们在如流的岁月中立足。

时尚已然成为变革的动力。时尚并不完全反映在剪裁或缝制，而更多反映在布料与织物的使用量。这一特点并非长江下游地区特有，而是全国各地都有。16世纪末，中国北方县城——通州的地方志记载：“其所制衣，长裙、阔领、宽腰、细褶，倏

忽变易，号为‘时样’。”[33]文中的“时样”，使用了非常多的织物。丝织品象征财富，所以一种风格使用的织物越多，价值就越高。另外，处理更多织物就需要更大的工作量。所以，制作织物所需的时间和精力，也就成了时尚的另一大方面。

明朝织物过度使用，数量越来越多，种类也越来越多变。随
着时间的推移，布料的长度和衣物的宽度也在增长。到了崇祯
年间（1628—1644），女性使用的布料有100厘米长，并且比明
初的60厘米至80厘米规格的织物精致得多。渐渐地，“马面裙”
等服装上的皱褶也越来越多了。因此，如1532年三品文官徐蕃 112
（1463—1530）的妻子张盘龙墓出土的一件衣服所示，有些衣物底
边可达四米之宽。[34]清朝承袭了明朝衣物的多褶风格，不过一
般都更为精巧。[35]清朝文人李渔（1611—1680）曾引用一首古诗
评论道，饰有八幅折纹的裙子，在日常生活中很普遍，而十幅折
纹的衣服在“人前”则更显美观。[36]思考如何在他人面前展现
某种穿搭，是时尚传播的核心驱动力。

人们渴望展示、着力模仿，所以时尚潮流可能有成千上万的追随者，不论贫富贵贱。一方面，这种受模仿驱动的时尚潮流，揭示出商业化的蓬勃发展带来了社会等级制度的崩坏。另一方面，这种趋势也揭示出，这些新贵与底层民众仍然仰仗现有的国家权力和统治阶层。大家都希望往上爬，实现阶级跨越，所以底层人民就更想穿上原本无权接触的服装。文学家田艺衡讽刺道：“今则婢子衣绮罗，倡妇厌锦绣矣。”[37]这一记载反映出下层妇女不再满足于锦缎和绣袍这些曾经高雅、豪华的衣物。她们想要的是一些更独特、更时尚的东西。比方说丝绡就符合她们的要

求，这样的织物轻盈，可用于复杂的服装设计，因而广受追捧。普通人对织物的挑剔，说明丝绸时尚的影响极为深远。

时尚打破、逆转了传统的社会地位，令许多文人甚为忧心。时尚在仆从之间的传播，受到的议论最多。因为仆从们奢侈的丝绸服饰，已经让贫寒的文人们感到尴尬。文学家沈长卿（活跃于1612年前后）评论了万历年间流行的宽袖，说这种新的服装适合文人们行礼作揖，而不适合仆从做家务活。[38]在沈长卿看来，服装应该与个人的职业和工作性质相匹配。

地方品牌与异国情调

丝绸时装也反映了地理位置的分级。一般来讲，产地和专
113 门作坊最受欢迎，成为商品的招牌。正如一份明朝文献所记载的那样：

> 绸缎之中，实论非常，其出处皆有可分。高低贵贱之别，因其机房字号甚多，匠人作法不一，并其尺寸宽窄、长短不同，更兼丝性之生熟、水色之鲜丑、分量之轻重，皆不相同。[39]

丝绸风靡全国，其产地、作坊与匠人的名气越来越大，丝绸的时尚也就在一些地方越来越流行了。地名是织物的名片，是流行时尚的又一特点。按这样的逻辑，随着人们对异域的了解日渐深入，来自海外的商品也变得受欢迎。正如一位明朝文人所记录的那样：“而数十年来，天下靡靡然争言洋货。虽至贫者，亦竭

蹶而从时尚。”[40]对外国商品的追求，不仅源于商品本身的独特性，还源于它们与地理分级的关系。一直以来，地名都是与商品共同出现的。几乎每本地方志中的“品物”“土产”部分，都可以反映出这一点。而且，这样的特点也随着近代的地理探索而进一步加强。正如苏瑞丽所指出的：“地名的重要性，凸显了地方在近代和全球化前生产生活中的重要性。”[41]所以说，地名承载着人们对于异国的幻想，象征着商品的稀奇，反映了不同文化的独特内涵。

商品的“异国情调”已然成为大卖点。比方说传为仇英所作的手卷中，多数广告就都强调商品的产地。例如，福建和广东是人们眼中的最佳海货产地，而西北地区的货物则多是毛皮。在众多鞋店之中，北京的鞋比较受欢迎。“东西两洋”的标识，在同一条街上被多家商店使用。《通州志》也记载了老百姓对当地传统丝织品的挑剔：“今者里中子弟，谓罗绮不足珍，及求远方吴细、宋锦、云缣、驼褐。”[42]在这份记载中，虽然“罗绮”是奢侈品，但它并不时髦。吴县和织造“宋锦”的苏州城，都是当时丝绸时尚的中心。此外，“驼褐”是一种从国外进口的织物。质量不再是时尚的唯一标准。来自国内外时尚之都的织物，才是优 114
胜者。

异国情调的魅力，可从古代说起。时尚使人们与远方产生联系，这在16世纪和17世纪早已不是新鲜之事。弘治年间（1465—1505），源自朝鲜的“马尾裙”风格风靡首都。这类裙子下部需要用马尾支撑，突出下身，与纤细的腰线形成对比。正如陆容（1436—1497）所记录的那样：

> 初服者，惟富商、贵公子、歌妓而已，以后武臣多服之，京师始有织卖者。于是，无贵无贱，服者日盛。至成化末年，朝官多服之者矣。大抵者，下体虚奓，取观美耳。[43]

这段文字描述了外来风格在中国流行的过程。开风气之先者是那些直接与外国人打交道的人。这些人一般都是比较聪明、开放的，其中还包括不少时髦的青楼女子。一旦一种风格流行开来，仆从们便也会开始追求时髦，慢慢就可以将该风格的商品价格拉低、销量抬高，使其成为一种真正的时尚。这就像前面提到的文人所说，在“人前”更为美观。然而，宫中大臣往往是最保守的人，一般都是最后接受新风格。所以，他们对新风格的接受，就象征着这一风格的风靡。但是后来，由于人们开始偷窃马尾，此举动摇了国家军事的基础，朝廷只好下令禁止这种服装。[44]

尽管有禁令的压制，外来风格仍然影响着首都。16世纪中期，王世贞（1526—1590）记录了中国北方游牧民族的“袴褶”在文士中流行的情况。[45]袴褶由褶衣和下袴两部分组成，是一种骑乘服。有一种融合了汉族和蒙古族服装传统的袴褶服装，名为“曳撒袍”（yesa robe），承袭了元朝的贴里（terlig）服装，是一种配有绦线或腰线的袍服。[46]虽然朱元璋决意复兴中原传统，取缔元朝的服装风格，但从明朝中期开始，袴褶服装（尤其是曳撒袍）成为士大夫的便服，传播到了仆从和平民之中。其实，不光是袴褶，明朝的许多时尚灵感都源自元朝。还有一种全身袍
115 服，由左侧开衫的外搭和源自元朝的长裙组成，影响了明清时期

的龙袍设计。[47]

虽然模仿游牧民族这样的外来风格在中国并非新鲜事，但明朝与欧洲帝国的接触，还是对中国丝绸产生了前所未有的影响。丝绒的进口和流通就是一个很好的例子。正如历史学家盛余韵（Angela Sheng）所说，丝绒的织造技术是从外国人那里学来的。这种丝织品，从 16 世纪开始在福建和长江下游地区成为奢侈品。[48]从外国引进的丝绒，给纺织业注入了新鲜血液。在制作过程中，织工会先将丝线染色，然后将纬线编织到经线之上。在整理完几寸布料后，他们还可使用刀具对丝绒进行加工。[49]葡萄牙商人很可能在 16 世纪末就将西班牙丝绒带到了中国沿海的制造中心（可能是漳州），方便中国织工复制。[50]与外国人的接触，不仅带来了新的编织技术，还带来了新的纹样。[51]

另一种最早在漳州和泉州流行的外国织物，是"倭缎"（日本锦缎）。尽管宋应星贬低这种外来的织物，但倭缎还是在明清时期相当流行，甚至皇帝也穿这种织物。[52]从名字上讲，虽然倭缎指的是日本织锦，但它可能源于欧洲市场。虽然"倭"字在历史文献中多有贬义，但这种日本织锦仍然流行。《红楼梦》就记录了上等人家穿着日本锦缎，追求时髦的情形。男主角贾宝玉在女主角林黛玉第一次进贾府时就穿上了倭缎，以身着正装的形象出现。[53]由于这种锦缎来自国外，所以其具有独特的异国情调和吸引力。穿着奢华的外国织物，象征着人脉之广，财力之强。对"异国情调"和珍奇货物的渴望，将遥远的异国融入了全球性的想象之中。与外国市场的接触和对外国市场的渴望，成为设计创新的主要催化剂。

女性的时尚与社会仿效

明朝时尚的产生及流传，源于两种心理：炫耀消费（conspicuous consumption）和攀比压力（peer pressure）。早在1899年，经济学家托尔斯坦·凡勃仑（Thorstein Veblen）就解释过炫耀消费，即
116 通过炫耀自己购买的商品，来展示自己经济上的成功，借此展示自己较高的社会地位。[54]多数时候，炫耀消费是由时尚自上而下的传播造成的。根据社会学家乔治·西梅尔（Georg Simmel）的观点，时尚的产生，首先需由上层社会反复创新，然后由下层社会模仿复刻。换句话说，两个因素——模仿和创新——决定了时尚。[55]后来，这一自上而下的“模仿说”受到了质疑。时尚史学家克里斯托弗·布瑞瓦德（Christopher Breward）提出，令人垂涎的高级商品更有可能是藏在城市中零售商的家中，而中产阶级是被完全忽略的。[56]自上而下的模仿，不一定是消费的唯一理由。

明朝末年，时尚成为更为集体化的现象，并且偶尔也有自下而上的模仿。[57]正如通州地方志所记载的：“故有不衣文采而赴乡人之会，则乡人窃笑之，不置之上座。向所谓羊肠葛、本色布者，久不鬻于市，以其无人服之也。”[58]从这一记载中可以看出，人们的攀比直接促进了时尚的传播，因为若是不追随时尚潮流，就将被众人取笑。不仅如此，时尚也给店铺带来了压力，因为它们只能销售流行的款式。在这过程中，市场的商品供应无疑会影响到人们对时尚的追求。[59]另外，那些试图维护服饰等级的人也会受嘲笑。据记载，“今法久就弛，士大夫间有议及申明，

不以为迂，则群起而姗之矣，可为太息”。[60]对于当时很多人来说，不追随时尚其实是不现实、不能接受的。

因此，在宫廷与权贵阶层之外，时尚的力量感染了许多人。丹尼尔·米勒（Daniel Miller）观察到，即便经受压迫、缺乏文化教育，大多数人也还是能从身边不显眼的物品中获得创造力。[61]这里有一点需要澄清，就是学者们说某些丝织品“奢华”，并不一定说明这种丝织品价值连城。学者们通常是用“奢华”来指称以前难以接触到的织物。对那些商人和乡绅家庭来说，丝绸业和商业的兴盛使同类丝织品有了更为合理的价格。之所以称其“奢华”，多是因为此类布料设计复杂、耗时太久，而未必是指其价格高昂。[62]

女性对时尚的追随则更为普遍。正如绍兴的地方志所言：

> 邑井别户，无贵贱率方巾长服。近且趋奇炫诡，巾必骇 117
> 众，而饰以王服，必耀俗而缘以綵。昔所谓唐巾鹤氅之类，又其庸庸者矣。至于妇女服饰，岁变月新，务穷珍异，诚不知其所终也。[63]

这一记载说明了女性时尚更新换代非常快。另一位文人陈继儒（1558—1639）的评论，进一步说明了女性攀比外貌的习惯：

> 近世明炫服，好为艳。流盼媟语，好为佻。宝马画船，好为名山大堤之冶游。始则识者叹，继则笑。又甚则里妇习为故常，慕而效之，而势不可复返矣。[64]

如这段文字所记载，当时的女性特别关心她们在别人面前的表现。女性决定了时尚的存续，一旦某种风格在女性之间成为时尚，就一定会蔚然成风。

炫耀消费和攀比，在女性之间绝不罕见。这两件事，占据了她们的社会生活和日常交往很大的一部分。女性的社会生活，给了人们品评时尚的契机。在时尚的背后，是女性向社会圈子展示自我的渴望。她们希望展示自己的审美品位、家庭地位和阶级。比方说许多才女都会参加各类文学活动，活动中的互相交流、模仿，促进了她们的穿搭创新。高彦颐（Dorothy Ko）发现，女性文人经常组织雅集，满足自己的社交和娱乐需求。[65]此外，为了适应不断变化的环境，明末女性会不断打破社会传统服装的界限。穿着华服的女性商人与仆从，与《耕织图》中理想的女性形成鲜明对比。[66]

底层女性不一定总是会追随上层社会的潮流，有时反倒是富家千金追求商人家庭女性和青楼女子所塑造的时尚形象。文学史学者何玉明指出，团扇最早就是流行于青楼女子之间的。后来，上层女性仿效青楼女子的穿搭，才开始使用团扇。这一时尚的传播，在很大程度上得益于团扇的充足供应和快速传播。这也得益
118 于小商贩在城乡的广泛活动。因此，何玉明认为，商贩促进了时尚在不同社会群体之间的传播。[67]巫仁恕还认为，明末的许多时尚风潮，是由名妓和商人的妻子掀起的。[68]戏院甚至也成为时尚灵感的主要来源，这一点在万历年间滁阳县的地方志中有所记载。[69]随着不同家庭、不同阶层的女性之间的接触越来越多，她们对不同服装也有了更多认识。此外，明末印刷文化的发展，

推动书商面向越来越多的女性读者。小说中的女性形象，既传播了时尚风格，又让读者看到并了解那些通常不会出现在他们生活圈子里的人物。[70]

女性所掌握的技能，决定了她们与时尚的关系。传统儒家思想认为，女性需要掌握针线活，包括刺绣、裁剪、设计和穿搭。这些具体技能，都促进了人们对时尚的理解和追求。另外，有相当多的女性以刺绣为生。在17世纪，苏州城外的农村绣娘约有十万人，她们为商贩提供诸多刺绣商品。[71]这些女工可以及时提供大量的时尚款式。她们的工作和技能，也提升了她们在家庭和社会中的地位。到了18世纪，清朝服饰中的刺绣占比更大，绣娘的人数也就不断增加了。[72]

明末的另一种时尚是异装打扮，即男扮女装、女扮男装。开封的地方志记载："迨至明季嚣陵益甚，伎女露髻巾网，全同男子；衿庶短衣修裙，遥疑妇人。"[73]万历年间的文人李乐（1532—1618），就对男装染上了女装的颜色而感到不解。[74]由于人们对新潮的追求，这种跨性别的穿衣方式打破了传统的性别区分。即使仍处于萌芽状态，时尚也有足够的动力挑战故有的性别观念。

女性也会异装出行，因为她们比男性更希望走出固有圈层，进入公共领域。高彦颐还写道，才女有时会穿上男性文人的袍服。经过像男人一般着装，她们在户外活动时更方便、更安全，这也是女扮男装的一大原因。[75]因此，时尚的传播归功于明末 119
更具流动性的社会。当时人们可以在内外圈层灵活切换，不需囿于传统。

17世纪的小说《金瓶梅》包含了大量关于女性时尚的记录。有一次，吴月娘准备迎接一位来访的友人："戴着满头珠翠，金凤头面钗梳，胡珠环子；身穿大红通袖四兽朝麒麟袍儿，崔蓝十样锦百花裙，玉玎珰禁步，束着金带；脚下大红绣花白绫高底鞋儿。坐着四人大轿，青缎销金轿衣。"[76]这段文字中描写的通袖，长而宽大，成本较高，原料极为昂贵。这种服装，原是为宫女和高官设计的。[77]这段文字甚至描述了具体的刺绣纹样——四兽朝麒麟。这一纹样极尽复杂，其制作需要花费大量精力。一般来讲，没有足够高的地位，穿这种袍子是不合法的。因此，吴月娘的着装，与她所处社会阶层的女性合法穿着形成了鲜明对比。锦缎也是最上层的织物之一，就连吴月娘胸前的丝带，都是刺绣的。在这些丝质服装上，还饰有各种金银珠宝。小说还描写了西门庆的所有妻妾都穿戴整齐去见老熟人。在与他人会面前，必定要悉心打扮，因为要在其他女性面前展示一番。女性的时尚，主要是为了不在这样的攀比中占下风。

对现在的读者来说，《金瓶梅》对服饰和珠宝的描述可能过于琐碎。但是，这是帝制晚期中国读者所熟悉的写法，因为他们在文学戏剧作品中习惯于将服装作为身份和性格的标识。[78]这种对于着装的描述，反映出西门庆家的富裕，吴月娘在家庭中的地位以及她对那些来访友人的态度等。小说中对时尚风格的细致描写，说明时尚几乎主导了这些人物的社会生活中的方方面面。这些细节其实使情节更加合理，吸引了大量对时尚感兴趣的读者。可以说，时尚构建了女性与文人、读者与作家之间的对话。

中国红

炫耀性的消费，也体现在明亮色彩的使用上。红色是最显著的一例。在中国传统文化中，颜色带有道德和政治意义。《左传》解释了颜色的意义，认为颜色反映了天下的秩序。一些明朝文人 120
细致入微地解读了《左传》。其中有人就说，五色可以用来区别不同的车乘、服装和所有日常生活的用具。[79]人们通过穿衣打扮，将自己与野兽区分开来，并通过衣物的质量来展现他们的社会等级。然而，只有合理使用颜色，人类才能证明他们的行为合乎天道。[80]颜色和染料装点了社会和国家的仪式与形象。抛开技术层面不谈，这种道德理念使明朝廷有理由将染色当作国家丝绸织造的一个重要部分。

红色通常象征着较高的地位。红黑色、黄色和紫色这三种颜色，一般是由宫廷所用，而官员和普通人禁止使用。官服的颜色从高到低依次分为红色（一到四品）、深蓝色（五到七品）和绿色（八品和九品）。余壬和吴钺所作的《徐显卿宦迹图》，就明显是以颜色区分官阶。[81]这套完成于1588年的册页，详细介绍了在各种重要场合中，包括徐显卿（1537—1602）在内的诸多官员的宫中形象。这些图页精细地描绘了官服，清楚地展示了颜色是如何用来区分官阶的。与官员不同，平民只可使用淡色。

直到崇祯末年，平民才可以在婚礼上使用红色。叶梦珠（1624—？）发现，在崇祯初年，婚礼上的礼服和轿子主要使用蓝色绸缎，唯一的装饰只是挂在轿子四角的桃红彩球。但后来，人们就开始用红绸刺绣做礼服。没过多久，大红织锦已成了平民所常用的礼服布料。[82]红色的使用变得越来越普遍，而婚礼上使用的织物价值也越来越奢华。

17世纪，由于色彩的革新，对于颜色使用的限制越来越松。作为服饰中最突出的元素，颜色很快就成为僭越社会地位的符号。上文提到的《南都繁会图》，描绘了大量城市居民穿着颜色鲜艳的服装，包括红色、蓝色和绿色（图2.1）。《金瓶梅》详细地描写了所有妻妾对红色服装的痴迷。某天，吴月娘梦见西门庆的小妾潘金莲试图来夺走一件红绒袍，醒来便向丈夫告状。[83]对红色的保护和迷恋，主要是因为红色在传统意义上代表了正室
121 而非妾室的身份。红色是正妻身份的标志，因而也代表了家庭女性的等级制度。这一等级划分，造成了包括女仆在内的所有女性对于红色的偏爱。[84]从前只穿黑色常服的仆人，开始穿搭蓝色和绿色，有的甚至在为客人端茶送水时穿上红色和紫色，这已经成了十分自然的事情。[85]红色最为特殊，因为穿着红色不仅可以“悦己”，还可以向“悦己者”展示一番。这么做，无非就是希望追赶潮流，宣布自己拥有了更高的社会地位。

红色染料极为珍贵，因为很难制作。这也就是红色价值较高的原因。将丝织品在红色染料中反复浸泡，十分耗时费力。只有通过反复的染色，才能获得纯正、鲜艳的红色，而生产红色染料的原料通常很难得到。古代欧亚各国通常使用茜草来提取红色染料。[86]后来，欧洲和亚洲采用了不同的原料来制作红色染料：欧洲偏爱用昆虫提取，如胭脂虫；东亚则更多使用草药提取。自汉朝起，红花开始从中亚进口到中国，人们逐渐发现红花能比茜草产出更鲜艳、更耐久的红色。[87]由于红花属进口物产，价格

十分高昂，很快就成为社会地位的象征。

早在北魏，红花就被广泛用来制作红色染料。种植红花，需要在农历二月初前后劳作。一旦枝丫长成，就必须在上面放上绳索和栅栏，防止风害。夏天，便是摘取红花的最好季节。每天清晨，人们需要在露水未干之时摘花，这样颜色才可以完整保存。将红花制成红色染料的方法被称为“杀花”。人们在摘取红花之后，需将红花磨碎，用水冲洗，之后需要用一个布袋绞去其中的黄色。随后他们会再次研磨，用淘米水和醋进一步冲洗。剩下的部分可以放在阳光下晒干，制成红花饼。[88]虽然用水分割红黄两色耗时费力，但是如果希望得到最优质的红色，那么这一步骤必不可少。直到唐朝，红花染色技术才更为成熟，便有了史料所记载的名为“纯红”或“真红”的深红色。[89]据宋应星记载，这一技术在明朝得到了进一步完善。[90]根据宋应星所写，“真红”需要经过一系列复杂的物理和化学反应才能形成。

制作红色染料，需要大量的红花，因为红花实际上只能生产百分之零点五左右的红色。纯粹的红色染料所需的红花重量，
是布料重量的十倍。[91]根据纺织学者韩婧的研究，与其他染料 122
（比如用于棕色和紫色的苏木）相比，红花需要最频繁地渗透来形成理想的染色。染红色主要需要添加乌梅和碱。[92]在大多数时候，姜黄和黄栌也可用作媒染剂。除此之外，还有可以用来提亮暗影的黄蘗。正如明末的《物理小识》所记载，黄蘗足够牢固，有着很不错的染织效果。[93]

红色染料极为珍贵。宋应星甚至列明了很多降低红色亮度的东西。他记录道，鲜红色不能与沉香等香料放在一起。他甚至记

录了一个重复利用红染料的秘诀：只要将提取出来的水与绿豆粉混合，就可以从一块布上去除红色。经过这些步骤形成的红水，就可再次当红色染料使用，所以“半滴不耗”。[94]正是由于红色染料的稀缺性，人们尝试并记录了重复利用这种颜色的方法。

宋应星还记录了不同品种的红色，如水红、银红、莲红等。他还点出这些不同的红色应适用于不同类型的生丝：“以上质亦红花饼一味，浅深分两加减而成。是四色皆非黄茧丝所可为，必用白丝方现。”[95]宋应星的记录说明，17世纪中国的染织技术成效极佳。要生产出让丝线或织物消费者满意的染料，需要复杂的工艺。人们对色彩的偏好不断加强，使红色和其他鲜艳颜色出现了多样化趋势。据记载，清中期时，大约有了18种红色和15种绿色。[96]

时尚和技术相辅相成。一方面，染织技术的精进，使某些颜色比其他颜色更为昂贵，更受追捧；另一方面，新的染织技术让很多人可以使用鲜亮的颜色。消费者有越来越多的新颜色可以选择，他们可以借此相互展示、相互攀比。此外，明朝的染织工艺也用到了外国进口的成分。染匠们曾用煮沸的黄栌树液来染织龙袍的丝线，并用水浸麻灰的碱性溶液洗净。[97]

时尚是明朝生活的核心。很多时候，时尚反映了整个王朝
123 的活力。正如文人所记载的那样，时尚受到古代与现代的多重影响。人们追求时尚，有时是为了跟上当代人的步伐，与门店陈列的当代风格保持同步，有时是为了向古人致敬。此外，流行的织物和风格也反映出地区差异和全国各地的商品供应情况。正如过去、现在和未来在时尚潮流中的重叠一样，外来和本土的空间也

交织在了一起。人们在追求时尚、传播时尚的同时，加强了对外域的认识和了解。将外国风格引入都城的商人，以及跨越社会阶层、性别差异的活动，恰好体现了一种空间的流动。商人、下层社会与女性通过时尚重新获得了应有的社会地位，并主动向上层社会表达了自己的诉求。

墨西哥的时尚

大洋彼岸丝绸时尚的进程与中国类似。17 世纪来到墨西哥的人，大多对不同种族的着装印象深刻。英国多明我会修士托马斯·盖奇（Thomas Gage，约 1603—1656）在 17 世纪中期访问墨西哥城时，发现大多数衣服都是用彩色丝绸制作的。他记录道：

> 男人和女人的服装都很夸张，使用的丝绸比其他织物要多……绅士的帽子上经常会饰有钻石做的帽带和玫瑰，商人的帽子上则多是用珍珠做的帽带……黑摩尔人或黄褐肤色的年轻奴仆的工作非常艰辛，但她的项链和珍珠手镯，以及她耳坠上的硕大珠宝，彰显时尚……黑摩尔人和黑白混血儿的装束……极为轻盈，她们的车乘也让人心动。许多社会地位较高的西班牙人都沉迷于她们的美色，甚至为她们抛妻弃子。[98]

尽管有些言过其实，但这一记录仍可说明丝绸在当时是最受欢迎的布料，在西班牙社会中被广泛使用。不论是在男装还是在女装中，丝绸时装都很流行，而且很多时候都饰有贵金属和珠宝。这种奢侈品，涵盖了各类日常装饰，包括马车的装饰。就像在中国一样，较低阶层也能穿上、用上丝绸。盖奇在文中划分了两类人：“黑摩尔”（blackamoor），即皮肤较黑的摩尔人（这个词
124 最初是指穆斯林，后来通常指非基督徒）；“穆拉托”（mulattoes），指的是黑人与白人的混血儿。在西班牙人眼中，这些人本来是下等人，而且不同等级体系之间的通婚通常是不合规的。但由于这些人的衣着和马车都很考究，所以西班牙人喜欢在他们当中寻找情人。

在整个行程中，盖奇对墨西哥城的景象有着非常深刻的印象。和中国一样，这座城市成为时尚的中心并一直保持着这个地位。西班牙人阿特米奥·德·瓦勒-阿里斯佩（Artemio de Valle-Arizpe，1884—1961）记录道，在18世纪的墨西哥城，“普通人穿着丝绸裙子或印花布，上面装饰着金银条带；色彩鲜艳的腰带上，还有金色的流苏，从前面和后面翻下来，装点裙边”。[99]除了精美的织物，贵金属也广泛用于服饰设计。

欧洲和亚洲的纺织品，在近代美洲都可以买到，并且深受偏爱。盖奇还发现，当时的人们穿着“产自荷兰或由上等中国亚麻布制成的套袖，上面绣有彩色的绸缎”。[100]太平洋和大西洋两条贸易路线都连接了墨西哥，所以美洲人认为来自西班牙和瓦哈卡的丝绸都是劣质的。[101]从当时人们的遗嘱中，也可看出中国丝绸在家庭中的普遍性。伊莎贝尔·巴雷托·德·卡斯特罗（Isabel Barreto de Castro，1567—1612）的丈夫是一名西班牙水手，他在最后一次从秘鲁到太平洋的远征中去世。根据他的遗嘱，巴雷托继

承了许多来自中国的贵重物品，包括织物和珠宝，还有在阿卡普尔科的满屋的丝绒，价值七千比索，以及四个精美的箱子，满载织物和中国服饰。[102]能看出来这是一个富裕家庭，他们利用各种外国关系，往自家的衣柜塞满了进口织物。

追求异国情调

遍览整个西班牙帝国，穿戴中国丝绸的现象都十分常见。由于马尼拉在地理位置上与中国相邻，所以这种情况也在马尼拉普遍存在。历史学家阿尔赞斯·德·奥尔赛·维拉（Arzáns de Orsúa y Vela，1676—1736）记载，马尼拉的流行商品包括“来自印度的谷物、水晶、象牙和宝石，来自斯里兰卡的钻石，来自阿拉伯的香水，来自波斯、开罗和土耳其的挂毯，来自马来半岛和果阿的各种香料，以及来自中国的白瓷和丝绸服饰”。[103]中国丝绸和其他精美商品的贸易“绝对是马尼拉存在的理由（raison d’etre）……在马尼拉，中国人带来了几乎所有可以运往新世界的货物，并且几乎完成了所有的商务和工艺”。[104]这种时尚一旦传到美洲，就会影响墨西哥和秘鲁。秘鲁总督孔德·蒙特雷（Conde de Monterrey，1560—1606）观察到，“赤贫的人、黑人和 125
穆拉托男女、桑巴伊戈（sambahigos，印第安男人和非洲女人的儿子）、许多印第安人和混血儿都可穿戴丝绸，而且数量很多”。[105]这些记录还着重介绍了黑人、印第安人和混血儿后代穿戴丝绸的情况。这些记录者没有提到西班牙人的时尚，说明他们有更多的机会接触丝绸这种织物，而且中国丝绸的风格也确实在16世纪之前就在大都市中流行起来了。由于墨西哥商人在15世纪

60年代末就已经开展了很多独具前瞻性的商业活动，所以在人们刚刚发现菲律宾时，墨西哥城早已成为他们世界的中心。

穿戴亚洲和欧洲丝绸的时尚，代表了个人的奢侈生活方式。这也是人们越来越追求身份认同的一大原因。正如历史学家马修·托马斯（Matthew Thomas）所言，西班牙人、克里奥尔人（Creole）、非洲人或美洲各地原住民男女穿戴中国丝绸，以及中国商人和农民使用西班牙银元，这些事情使他们直接参与了近代世界经济的大扩张。[106] 艺术史学家丹尼斯·卡尔（Dennis Carr）指出，来自亚洲和其他外国的装饰品，使美洲人民能够超越他们殖民地公民的地位，直接展示自己的贸易能力与商业信誉。[107] 他们对时尚的展示，既是出于对奢侈品的欣赏，也是出于对参与外国商品流通的热切渴望。

正如盖奇所观察到的，欧洲和亚洲织物的大量消费，不仅是因为这些织物精致细腻，还因为它们来自国外。正如下文将讨论的那样，亚洲工匠引入的风格大受欢迎，很可能是因为这些织物风格的独特性，以及它们对遥远文明的象征。亚洲花卉纹样的流行，可能也有同样原因，下文将分析这一过程。在这种消费环境和对全球热潮的追随中，墨西哥人感知到了他们优越的历史与地理意义。他们热衷于改变，并且逐渐建构起自己在西班牙帝国和太平洋航线上的独立商人地位。

因此，购买亚洲丝绸也象征着人们从西班牙统治之下获得独立的集体愿望。丝绸贸易带来了源源不断的资本，使商业行会的大商人成为墨西哥的核心力量。原本商人们只能销售大西洋舰队运载的货物，而现在太平洋贸易给他们提供了一条高利润的投资

渠道。[108]他们的特权地位，使他们能够支撑国防，并捐出大量 126
的钱款给皇家财政。商业贸易产生的利润，使他们对帝国足够忠诚，并在各类国家决策和与世界大都市的交流中获得话语权。

大帆船运载的货物，主要是生丝与未染色的白色织物。[109]来自中国的白色织物备受欢迎，主要有两个原因。一方面，大多数亚洲织物都用草本染料，可能对水或阳光非常敏感，极易掉色。大多人都认为，胭脂红色比红花染出的颜色持久得多。另一方面，白色的生丝也使当地工匠能够自由地迎合当地人的喜好。当地手工艺人有时会重新编织已经染色的织物，创作出本土图案与欧式图案。[110]这种亚洲生丝、美洲染料与欧洲设计的结合，是墨西哥近代时尚的特色。由于文化的多元性，各地的时尚并非趋同，而是结合了不同的传统与创新风格。有时呈现异国情调，有时则呈现传统的本土风格。

虽然明朝生丝原料的主导地位毋庸置疑，但由于文化与时尚的差异，明朝丝织品的地位却没那么高。[111]消费者一般都偏好符合其文化背景的设计，而且当地教会也需要购买具有宗教意义的织物。然而，亚洲设计的引入，使美洲殖民地的审美更为多元。来自亚洲的加工纺织品，促进了美洲社会产生丰富多样的物质文化。它不仅影响了西班牙人和殖民官员的圈子，而且也影响了原住民社区。贝弗利·勒米尔总结道："在这个不断扩大的市场中，殖民地的美洲原住民以改良刺绣花色的纪念品、家居用品和时装来争取地位，因为他们积极响应了物质文化的全球化趋势。"这种"文化融合"是殖民地生活中永恒的核心。[112]因此，在市场上随处可见中国丝绸、印度棉布、欧洲亚麻布和羊毛以及当地布料的融合。

文化的多元性跨越了空间和时间，构建了更加全球化的设计体系。以上一章讨论的中国明朝织物为例（图 2.3），上面的双头鹰暗示了哈布斯堡的王冠，而心形的花瓶则暗示了与菲律宾奥斯定会（Augustinians）的联系。[113] 虽然已有现成的传统设计套路，但是很多丝绸织工还是会自行设计纹样。这块丝绸上的鹰和花瓶周围的交错纹样，就是仿照中国青花瓷上最常见的纹样。诸如莲
127 纹、菊纹等中国风格的花卉图案，还是会出现在 19 世纪马尼拉生产的披肩上。[114] 这件织物融合了不同文化背景的设计思路，可谓与时俱进。虽然这些纹样主要与西班牙王室有关，但也是不同文化相互交融的范例。除此之外，复杂的设计也意味着需要投入更多劳动力与制定更高的定价。

亚洲的花卉纹样是早期全球化最明显的象征之一。花卉有着不同的功能和情感意义，象征着不同的植物、生命周期，以及女性气质。[115] 因此，花卉设计不仅代表着异国情调，还反映了对偏远地区的认知。中国和美洲的匠人，还有构建中国、美洲大陆纽带的商人、水手与海运专员，都在亚洲花卉纹样的传播中贡献了力量。除此之外，最重要的是消费者偏爱并支持这种交流和设计的融合。在这融合的过程中，有无数人参与其中，这也说明了审美全球化的深远影响。

挪用中国和亚洲花卉纹样的时尚，绝不仅限于纺织品生产和服装设计。这样的挪用，还可反映出 18 世纪欧洲人对中国园林文化的极大兴趣。[116] 由此，越来越多有关中国植物和花卉的绘画和书籍得以面世。正如艺术史学家王廉明指出的那样，欧洲主

顾最喜爱中国园林植物，而非药材和其他异国植物。[117]这种偏好，说明欧洲人相信中国优越的农业条件可以促进经济发展，并促进欧洲学术团体的壮大。这种观念，也说明了他们为什么要采用中国的蚕业知识。[118]

从亚洲到美洲的移民也带来了新的风格。许多亚洲移民拥有专门的纺织店。[119]可以从“中国姑娘”（china poblana）的故事中看出他们的影响（图 3.1）。据说，这位“中国姑娘”与当地的墨西哥人一起设计、推广了新款的丝绸服饰。这种服饰主要是一种无袖的、镶有金边的黑色丝织品，还饰有红色、白色和绿色的刺绣。许多中国人和美洲原住民都穿这种服装，其后来慢慢演变成墨西哥民族身份的一大标志。[120]有些学者认为，“中国女孩”指的是莫卧儿帝国的“公主”米拉（Mirrha/Meera），因为当时她推崇莫卧儿印度风格的服装，此举带来了很强的影响。[121]另一种合理的推测是，“中国姑娘”原本生活在菲律宾，后来在被海盗俘虏后随着一艘大帆船来到了墨西哥。无论她的身份如何，这段故事证实，亚洲移民和亚洲工匠在墨西哥历史产生了影响深远的时尚灵感。[122]

据记载，随着马尼拉大帆船的启动，出现了第一波跨太平洋 128
的亚洲移民潮。来自契丹（Cathay）、西邦戈（Cipango，日本）、菲律宾、东南亚各王国和印度的旅行者在墨西哥被统称为“中国人”（Chinos）或“中国印第安人”（Indios Chinos）。历史学家爱德华·斯莱克（Edward Slack）讨论过这些移民群体，他估算，在两个半世纪的跨太平洋接触中，至少有四万移民踏上了墨西哥的土地。[123]这些中国人多是去当水手、奴隶和仆人，一般都是在

图 3.1 “中国女孩”立像

资料来源：卡拉·安德鲁（Karla Andrew）拍摄于普埃布拉的一处商业广场，2013 年。

阿卡普尔科上岸。[124]当时的大多数海员，都是菲律宾人、常来人或来自马尼拉附近军港的华裔。后来的第二波移民主要是从海上运送的仆人和奴隶，他们为西班牙地主工作。

相当多的移民留在了墨西哥城，服务当地商人。早在17世纪20年代，托马斯·盖奇就记录道："金匠的商店和作品最值得钦佩。印第安人和中国人已经成为基督徒，每年都会到这里来，他们在这一行业中已经超过了西班牙人。"[125]在马约尔广场（Plaza Mayor），以西班牙露天市场的摊位和小商店为主的商业中心，是以马尼拉的华人区——巴里安市场命名的。[126]如果中国人零售商品，他们就需要向西班牙国王缴纳皇家贡品，这说明中 129
国商人群体在16世纪末就已经融入了西班牙的财政体系。[127]随着来自亚洲的移民数量不断增加，很多领域的竞争也越来越激烈。例如，1635年，有西班牙理发师向市议会投诉，在马约尔广场有多达200名华人开办了理发剃须店。收到投诉后，官员们决定将华人理发店的数量限制在12家以内，而且所有的华人店铺都必须开在郊区。[128]

随着丝织品等织物的全球流通，越来越多的人开始回收和仿制。在那几百年里，二手服装贸易蓬勃发展，占据了消费市场的一大部分。二手服装的回收利用，也促进了纺织技术的改进和国内商贸体系的完善。与中国同行一样，太平洋彼岸的工匠也喜欢融合两种不同文化的设计。[129]在1644年清朝入关后，明朝官服上的补子被运到了美洲。这些补子描绘了形形色色的禽鸟走兽，象征着文武百官的官阶。这些补子可以是通货，可以是衣柜中的收藏，也可以是重复使用的重要材料，可以说是从各个维度上提升了服装的价值。[130]具体而言，它们衍生出墨西哥丝织品中的新设计，比方说一张17世纪的挂毯就出现了鹈鹕纹样（图3.2）。鹈鹕本是传统的基督教象征，在此被渲染成中国神话中凤凰的样子，嘴很短，尾巴很长。[131]鹈鹕的姿态、翅膀的刻画风格，以及嘴里叼着花的细节，都很像明末的仙鹤补子（图3.3）。通过将亚洲元素与传统的欧洲文化符号相结合，墨西哥工匠融汇了本土风格与外来风格，这件织物既是本土的，又是外来的。回收和仿制，为商业流通和市场联系增添了活力，提供了更多样的文化元素。

大多数经过加工的织物，都是由女性再加工的。女工们经常接到订单，为那些需要廉价服装的市民修补、售卖一手与二手物品。[132]这样的情况，多半加强了当时人们的消费能力。女性在衣着贸易中的产业，扩大了消费市场的范围与规模，同时也保障了她们自己及其家庭的生活。比方说明代中国的女性，就大大带动了时尚潮流。在美洲其他地区，也有很多女工参与这类贸易。例如，勒米尔讨论过克里奥尔女性挪用亚洲棉被的设计风格，在
130 墨西哥的殖民前哨生产独创版本的情况。[133]这一行业为不同年纪的女性提供了饭碗，实际上与在中国南方普遍出现的情况类似。正因如此，妇女赢得了更高的经济地位。

西班牙红

与中国文化环境一样，红色也是西班牙王室的首选。最初，只有王室和教会可以使用红色。在欧洲各地，红色也都很抢手。1535年，德国农民甚至发动了一场起义，要求获准穿着红色服

图 3.2　饰有鹦鹉纹样的墨西哥挂毯

资料来源：现藏于美国华盛顿特区纺织博物馆，馆藏号 91.504，由乔治·赫威特·迈尔斯（George Herwitt Myers）于 1951 年收入馆中。

图 3.3　明末的仙鹤补子

资料来源：现藏于美国纽约大都会艺术博物馆。

装。[134]这种对红色的追求也传到了美洲，并恰好呼应了当地传 131
统。新大陆上的西班牙人注意到，原住民的衣服上也有浓烈的红色。这种颜色，取自一种叫做胭脂虫的小昆虫制成的天然染料。

胭脂虫主要生长于墨西哥胭脂仙人掌的关节和叶子上（图3.4）。虽然胭脂虫的身体呈白色，但它被挤压后就会爆出鲜红色的汁液。虽然在拉丁美洲的许多地方都能找到胭脂虫，但生长于墨西哥的胭脂虫比其他地方的大出一倍之多，而且可以产生更深、更鲜艳的红色，无疑是最优选择。在西班牙殖民之前的中美洲，红色染料是用来表现原住民世界观和宗教信仰的重要元素。[135]

新世界其实也推进了旧世界的时尚潮流。胭脂虫的利用就 132
是一个绝佳的例子。当时，无论是政论家、自然学家、商人、国王、总督还是传教士，都对胭脂虫有着浓厚的兴趣。从16世纪初开始，来自欧洲的传教士就开始组织原住民在仙人掌上培养胭脂虫，这样可以提高收益，并将原住民社区纳入政府控制范围。很快，这种染料就引起了西班牙王室的注意。当西班牙国王在1523年听说胭脂虫时，他便向瓦哈卡高地的侯爵埃尔南·柯尔特斯下令，要求侯爵立即报告是否已经在墨西哥发现了胭脂虫。国王认为，如果真的已经发现了，那么就要算清是否有足量的胭脂虫可供出口，并“尽一切可能努力收集”。[136]胭脂红是风靡欧洲的红色染料，所以国王的这一命令说明，寻找有价值的原材料是西班牙王室殖民墨西哥的主要目标之一。

对红色的渴望和随之而来的利润，加快了胭脂虫从阿兹特克人那里转移到西班牙朝贡体系的进程。1536年，国王从瓜哈巴（Guaxuapa）收取了28车的格拉纳（grana，加泰罗尼亚语

图 3.4　生长于美洲、可结种子的胭脂仙人掌

资料来源：迭戈·德·托雷斯·瓦加斯（Diego de Torres y Vargas）：《关于新西班牙和秘鲁各天主教教区的历史、组织和地位的报告》（"Reports on the history, organization, and status of various Catholic dioceses of New Spain and Peru 1620–1649"），现藏于纽伯里图书馆（Newberry Library），馆藏编码 Vault Ayer MS 1106 D8 Box 1 Folder 15。

“红色”）贡品。[137] 1554年，西班牙商人弗朗西斯科·塞万提斯·德·萨拉萨尔（Francisco Cervantes de Salazar，约1514—1575）宣称，墨西哥盛产格拉纳，并大量出口到西班牙。[138] 133

在17世纪，胭脂虫的培育范围更加广泛，因此相关记载十分常见。图3.4出自《关于新西班牙和秘鲁各天主教教区的历史、组织和地位的报告》，可以追溯到1620年至1649年之间，是一份最能反映墨西哥教会史的抄本。[139] 此抄本收录了一大部分关于墨西哥米却肯教区的报告，因此图3.4描绘的很可能也是米却肯地区的胭脂虫采集。对西班牙王室而言，这是从社区收取贡品的重要来源之一。插图中的仙人掌巨大，可以容纳很多胭脂虫。在绿色仙人掌的衬托下，胭脂虫体呈白色，大量聚集在一起。插图下方，两个原住民从一面巨大的仙人掌叶片上摘取胭脂虫，并将其挂到碗里收集起来。他们的衣服都饰有深红色条纹，大概都是用胭脂虫染成的。[140] 此外，不论男女，都会采集胭脂虫，说明胭脂虫的采集也是一种社区产业，就像种桑养蚕一样。在《报告》中收录这样的图像，说明人们（尤其是教会的人）对胭脂虫的培育和采集有着强烈的兴趣，认为这是西班牙朝贡和贸易体系中的重中之重。

生产胭脂红并不需要特别肥沃的农田，只要一小片仙人掌林就足够了。因此，胭脂虫为西班牙殖民者提供了解决原住民社区土地短缺的方案。以米亚瓦特兰（Miahuatlán）省的奥塞洛特佩克（Ocelotepeque）镇为例，由于当地土地贫瘠，无法种植玉米，所以当地人绞尽脑汁地改善土地的质量。唯一的好办法，就是改养胭脂虫。另外，胭脂虫也很容易受到气候和恶劣天气的影响。意外的霜冻、大雨或干旱，都会导致颗粒无收。所以胭脂虫对天气的敏感性也解释了为什么瓦哈卡地区会成为胭脂虫养殖的中心：当地土地贫瘠，不适合开展其他农业，但是气候却相对稳定。此外，瓦哈卡地区的农业社区较为密集，适合培育胭脂虫和生产染料。只要改养胭脂虫，那么此地与城市市场的联系就会进一步加强。这不仅是因为西班牙人需要很多染料，还因为原住民越来越集中于养蚕、养胭脂虫，所以社区需要从外部采购大量日常用品。

134 采集和培育胭脂虫并非易事。贡萨洛·戈麦斯·德·塞万提斯（Gonzalo Gómez de Cervantes，1537—1599）在《与胭脂虫有关的内容一览》（“Relación de lo que toca a la grana Cochinilla”）中详细描写了胭脂虫的培育，描述了胭脂仙人掌从播种、养护到发芽的过程。[141] 从图 3.4 中，我们便可看出照看胭脂虫需要有极大耐心。人工培育可大大提高野生胭脂虫的质量。据洪堡说，养殖的胭脂虫与野生胭脂虫相比，不仅体积更大，还有着更厚的棉质表皮，可以产出高质量的染料。[142]

养殖胭脂虫和养蚕一样，都需要在它们的整个生命周期中密切照料。在此过程中，可能会有各种害虫和鸟兽前来骚扰。由于胭脂仙人掌通常不足 1.2 米高，蜥蜴、老鼠以及禽鸟会很容易吃掉胭脂虫。人们还需要剪掉花朵和果实，以便防止飞虫在那里产卵。此外，由于南风对胭脂虫有害，还必须为植物遮挡南风。有时，人们需要用灯芯草制成的垫子盖住仙人掌，以保护幼小的胭脂虫免受寒冷天气的影响。后来，人们为养殖胭脂虫采用了大规模的保护措施。正如历史学家和地理学家罗宾·A. 唐金（Robin

A. Donkin）记载：

> 自 18 世纪以来，已经出现了超过五万个大规模的种植园。每一个这样的种植园有时可以占据大约 25 平方米的区域。周围装有泥墙或栅栏，用来防风、防尘，有助于驱赶可能吞吃胭脂虫的禽鸟。霜冻和雨水也可能造成胭脂虫的大量损失。因此，当人们预报霜冻时，就会点燃火把；有时也会用木头和稻草搭起雨棚，防止仙人掌被大雨冲刷。[143]

像这样的保护措施，需要提前很久开始准备。

为了适应当地的气候，某些地区采取了一种叫做“胭脂虫迁徙”的策略，这需要很大的工程量。平原地区通常在 5 月至 10 月下雨，山区则在 12 月至次年 4 月下雨。每到下雨时，原住民一般不覆盖果实，而是将盖着叶子的雌胭脂虫分层放在篮子里。随后，他们将这些篮子带进山区，让雌胭脂虫在旅途中繁育。“迁徙”可以使胭脂虫保持干燥，是行之有效的策略。

将胭脂虫制成红色染料，又需要经历另一个复杂的过程。每公顷的仙人掌，可以收获大约 250 公斤的胭脂虫。首先需要用热水烧死胭脂虫，并将其放在太阳底下烘干。有时甚至需要放在铁
锅里烘烤，做成砖红色的染料，以备装运。由于七万来只胭脂虫 135
只能生产出一磅染料，所以这个过程需要投入巨大的劳动成本，这样制作出来的染料也就十分昂贵。

胭脂虫在西班牙帝国的贸易扩张中独具意义。据胭脂虫专家雷蒙德·李（Raymond Lee）称，胭脂虫的重要性，在 16 世纪下

半叶尤为显著。[144]与养蚕业一样，胭脂虫也受到政府的严格控制，成为行政体系中的重要部分。总督恩里克兹鼓励原住民养殖胭脂虫，要求他们种植仙人掌，照料成熟的胭脂虫，并在其中的各个阶段“勤奋工作”。[145]17世纪，西班牙政府的支持和信贷供应，从各个方面促进了胭脂红的生产。在收成最好的时候，胭脂红甚至可能产生超过200万比索的利润。到了18世纪，胭脂红产业已经成为瓦哈卡地区的一个经济支柱。在墨西哥的大部分地区，胭脂虫是以家庭为单位来培育的，但是瓦哈卡地区主要是以种植园培育的。洪堡曾观察到，在奥科特兰（Ocotlán）附近，有些庄园里有五六万只成排养殖的胭脂虫。[146]

为了促进胭脂红的生产，西班牙政府同时承担了资本家和出口商的角色。墨西哥城的商人和西班牙的商人，都会向农民预付定金，以确保胭脂虫的生产。此外，新型的胭脂红生产与贸易系统在17世纪形成。这个系统中有原住民家庭担任生产者，由市长、副市长与代理人等殖民地雇主担任监督。瓦哈卡州的商人需要在胭脂虫收获季之前支付定金，并与这些殖民地官员合作。囤积足够胭脂红的商人，之后会将染料运到委拉克鲁斯港，交予当地企业家或出口商。一旦运抵欧洲，加的斯（Cadiz）或塞维利亚的商人就会把胭脂红再次出口到欧洲更大的纺织中心。这样一来，墨西哥和西班牙的商人就可获得最大的利益。

由于贸易产生了无比丰厚的利润，所以诈骗就成了常事。为了应对胭脂红贸易中的各种问题，政府已经立法来控制胭脂虫的加工、分级和出口。这需要政府专员组成监察网络，严格执行法律法规。由此，贸易诈骗行为得到了遏制，染色过程也更为规范。1550年，第一部关于检视胭脂红质量和销售渠道的条例出台，防止了商人虚报重量，欺诈客户。这部条例还提到，需要对违法三次以上的人进行加倍惩罚。到了1592年和1594年，政府又颁布了一系列法律，阻断了以胭脂红诈骗的路径。不过，这也说明了当时诈骗行为的普遍性。[147]

胭脂虫被引入欧洲后，很快就取代了以前用于制作红色染料 136
的绛蚧（kermes）。* 从墨西哥胭脂虫体内中提炼出的明亮的大红、深红和紫红，淘汰了所有的竞品，广受追捧。第一批墨西哥胭脂虫于1526年抵达西班牙，1552年抵达安特卫普，最后于1569年抵达英国。[148] 据1555年2月上呈的一份报告，普埃布拉、特拉斯卡拉（Tlaxcala）、乔鲁拉（Cholula）、特佩亚卡（Tepeaca）和邻近城镇每年生产的胭脂红，估算价值共为20万比索。[149] 其中产出的大部分胭脂红都流向了欧洲。总督恩里克兹在1574年报告说，当年生产的胭脂红可以说是史上最多；1575年，胭脂红约有七千阿罗瓦（arrobas，旧时西班牙的重量单位）的出口量。次年，出口量上升到了前所未有的一万两千阿罗瓦。[150] 冈萨罗·戈麦斯·德·塞万提斯（Gonzalo Gómez de Cervantes）在1599年估算，墨西哥的平均胭脂虫出口量为一万至一万两千阿罗瓦。上述史实正好说明，塞万提斯的说法是正确的。[151] 继白银之后，胭脂红成了人们眼中从美洲殖民地出口的又一核心产品。在16世纪和17世纪，胭脂红加强了美洲对构建欧洲丝绸时尚的贡献。

这种昂贵却易于运输的染料，使西班牙人大获其利。在很长

---

* 另一种可分泌制作红色颜料的物质的昆虫。

一段时间内，胭脂虫的价格都与黄金相当。对西班牙政府而言，与胭脂虫相关的信息始终都是最高机密。1688年的《哲学学报》（*Philosophical Transactions*）第一次尝试破译胭脂虫的秘密，即认为胭脂虫是一种由仙人掌果（prickly pear）孕育的昆虫。直到1704年，才有一篇专文提出胭脂虫是一种有六条腿的昆虫。[152]西班牙人限制了有关胭脂虫繁育方法的信息传播，私自出口胭脂虫就是死罪。西班牙保护胭脂虫，无非是为了垄断鲜艳染料的生产，使那种红色更加神秘，更受追捧。在知道西班牙的胭脂虫是什么之前，欧洲人曾把胭脂虫称为“西班牙绛蚧”（Spanish kermes）或“西班牙粉末”（Spanish powder）。就像丝织品一样，特定地区可以用来命名广受欢迎的颜色。在全球时尚的语境中，地方性一直都是重要议题。

小结

尽管中国和墨西哥的文化传统不同，在全球市场上也有不同的地位，但两国都出现了相似的丝绸时尚。越来越多的普通人能够购买以前没权、没钱购买的纺织品。城市成为时尚中心，出现了炫耀消费和攀比行为。时尚风格展示了时代的变迁，并区分了不同的产地。自此，异国情调已成为标榜不同畅销物的一大指
137 标，而本土的制造业，也开始接纳外来的设计风格。

丝绸的时尚潮流在底层社会的传播，也许可以用精神分析方法来解释。[153]人们希望在别人眼中呈现出品位高、阶层高与财

力丰厚的形象，这种心态促使他们在公共场合穿得很显眼，独具个人风格。当财富的增加不再受限于传统的社会等级制度时，暴富的人便急于宣示自己的地位，炫耀的欲望便尤为强烈。这种态度的强化，往往与人们社会圈子的扩大同步。这一时期，人们有了更多旅行的机会，可以结识更多的人，因此也更愿意扩大社会参与、接触更广的经济世界。16 世纪至 17 世纪的中国和墨西哥（特别是大城市），正为许多希望提高社会地位的人构建了这样一个环境。

对独特品位的展示，促成并迎合了人们对鲜艳色彩的迷恋。虽然中国和墨西哥使用了不同类型的红色染料（由植物与昆虫制成），但是原材料的培育都同样困难，制成颜料都需要同样大的劳动量，所以红色有了独特的价值。用原材料制作完美染料的技术，也得到了极大的改进，这进一步促进了特定颜色的流行。不同类型的染料，也在长距离贸易中推广了不同种类的丝绸。不论面对的是亚洲的儒家等级观念、欧洲的宗教和王室权力，还是墨西哥的原住民文化，红色都可以渗透到不同文化之中，构建重要的文化价值，让不同的文化语境产生超越时空的联系。

时尚的重要性，来自它对帝国传统的多维挑战。精致的丝织品有着鲜艳的色彩，散发着异国情调，成为诱惑的“尤物”，诱使人们不顾传统的社会等级制度和服装规定去追求它们。服装不再是一个人的身份和阶级象征，而是成为赋予权力的法器，在全球化时代的洪流下重新定义人们的地位。在这一过程中，女性在时尚的发展和传播中发挥了关键作用。她们不仅用自己的针线功夫来促进时尚设计，同时还成为丝绸的主要消费者。她们的相互模仿、攀比，加强了时尚的活力和多样性。由于缺乏男性所享有的社会机会，服装和饰品可以突出她们的身份与社交圈子，对女性来说意义重大。正是时尚，使妇女能够挑战传统等级制度中预设的性别角色。

138 虽然炫耀消费使时尚赋予个人新的权力，但它仍然留有集体消费的余味。市场对具有不同背景和阶层的人们的行为、品味和外观有着越来越深的影响。因此，时尚成为日常的关注点，成为小说和游记中的一大焦点。时尚开始影响一个国家或地区如何在全球网络中思考自己的位置、宣传自己的招牌。这种“大众消费文化”（mass consumption culture）促进了文化元素的融合。尤其是在墨西哥，当地织物完美地混搭了亚洲花纹、欧洲宗教教义及其本土织物的风格。明代中国也引进了来自韩国、日本、越南和西班牙的材料、设计和技术。虽然这些图案和织物有的简洁，有的复杂，有的精致，有的粗糙，但是不论怎样，它们的流动都比以前更为频繁。这些文化元素，为近代消费者呈现出时间与空间的变化，给了他们更为丰富的购买选项。

因此，在中国和墨西哥两地，由政治和经济结构引起的人事流通，刺激了人们对感官享受的渴望。人、事、物的变换建构了时尚，使时尚与人们跨越社会等级和文化边界的流动紧密交互。反过来，这种变换与流动，也促进了人们对风格的理解，使风格与时俱进。

时尚的重要性不在于它建立了什么，而在于它打破了什么。卜正民提出，时尚的发展建构在永恒的失望和失败之上。[154] 在关于法律规范的上层社会语境中，时尚不仅挑战了社会和经济体制，也挑战了法律体系。在下一章中，我们将会讨论时尚的传播总是在禁奢令失效之时大行其道。

注释

[1] Lipovetsky, *The Empire of Fashion*, p.4.

[2] 贝弗利·勒米尔、列略：《东方与西方：近代欧洲的纺织品与时尚》。

[3] 列略就认为，近代世界在不同区域形成了不同的文化风尚，看似各自成型，实则相互关联，无法避开全球化的洪流。列略：《时尚与世界的四个部分：早期近代的时间、空间与变化》（"Fashion and the Four Parts of the World: Time, Space and Change in the Early Modern Period"）。

[4] 彭慕兰：《大分流》（*The Great Divergence: China, Europe, and the Making of the Modern World Economy*）。

[5] 勒米尔、列略：《东方与西方：近代欧洲的纺织品与时尚》，第 887 页。

[6] 列略：《时尚与世界的四个部分：早期近代的时间、空间与变化》。

[7] 陈步云：《唐风拂槛：织物与时尚的审美游戏》，第 5 页。

[8] 苏瑞丽：《时尚的世纪：晚清的纺织艺术与商业》（*A Fashionable Century: Textile Artistry and Commerce in the Late Qing*），第 5 页。此书还讨论了清朝的时尚是如何从明代时尚发展而来的。

[9] 卜正民：《纵乐的困惑：明代的商业与文化》；柯律格：《长物：早期现代中国的物质文化与社会状况》；安东篱：《中国不断发展的服饰：时尚、历史与国家》（*Changing Clothes in China: Fashion, History, Nation*）；董莎莎：《宏伟的幻象：晚明女性服饰中身份与财富的感知》（"Illusions of Grandeur: Perceptions of Status and Wealth in Late-Ming Female Clothing and Ornamentation"）；巫仁恕：《奢侈的女人——明清时期江南妇女的消费文化》。

[10] Earle, "Two Pairs of Pink Satin Shoes!!"；Root, *The Latin American Fashion Reader*.

[11] 有关门第的详细讨论，可见本书第四章。

[12] 陈步云：《唐风拂槛：织物与时尚的审美游戏》，第 5—9 页。

[13] Screech, *Sex and the Floating World*, p.113.

[14] 苏瑞丽：《时尚的世纪：晚清的纺织艺术与商业》，第 92 页。

[15]（汉）贾谊：《新书》，卷一，页二八下至二九上。

[16]（明）赵锦、（明）张衮：《（嘉靖）江阴县志》，卷三。

[17]（明）丘时庸、（明）王廷幹本，《泾县志》，卷二，页十六下

[18]（明）胡侍：《真珠船》，卷二，页一三至一四。

[19]（明）叶梦珠：《阅世编》，卷八，页一七四至一七五。

[20] 苏瑞丽：《苏州八景》（"Eight Scenes of Suzhou: Landscape Embroidery, Urban Courtesans, and Nineteenth-Century Chinese Women's Fashions"），第 3—4、23 页。

[21] 安东篱：《扬州的"现代性"》（"Yangzhou's 'Modernity': Fashion and Consumption in the Early-Nineteenth-Century World"），第 400—401 页。

[22] 董莎莎：《宏伟的幻象：晚明女性服饰中身份与财富的感知》，第 62 页。

[23] Burke, "Res et Verba," p.150.

[24]（明）冯梦龙：《警世通言》，卷二十二，页三上。更多相关讨论，可见原祖杰《衣装国家、衣装社会：明代中国的礼仪、道德与炫富消费》，第 122 页。

[25]（明）顾启元：《客座赘语》，卷九，页二十一上至下。更多相关讨论，可参考安东篱《中国不断发展的服饰：时尚、历史与国家》，第 44 页。

[26] Tortora and Eubank, *Survey of Historic Costume*, p.8.

[27] 卜正民：《纵乐的困惑：明代的商业与文化》，第 221 页。

[28] 陈步云：《唐风拂槛：织物与时尚的审美游戏》，第 157 页。

[29]（明）袁宏道：《袁宏道集笺校》，卷四，页一百七十。

[30]（明）顾启元：《客座赘语》，卷一，页二十八下至二十九上。

[31] 巫仁恕：《品味奢华》，页一二九。

[32]（明）田艺蘅：《留青日札》，卷二十，页三七九。

[33]（明）沈明臣等编：《通州志》，卷二，页四十七下。

[34] 梅影诗魂：《明代中晚期马面裙裙襕与衣服的搭配问题》。

[35] 有关清朝和明朝风格异同的讨论，可参考王国军《舞台人格：清初戏曲中的服饰》（*Staging Personhood: Costuming in Early Qing Drama*）。

[36]（清）李渔：《闲情偶寄》，卷七，页十三下。

[37]《留青日札》，卷二十，页三七九。

[38]（明）沈长卿：《沈氏日旦》，卷四，页三十六下至三十七上。

[39]《成家宝书》，第 411—412 页。英文译文可见于苏瑞丽《时尚的世纪：晚清的纺织艺术与商业》，第 93 页。

[40]（清）管同：《禁用洋货议》，页八一九。

[41] 苏瑞丽：《时尚的世纪：晚清的纺织艺术与商业》，第 92 页。

[42]（明）沈明臣等编：《通州志》，卷二，页四十七下。

[43]（明）陆容：《菽院杂记》，卷十，页一二三至一二四。

[44]（明）冯梦龙：《古今谭概》，卷一，页三。

[45]（明）王世贞：《觚不觚录》，卷二八一一，页十七至十八。

[46] 可参考罗纬《明代社会中的蒙元服饰遗存初探》（"A Preliminary Study of Mongol Costumes in the Ming Dynasty"）；王国军《舞台人格：清初戏曲中的服饰》。

[47] 马熙乐:《中国丝绸：一部文化史》, 第 156—158 页。

[48] 盛余韵:《为什么是天鹅绒？明代中国纺织的本土创新》, 第 49—74 页。

[49]《天工开物译注》, 第 114 页。

[50] 盛余韵:《为什么是天鹅绒？明代中国纺织的本土创新》, 第 69 页。

[51] 吉田雅子:『伝秀吉所用の花葉文刺繍ビロード陣羽織——制作地、制作年代、制作背景の推定』, 第 1—16 頁。

[52]《天工开物译注》, 第 114 页; 盛余韵:《为什么是天鹅绒？明代中国纺织的本土创新》, 第 71 页。

[53] (清)曹雪芹:《红楼梦》, 第 3 页。

[54] Thorstein and Chase, *The Theory of the Leisure Class*, p.167. 另可参考董莎莎《宏伟的幻象：晚明女性服饰中身份与财富的感知》, 第 44 页。

[55] Simmel, "Fashion."

[56] Breward, *The Culture of Fashion*, pp.131–132.

[57] 勒米尔和列略认为，棉织物超越了炫耀消费的范畴，购买棉织物成了集体现象，也成为后世学者眼中的时尚。可参考《东方与西方：近代欧洲的纺织品与时尚》, 第 888 页。

[58]《通州志》, 卷二，页四十七下。

[59] 董莎莎:《宏伟的幻象：晚明女性服饰中身份与财富的感知》, 第 69 页。

[60] (明)顾启元:《客座赘语》, 卷九，页二十一上至下。

[61] White, "Geographies of Slave Consumption," p.236.

[62] Sugiura, "Introduction," pp.6–17.

[63] (明)史树德:《新修余姚县志》, 卷五，页一六零。巫仁恕:《品味奢华》, 第 132 页。

[64] (明)陈继儒、(明)汤大节:《眉公先生晚香堂小品》, 卷十六，页十九上。

[65] 高彦颐:《闺塾师：明末清初江南的才女文化》(*Teachers of the Inner Chambers: Women and Culture in Seventeenth Century China*), 第 232—237 页。另可参考原祖杰《衣装国家、衣装社会：明代中国的礼仪、道德与炫富消费》, 第 229 页。

[66] 可参考本书第一章。

[67] He, *The Home and the World*, pp.253–254. (明)王圻、(明)王思义:《三才图会》, 卷一二三四，页四七零。

[68] 巫仁恕:《品味奢华》, 第 135 页。

[69] (明)戴瑞卿、(明)于永享:《万历滁阳志》, 卷五，页二下至三上。有关舞台消费的影响，可参考王国军《舞台人格：清初戏曲中的服饰》。

[70] 更多有关插图小说的讨论，可参考何谷理(Robert E. Hegel)《明清插图本小说阅读》(*Reading Illustrated Fiction in Late Imperial China*)。

[71] 贝弗利·勒米尔:《全球贸易与消费文化的演变》, 第 104 页。

[72] 苏瑞丽:《时尚的世纪：晚清的纺织艺术与商业》, 第 103—110 页。

[73] (清) 张俊哲、(清) 张壮行、(清) 马士騭:《顺治祥符县志》, 卷一，页七下。《品味奢华》, 第 131 页。

[74] (明) 李乐:《见闻杂记》, 页十。

[75] 高彦颐:《闺塾师：明末清初江南的才女文化》, 第 153、278—279 页。

[76] (明) 兰陵笑笑生:《金瓶梅》, 卷四十三，页一上至下。英文译文引自董莎莎《宏伟的幻象：晚明女性服饰中身份与财富的感知》, 第 43 页。

[77] 董莎莎:《宏伟的幻象：晚明女性服饰中身份与财富的感知》, 第 48 页。有关《金瓶梅》中的时尚风格，还可参考张金兰《金瓶梅：女性服饰文化》。

[78] 有关晚清服装的意义，可参考曾佩琳《服装的意义：晚清小说中的时尚现代性》(“Clothes that Matter: Fashioning Modernity in Late Qing Novels”)。

[79] (宋) 朱申、(春秋) 左丘明、(明) 孙矿、(明) 顾梧芳、(明) 余元长:《重订批点春秋左传详节句解》, 卷二，页二上。

[80] 薛凤:《工开万物：17 世纪中国的知识与技术》, 第 81 页。

[81] 现藏于故宫博物院。更多相关讨论，可见于朱鸿《〈徐显卿宦迹图〉研究》。第十二开是展现不同颜色官服的最好例子。

[82]《阅世编》, 卷二，页三十七。

[83]《金瓶梅》, 卷七十九，页五十八上。黄维敏:《晚明大红大绿服饰时尚与消费心理探析：基于〈金瓶梅词话〉的文本解读》, 第 49—51 页。

[84]《阅世编》, 卷八，页一八零至一八一。

[85] (清) 孙星衍等编:《嘉庆松江府志》, 卷七，页三十一下至三十二上。

[86] 2 世纪在亚丁湾就有将茜草运往印度的船只。Chenciner, *Madder Red*, p.33.

[87] 赵丰:《红花在古代中国的传播、栽培和应用》。

[88] (北魏) 贾思勰:《齐民要术》, 卷五，页十九下。

[89] 韩婧:《明清中国高级服饰与织物中染料的历史与化学研究》, 第 52 页。

[90]《天工开物译注》, 第 133 页。

[91] 王兆木等编:《红花》, 第 108 页。

[92] 韩婧:《明清中国高级服饰与织物中染料的历史与化学研究》, 第 194 页，表 1.4。

[93] (明) 方以智:《物理小识》, 卷六，页二十九下。

[94] (明) 宋应星著、钟广言注释:《天工开物》, 卷三，第 113 页。

[95]《天工开物》, 卷三，第 114 页。

[96] 范金民、金文:《江南丝绸史》, 第 383 页。

[97] 薛凤:《工开万物：17 世纪中国的知识与技术》, 第 81 页。

[98] Gage, *Thomas Gage's Travels in the New World*, pp.68-69.

[99] Valle-Arizpe, *História De La Ciudad De México Segun Los Relatos De Sus Cronistas*,

pp.173–174.

[100] Gage, *Thomas Gage's Travels in the New World*, p.69.

[101] *The Philippine Islands*, vol. 12, p.199.

[102] 萧婷:《东亚的另一个新世界》，第 4 页。

[103] Arzáns de Orsúa y Vela, *Historia de la Villa Imperial de Potosí*, p.1.8.

[104] Wills, "Relations with Maritime Europeans: 1514–1662," p.354.

[105] *The Philippine Islands*, vol. 12, p.57.

[106] Matthew F. Thomas, "Pacific Trade Winds: Towards a Global History of the Manila Galleon," p.101.

[107] Carr, "Asia and the New World," p.20.

[108] 有关西班牙与墨西哥商人从太平洋贸易中获利的方式，亦可参考本书第二章。

[109] 可参考 Phipps, "The Iberian Globe," pp.34–35; Gasch-Tomás, "Asian Silk, Por celain and Material Culture in the Definition of Mexican and Andalusian Elites, c. 1565–1630," p.72.

[110] Carr, "Asia and the New World," p.33.

[111] Gasch-Tomas, "The Manila Galleon and the Reception Chinese Silk in New Spain," p.263.

[112] 勒米尔:《全球贸易与消费文化的演变》，第 27、75 页。

[113] Canepa, *Silk, Porcelain and Lacquer*, p.99.

[114] 尽管这些特殊的丝质披肩后来转移到西班牙国内制造，但是它们仍被称作"马尼拉披肩"，这表明西班牙消费者对来自马尼拉的丝绸印象尤为深刻。

[115] 勒米尔:《全球贸易与消费文化的演变》，第 249、267 页。

[116] Rinaldi, *Ideas of Chinese Gardens: Western Accounts, 1300–1860.*

[117] 王廉明:《来自北京的礼物：耶稣会与 18 世纪的中欧植物交换》("The Last Gift from Beijing: The Jesuits and the Eighteenth-century Sino-European Botanical Exchanges")。

[118] 后来清朝对外来植物产生了兴趣，皇帝甚至还委托画师为这些进口植物作画。可参考张湘文《海西集卉：清宫园囿中的外洋植物》。

[119] 萧婷:《东亚的另一个新世界》，第 42 页。

[120] Slack, "The Chinos in New Spain: A Corrective Lens for a Distorted Image," p.43.

[121] 更多有关"中国女孩"的讨论，可参考 Slack, "The Chinos in New Spain"; Rustomji-Kerns, "Mirrha-Catarina de San Juan"; Grajales Porras, "La China Poblana"。

[122] Bailey, "A Mughal Princess in Baroque New Spain," pp.38–39; 罗荣渠:《中国与拉丁美洲的历史联系（16 世纪至 19 世纪初）》，第 7 页; Slack, "Orientalizing New Spain," p.102。

[123] Slack, “The Chinos in New Spain.”

[124] Gealogo, “Population History of Cavité during the Nineteenth Century.” 另可参考 Walton Look Lai、陈志明（Tan Chee-Beng）:《拉丁美洲与加勒比的华人》（*The Chinese in Latin America and the Caribbean*）。

[125] Gage, *The English-American: A New Survey of the West Indies 1648*, p.84.

[126] Bancroft, *History of Mexico*, p.428.

[127] Slack, “The Chinos in New Spain,” p.48.

[128] 阿图罗・吉拉德斯:《贸易时代：马尼拉大帆船与全球经济的开端》, 第 5 页。

[129] Slack, “Orientalizing New Spain,” p.118.

[130] 勒米尔:《全球贸易与消费文化的演变》, 第 135 页。

[131] 更多细节可参考 Phipps, *The Colonial Andes*, p.80, plates 77。

[132] 勒米尔:《全球贸易与消费文化的演变》, 第 121 页。

[133] 勒米尔:《全球贸易与消费文化的演变》, 第 74 页。各族裔的克里奥尔女性，使用本地的白色羊毛布（而非亚麻、棉和丝绸）打底，并使用颜色鲜艳的羊毛、棉与丝线来绣出多方融汇的设计。

[134] Ashcraft and MacIsaac, *The Right Color*, p.8.

[135] Sahagún, *Codices Matritenses De La Historia General De Las Cosas De La Nueva España De La Nueva España De Fr. Bernardino De Sahagun*, pp.19–20.

[136] Cortés, *Cartas de relacidn de la conquista de Mexico*, Decada III, lib. 5, cap. iii.

[137] Scholes, “Tributos de los Indios de la Nueva Espaiia, 1536,” pp.185–226.

[138] Cervantes de Salazar, *Mexico en 1554*, pp.105, 144.

[139] 更多有关这份抄本的信息，可参考 Gabriel Angulo ed., *Colonial Spanish Sources for Indian Ethnohistory at the Newberry Library* M.A LIS, pp.103–104。

[140] Newberry Library, “The Persistence of Nahua Culture.”

[141] Gómez de Cervantes, *La Vida Economica Y Social De Nueva España Al Finalizar El Siglo Xvi*, pp.19.163–181.

[142] 亚历山大・冯・洪堡等编:《论新西班牙的政治》, 第 2 卷，第 42—48 页。

[143] Donkin, *Spanish Red*, p.14.

[144] Lee, “Cochineal Production and Trade in New Spain to 1600.”

[145] “Cochineal Production and Trade in New Spain to 1600,” p.471.

[146] 亚历山大・冯・洪堡等编:《论新西班牙的政治》, 第 2 卷，第 42 页。

[147] 亚历山大・冯・洪堡等编:《论新西班牙的政治》, 第 2 卷，第 48 页。

[148] Burkholder, “Crown, Cross, and Lance in New Spain, 1521–1810,” p.138.

[149] Veytia, *Historia de la fundación de la ciudad de la Puebla de los Angeles*, I, pp.310–311. 另可参考 “Cochineal Production and Trade in New Spain to 1600,” p.457。

[150] “Cochineal Production and Trade in New Spain to 1600,” pp.458–459. 西班牙的一阿罗瓦约等于 25 磅。

[151] Gómez de Cervantes, *La vida económica y social de Nueva España al finali zar el siglo XVI*, p.163.

[152] Clennell, “The Natural, Chemical and Commercial History of Cochineal, For the Tradesman,” p.270.

[153] Lacan, *The Four Fundamental Concepts of Psychoanalysis*, p.84.

[154] 卜正民:《纵乐的困惑：明代的商业与文化》，第 218 页。

第四章

法规：禁奢令和传统威权的衰落

精致的时尚反映出人们对多样性的渴望，挑战了以穿着划 145
定社会阶级的传统。当时有非常多的普通人穿着他们本来无权穿着的丝织品，这一现象很快就受到上层社会的关注，并饱受社会精英的批判。这些批判常常引述限制奢侈消费的禁奢令，并视其为金科玉律。同时，为了回应权贵阶层的诉求并且限制丝织品的过度消费，中国朝廷和西班牙政府经常一再出台禁奢令。这些禁奢令的条文很细致，将道德劝诫、社会秩序和国家财富等概念混用，解释了为何一定要限制人们的穿衣方式。在这些法规中，有很大一部分针对了特定的群体，包括特定的性别、种族与阶层。

限制奢侈品或奢侈消费的禁奢令，一直是统治者为维护自己至高无上的身份而采取的一种常见手段。这些法规的出台，都是为了劝导人们俭以养德，以此规范、加强社会等级制度。这些法规的重点就是管制非生活必需品的外观和买卖。一般而言，只有那些由多个阶级组成的传统社会，才需要出台、运作这些法规。阿尔君·阿帕杜莱发现：“在疯狂扩张的商品贸易的背景之下，禁奢令适于展现稳定的社会阶级，例如近代时期的印度、中国和欧洲诸国，最终构成了一种调节消费的手段。”[1]因此，这些法规普遍出现在传统社会，例如古希腊、古罗马、中古时期的中国和日本，以及近代欧洲及其殖民地。

学者们比较了不同国家的禁奢令，并回溯了这种法规从古至
146 今的发展史。[2]这些法规，可以让我们管窥中世纪和近代社会多样的原材料与消费观念。历史学家们探索了不同社会背景下的时尚和禁奢令的完善。[3]大部分的讨论，都集中在这些法规与服装时尚之间的互动关联。正如法学家加里·瓦特（Gary Watt）所言："不论是在服装穿搭上，还是在其他任何社会语境下，法律的本质都体现得淋漓尽致。"[4]可以说，服装可以直观地体现法律规范和社会文化。

服装和法律规范之间的密切联系在于，两者都反映了人与人之间的交流，以及统治阶级的政治举措。在传统世界中，由于服装具有夸示威风的功能，因此统治者会将服装用作社会等级制度的符号。不过，衣服也有帮助个人寻求身份认同的功能。德国历史学家乌林卡·鲁布拉克（Ulinka Rublack）认为，穿衣行为已然成为"人们在大千世界中构建、传递自身观念的尝试"。[5]禁奢令也将公共权力和私人日常生活联系了起来。法规的颁布和实施，基本上是政府与个人之间的沟通。通过研究禁奢令，我们可以了解一个多阶层社会的政治愿景，以及时尚如何成为自我表达的手段。

在所有的服饰中，丝绸因其珍贵、精致的特性，以及在近代的巨大贸易量而卓尔不群。自古以来，丝织品一直都是难以获得的商品，因为它们的使用受到权贵的限制。丝绸的价值，由其设计的复杂性和色彩的鲜艳度来决定。穿戴丝绸的人，承载了多方面的价值。此外，丝绸的细腻也暗示着拥有丝绸的人解脱了农业社会的劳作，让他们就像身处权贵阶层一样。除此之外，丝绸

独具特色的最后一个因素，是其在全球市场上的广泛流通。正如我在前一章中所讨论的，商业的兴起给商人带来了财富，并使普通人能够获取更多的织物。社会各阶级的消费者，一起使穿戴丝织品成为一种时尚风气。因此，对于持有奢侈布料，人们开始有了道德上的顾虑。这种社会现象，刺激明朝和西班牙政府努力维护有着礼制传统的社会。然而，其举措通常没法限制那些奢侈的买家。[6]

本章探索了法律、消费和精英论调之间的交汇，比较了不同文化背景下的法律法规如何呼应全球时尚。了解其中的异同，或许可以揭示不同地区的社会规范和经济状况。在16世纪至17世纪间，新兴的全球市场成为财富流动、时尚潮流与消费攀比的舞台，为禁奢令的出台提供了必要条件。因此，若想管窥法律法规在全球传播中的变化，这一时期或许是不错的切入点。 147

本章说明，不同地区的法律法规尽管用了相似手段加强社会阶级的区分，但是它们的侧重点和主要针对的人群仍然有所不同。中国与西班牙两大国家都通过不断完善的法制系统、详尽的惩戒措施和多样的政治宣传图画来推广禁奢令。然而，它们有着不同的重点与目标人群：中国的禁奢令主要是为了稳固官民地位的差异；新西班牙的禁奢令，则带有种族不平等的色彩。除此之外，这两个地区拥有不同的文化传统和全球市场地位，这些也决定了它们在法律法规上作出不同的反应。虽然新西班牙为了保护本土经济，限制亚洲丝绸进口而颁布禁奢令，但是中国对外国商品的监管则没有那么严格，因为中国出台禁奢主要是为了政治控制，而非消解经济顾虑。另外，本章最后反思了禁奢令的有效性。尽管禁奢令无法限制丝绸纺织品的奢华消费，但它经常与其他配套的政治举措齐头并进，仍然象征着统治者的威权。

中国的禁奢令

儒家经典之一的《周礼》中有关衣饰的规制可能最早阐述了帝王礼服规范，是历朝历代禁奢令的范本。[7]后世的禁奢令，都遵循了《周礼》所界定的统治者和被统治者不可动摇的上下级关系。在这样的关系中，每种服饰都有对应的阶级。中国几乎每一部正史都有关于“舆服”（车马服饰）的章节，主要就是规定衣帽着装、宫室宅邸、出行车乘的使用准则。服装用来维护社会结构的意义，在这些正史中得到了详尽阐述。

禁奢令一般都是基于儒家思想制定的。这些法规所固有的区别，即统治者和被统治者、官员和平民、商人和文人、男性和女性之间的区别，根植于儒家理想化传统农业社会的世界观，并由
148 此不断传承下去。对服装、车乘和住房的严格监管，有助于将这些人群恰当地置于社会等级体系之内。儒家的这类规定，也得到了法家等其他学派的支持。作为融会各家学说的综合典籍，《管子》提出：

> 度爵而制服，量禄而用财，饮食有量，衣服有制，宫室有度，六畜人徒有数，舟车陈器有禁，修生则有轩冕服位谷禄田宅之分，死则有棺椁绞衾圹垄之度。虽有贤身贵体，毋其爵，

不敢服其服。虽有富家多资，毋其禄，不敢用其财。[8]

维护等级制度，是制定禁奢令的主要原因。有序的社会，需要人们能够根据穿着和外表来判断彼此的阶级。有史以来，禁奢令也通过确立至高无上的等级观念来表达历代皇帝的政治力量。

明朝一共颁布了约 119 条禁奢令，比前朝任何时候都要多得多。[9] 其中大部分禁奢令都草创于开国皇帝朱元璋统治时期，因为朱元璋尤为热衷于管制此类事项。在后代皇帝统治期间，这些禁奢令基本上都是以朱元璋的法令为基础的。朱元璋指责元朝的规制混淆了平民和权贵：

> 初，元世祖起自朔漠以有天下，悉以胡俗变易中国之制：士、庶咸辫发、椎髻，深襜，胡俗，衣服则为袴褶，窄袖，及辫线腰褶。妇女衣窄袖短衣，下服裙裳，无复中国衣冠之旧。[10]

在这段文字中，服装风格是“胡”与“中国”之间的主要差别；朱元璋希望恢复中国传统的礼制。借此，朱元璋把元朝衰落的原因归结为“贵贱无等，僭礼败度”。[11]

朱元璋欣赏唐朝的军事实力，所以提议恢复唐朝流行的服装习俗：“士民皆束发于顶，官则乌纱帽、圆领袍、束带、黑靴，士庶则服四带巾、杂色盘领衣，不得用黄玄……于是百有余年胡俗，悉复中国之旧矣！”[12] 这段文字详细记述了人们的发型、官帽的布料，也规定了人们有权使用的丝绸与颜色。人们认为，服

149 装风格与国运息息相关。因此，皇帝希望恢复唐朝风格，就是期望他的朝代可以重新拥有本土特色和强大的民族力量。这就是为什么他要强调“中国”。朱元璋还认为，服装的一致象征了臣民的忠诚，所以规范服装也是让他稳固统治的核心。他要求恢复正统礼制，让天下臣民都穿搭合适的服饰，因此，明朝廷颁布一系列详尽地规定，以此区分不同等级的服装。正如历史学家霍克（Charles Hucker）所发现的那样：“在明朝看来，正确的行政管理基本上就意味着执行正确礼仪。”[13]这样的做法，可以让皇帝确认自己不仅是天命的领受者，还是儒家正统的代表。

对于服装的规定包含了两大方面。原祖杰认为，这一规定既包含官方对服装的规定，也包含了从服装衍生出来的规定。官方对服装的规定是“规定或禁止特定人群穿着特定风格的服装”，而服装所衍生的规定，则指的是服装本身的社会功能。[14]例如，规定同一阶级的人穿着相同的衣饰，可以强化纪律，也可以提醒人们特定场合的意义。明朝的禁奢令强调了这两种目的，既限制了物质消耗的水平，又区分了人们的等级。根据明朝法律，“凡官民服色、冠带、房舍、鞍马、贵贱，各有等第。上可以兼下，下不可以僭上”。[15]

在《大明会典》中，大部分禁奢令都在“舆服志”或者“礼仪”的部分之内。在这些规定中，人与人之间有着不可变更的差别，不同的人也因此有了不同的消费品。[16]这些法律规定了从头到脚的每一个衣饰细节，十分完备。如同《客座赘语》所记录的：“服舍违式，本朝律禁甚明，大明令所著最为严备。”[17]这些法律强调了官员的独特地位，并且区分了不同官阶。[18]官员的官阶，实际上决定了自己和家人的合法穿搭。[19]无论是官袍还是官帽上的穗子，都是由优质丝绸织造。农民可以穿薄且坚韧的丝绸、纱和棉布，但更为精致和宝贵的丝绸是违规的。商人受最严格的禁奢令管控，即便只有一位家人从商，全家都不可穿戴任何丝绸。[20]

有关具体颜色和纹样的使用，有着数不清的规定。不同的纹样用于不同的官阶，其中有些纹样只有皇亲国戚与高阶官员使用。[21]为了推行节俭之风，很多精致的纹样已被禁止使用。田艺衡的书中记录道，1570年，朝廷禁止私人丝坊织造云鹤花纹与长袖绣花女装。[22]但是，这些纹样被禁，只能说明它们非常流行，甚至已经惊动了朝廷。个别的颜色与深蓝、深绿、深紫红的刺绣、花缎、织锦等深色丝织品，都是为上层社会预留的。平民女性只能穿淡蓝、丁香色和桃红的轻丝薄纱；她们的纯银、镀金或镀银饰品，也受到了限制。[23]红色是她们尤其无权接触的颜色，因为女性只能使用粉红或绿色等淡色，而不能使用明红或者明黄等颜色。 150

这些禁奢令，对于违规者有着非常详尽的处罚方案。1403年的禁奢令规定，违反者将被发配边疆。[24]大多禁奢令都规定，平民违规需要罚五十大板，而官员则需罚一百大板，并且要被革职。此外，若有织工为他人织造不符合阶级要求的衣物，除非事先向官服上报，否则也需要罚五十大板。[25]一则明朝初年的轶事描写道，如果是画作违反了禁奢令，画家也会受罚。明朝画家戴进（1388—1462）曾经使用朱砂色来描绘他的山水画中的点景人物，与水墨形成了鲜明对比。虽然文人士大夫们私下里认为这种表现独具美感，但是皇帝深知红色背后的阶级意义，对戴进的做法十分不满。因此，戴进被逐出画院。[26]将戴进革职，可能只是特例；对戴进使用红色的谴责，也只是杀鸡儆猴的借口。然而，朝廷给出的将戴进革职的原因，以及这则故事的广泛传播，说明人们还是普遍坚信红色有着阶级意义。这则故事另有一点值得注意，即皇帝扮演了司法机关的角色，来执行他所认同的禁奢令。这种法令，原本应是由朝廷或政府来执行的。

随着明朝华美衣裳的增多，禁奢令也几经修订。禁奢令的出台，有时让我们从官方视角看到了时尚的发展。比方说，在 1447 年颁布的一项法令指明：“官庶选拘。今有造作龙、蟒、飞鱼及
151 斗牛图案之禁制品。将工坊有司夷，族属为兵，带者又谴服罪不赦。”[27]这项法令主要强调的是惩罚那些违反禁奢令的织工，但它也揭示了“斗牛图案”等禁用纹样的普及。

禁奢令中也有过为数不多的大变化，其中之一便是在嘉靖早年进行的。这一时期发生过“大礼议”的官方集议，可以说是极度注重礼制的时代。[28]1528 年就有法令规定：“近服饰悖戾，上下淫淫，人情无所制，使国家之人皆非尊贤之际。”[29]这次改革的主要对象，就是官员的常服。正如陈步云所指出的，嘉靖皇帝通过这项改革展现了自己统治公共社会与私人生活的威权。皇帝面对的主要问题，不仅在于平民僭越穿搭，还在于奢侈品弱化了统治阶级的威权。[30]

1541 年至 1542 年，紧随嘉靖皇帝的改革，礼部向所有省份下令，禁止人们穿戴云巾、云履，因为它们过于奢华。为了使改革更为直观，皇帝还委托画师绘制并命名官方规定的服装与纹

样，装裱成图册。[31]据正史记载，皇帝曾说："朕已著为图说，如式制造。在京许七品以上官及八品以上翰林院、国子监、行人司，在外许方面官及各府堂官、州县正堂、儒学教官服之。武官止都督以上。其余不准滥服。"[32]利用绘画展示恰当的着装，也是一种治国手段，与其他展示皇权的图像有着相似功能。[33]这种做法，与官方通过印刷、发行蚕业图像来传播知识的做法相吻合，不过更重要的还是这样做可以展现统治者的威望。图像的运用，使法律法规准则更加直观。这些图像，还说明了视觉在制定、阐释禁奢令中的重要性。通过文字规范人们的外观，通过图像来阐释人们所看到的、展示的形象，直接反映出视觉文化强化了朝廷的统治。

尽管 16 世纪中叶之前的禁奢令主要是区分官阶与官员之外的人，但此后的禁奢令却主要是限制较低阶层的人穿戴奢华服饰。其中，商人尤其受关注。商人动摇了文士身份的独特性，这些法律法规，一方面反映了文士群体的不安，另一方面又由这种 152
不安感所推动。1587 年的衣冠法律，规定了明朝从皇帝到臣子再到平民的服饰风格和材料的细节规定。[34]这套晚明法律说明，官方不仅需要提高社会地位，还需要小心社会地位的下滑。虽然后期的禁奢令有些许改变，但是其实大部分禁奢令都是严格遵照朱元璋最开始的规定。柯律格指出："这些法规在出台后的两个世纪内，都没有为新产品或新丝织理念而作出改动。"[35]下一小节中将要讲到一些批评新潮款式的文人笔记；与他们相比，朝廷的话术更为老套和因循守旧。

由于禁奢令通过服饰原材料稳固社会阶层，所以较低阶层的人认为穿搭是提升地位和优越性的最佳手段。这种对富贵生活和炫耀消费的追随，在商业中心尤其突出，因为那里的人们有更多的钱可以花费，并且有更为强烈的炫富欲。[36]一方面，普通百姓使用各种能够象征社会地位的商品（比如穿着只有官员、命妇才能使用的纹样与衣服），证明了当时有商业体系可以挑战皇权。在这一点上人们争论不休，因为衣物混用象征着国家权威的衰落，以及社会中的政治与经济的割裂。[37]然而另一方面，使用皇家纹样或禁用的纹样与织物，也反映出传统的社会等级制度在人们心中根深蒂固。换句话说，模仿并不一定会削弱朝廷的权力，而炫耀、攀比象征权力的服装，反倒是强化了这些禁奢令所划分的阶级差异。虽说人们的价值观变得更加复杂多样，但人们也在不经意间展现了统治阶级的威望。

文人的批判

从16世纪中叶开始，直到明末，不少文人也开始批判浪费、滥用和奢靡行为。大多数评判，都引用了明朝的禁奢令。这些禁奢令，对当时的思想争论产生了比对日常生活更为深远的影响。若要思考法律法规如何成为准则和人们的谈资，那么禁奢令就是
153 最好的例子。张瀚（1510—1593）在《松窗梦语》中引用了明初的禁奢令，批评他同时代的人忽视了这些规定：

> 国朝士女服饰，皆有定制。洪武时律令严明，人遵画一之法。代变风移，人皆志于尊崇富侈，不复知有明禁，群相蹈之。如翡翠珠冠、龙凤服饰，惟皇后、王妃始得为服；命

> 妇礼冠四品以上用金事件，五品以下用抹金银事件；衣大袖衫，五品以上用纻丝绫罗，六品以下用绫罗缎绢；皆有限制。今男子服锦绮，女子饰金珠，是皆僭拟无涯，逾国家之禁者也。[38]

这段文字反映了对于儒家文人而言，官阶、官职的差异应该存在明确区分。这些文人非常清楚哪种服饰应该对应哪个官职。命妇的服饰，尤其引起了文人们的关注。关于这些官员妻子的服装款式，从领口、袖口、前后衣襟的尺寸，到衣服的材料、颜色、纹样和式样，从头饰再到衣服系带的位置，禁奢令都有详细规定。补子纹样和饰品数量，也对应了特定的官职、官阶，通常是与她们丈夫的服饰相配的。然而，正如前面所引的文字说的，商铺销售的饰品和绫罗绸缎，早已违背了这些规定。

明朝末年，着装混乱的现象频繁出现。很多官阶较低的人声称自己拥有上级的补子；有些人家甚至在家族画像中展示了这种行为。[39]商品在市场上的多样化，是乱象的根源。人们对这种乱象的态度，通常会在地方志中转化为对正德之前的习俗的怀念。比方说一部嘉靖年间的地方志就感叹道："国初时，民居尚俭朴，三间五架制甚狭小，服布素……见一华衣，市人怪而哗之……成化以后，富者之居，僭侔公室，丽裙丰膳，日以过求，既其衰也，维家之索，非前日比矣。"[40]官民的混杂与擅用皇家 154
符号，最使人忧心。究其本质，还是因为市场激发了人们对物质的追求，使人们从儒家规范中严格的等级秩序中解放了出来。

越来越多样的时尚潮流引发了文人们的批判，因为他们认为这些潮流是一种道德沦丧的象征，是对和谐社会的动摇。沈德符（1578—1642）在他的《万历野获编》中指出：

> 天下服饰，僭拟无等者，有三种。其一则勋戚，如公侯伯支子勋卫，为散骑舍人，其官止八品耳，乃家居或废罢者，皆衣麟服，击金带，顶褐盖，自称勋府。其他戚臣，如驸马之庶子，例为齐民。会见一人，以白身纳外卫指挥空衔，其衣亦如勋卫，而衷以四爪象龙，尤可骇怪。其一为内官，在京内臣稍家温者，辄服似蟒，似斗牛之衣，名为草兽，金碧晃目，扬鞭长安道上，无人敢问。至于王府承奉，会奉旨赐飞鱼者不必言，他即未赐者，亦被蟒腰玉，与抚按藩臬往远宴会，恬不为怪也。其一为妇人，在外士人妻女，相沿袭用袍带，固天下通弊，若京师则异极矣，至贱如长班，至积如教坊，其妇外出，莫不首戴珠箍，身被文绣，一切白泽麒麟、飞鱼、坐蟒，靡不有之。[41]

沈德符担心，权贵家庭会不合时宜地使用皇家符号。文中第二组服饰引起沈德符的关注，主要是由于官员僭越了上级的补子，而列出最后一组，主要是由于在高阶官员面前穿戴不合规制的纹样。对这些服装乱象的关注，其实无非是在朝做官的文人们想要确保自己特殊的社会地位。只有经过多年的苦读、应试，他们才能走到这个地位。或许我们也可以理解他们将自己与他人区分开来的想法。擅用违禁补子的行为，就是背离了他们奋斗努力的过往。

动摇传统等级制度的不仅是王公贵胄或宦官，还有那些缺乏教育且社会地位低下的人。文人们批评当时的人穿着丝绸，因为其他人随时都可能在穿着上超越他们，借此挑战他们特有的社会地位。通州地方志记录道，明末社会地位较低的人也会佩戴文士巾冠，却不知道这是被禁止的。戏曲演员、青楼女子、出家人、小商贩和搬运工都会穿着饰有云纹的鞋子，走在街上甚至并不招眼。[42]另一位文人洪文科对当时“满城文运转，遍地是方巾”的现象感到不满。他甚至提议专设一个“巡巾御史”的职位。[43]在他看来，如果谁都可以假扮成文人，那么人们就没有办法分辨真正的文人。对于从事政务的人来说，头巾通常比其他服饰更具 155
象征意义，因为头巾的形状、大小和高度，直接反映了佩戴者的官阶。

文人们批评最多的就是奢侈消费对道德和社会秩序的破坏。后者主要由生产与消费的分离所引起。湖州有作家悲叹道：“湖丝遍天下，而湖之民终身不被一缕者有之。”[44]那些从事丝绸织造和蚕虫养殖的人，甚至买不起丝绸。在当时的人看来，这就标志着社会的不平等。从道德的角度来看，这件事更令人担忧。在《醒世姻缘传》中，一位文人以尖刻的口吻批判了奢华服装带来的灾难性后果：

> 那些后生们戴出那跷蹊古怪的巾帽，不知是甚么式样，甚么名色。十八九岁一个孩子，戴了一顶翠蓝绉纱嵌金线的云长巾，穿了一领鹅黄纱道袍，大红段猪嘴鞋，有时穿一领高丽纸面红杭绸里子的道袍，那道袍的身倒打只到膝盖

> 上，那两只大袖倒拖在脚面；口里说得都不知是那里的俚言市语，也不管甚么父兄叔伯，也不管甚么舅舅外公，动不动把一个大指合那中指在人前挪一挪，口说：“哟，我儿的哥呵！”这句话相习成风。……如今玄段纱罗，镶鞋云履，穿成一片，把这等一个忠厚朴茂之乡，变幻得成了这样一个所在！且是大家没贵没贱，没富没贫，没老没少，没男没女，……此事只好看官自悟罢了，怎好说得出口，捉了笔写在纸上？……怎得叫那天地不怒，神鬼包容？只恐不止变坏民风，还要激成天变！[45]

这段文字，用哀叹的语风详述了当时人们如何穿戴奢华服饰，并且描写了各样的织物及其颜色。其中，穿戴“玄缎纱罗”这一行为，在作者看来最不成体统。在描述人们违反禁奢令的同时，作者还提到了他们对长辈的不敬与日常交际的无礼。这种谴责以儒家思想为根基，将服饰与道德、社会稳定甚至朝代命运联系在一起。这种心态，反映了儒家文人普遍的焦虑。在他们眼中，奢华服饰会破坏社会阶级、混淆性别与年龄。这种道德信念，是晚明文人不停谴责他人违反禁奢令的主要原因。对当时的文人而言，遵守禁奢令可以稳定每个人的生活，因为它不仅是一
156 项法律法规，还是整个天下、整个社会正常运作的基本规则。这一段长篇的叹惋，收录于一本当时的流行小说，这也说明这种负面态度不仅学者有，而且社会上的许多人也都有，不论他们是否遵守禁奢令。

讲到奢侈消费，女性就经常会受到评判。女性的服饰，已然

成为文人与禁奢令所针对的主要对象。这些法规，旨在维持青楼女子与良家妇女之间的区别。青楼女子也无权穿着与名门闺秀同款的衣服。据吕坤（1536—1618）记载，穿着绣有搭配金饰的官阶补子的服装，会直接被带去庭审。[46]关注女性服装，主要就是防止无法区分青楼女子与良家女子。晚明女性越来越多的社会活动，使这些文人感到不安。很多女性都受到了有关奢侈消费的批评。例如，陈继儒认为华服攀比行为主要由上层妇女所主导，并暗示她们的行为可能是出于无知："高髻织絺、明妆炫服，此不起于寒畯，而起于世家。世家转相竞效，又不起于有检之缙绅，而起于一二无识之女子。"[47]这种评论具有明显的性别歧视，指责女性无知，却为男性找借口。

商人家庭的女性，受到最多非议。这主要是文人为了将其与文化精英阶层形成更为鲜明的对比。徐咸（1481—？）阐述了违反禁奢令的历史演变：

> 国初，民间妇人遇婚媾饮宴，皆服团袄为礼衣。或罗，或纻宁丝，皆绣领下垂，略如霞帔之制。予犹及见之。非仕宦族有恩封者不敢用冠袍，今士民之家，遇嫁娶事，必假珠冠袍带以荣。一时乡间富民，必假黄凉伞以拥蔽其妇。僭乱至此，殊为可笑。非有司严申禁例，其何以革之？[48]

这段文字批评的对象"富民"，很可能指中国东南部商业中
心的居民。正如上章所述，商人家庭中的女性会穿着绣有精美纹 157
样的衣服，还会佩戴各种奢华的饰品，其中很多只有高级官员的

家人才有权穿戴。其实，文人对商人感到不安，不是因为他们的财富，而也是对他们对文人独特地位的威胁。文人主要关注的是社会等级制度的混乱，而不是财富分配的失衡。

上层社会经常要求官府加强监管。批判奢华丝绸的文人徐咸说："僭乱至此，殊为可笑。非有司严申禁例，其何以革之？"[49]万历朝的地方志也指出："为民师帅者，执其机而转移化导之正风俗之首务也。"[50]另一位文人王宏（1443—？），甚至提出可行的监管策略，包括分派检查专员、建立社区内部互相制约的系统，以及严惩违规行为。[51]这些论述，通常会在开篇将本朝初年有序的社会制度看作地方官府应当遵守的模式，在文末则提出官府应当对乱象负责。

请求官府纠正地方风俗，可能是因为希望获得更多社会下层文人的关注。[52]许多社会底层文人对科举考试的竞争越来越失望，并且对于商人掌握过多的资源而感到不公。文人在这件事上比官方更焦虑。明朝中晚期，关于奢侈消费的大多论述并非官方法令，而是地方志和文人的怨言。文人不再纠结是否有官员身份，而开始纠结是否有文人地位。在这种情况下，许多禁奢令更新了条款。官方主要是为了响应文人的怨言和提议，而不是直接应对奢侈消费。因此，尽管禁奢令的内容通常是针对官员之外的人，但是重新颁布的禁奢令却往往是为了响应文人的诉求。

不同的声音

然而，人们逐渐对禁奢令有了更多疑虑。甚至有些文人也开始不太相信这些法规。根据顾起元的记录，如果有文人太过古板，或者提到详细规定穿着打扮的《大明律》，那么他就会遭到他人的嘲笑。[53] 16世纪末和17世纪初，由于人们逐渐接受了现 158
实，同时也越来越接受商业经济，对丝织品的奢侈穿着的批评态度开始发生变化。

因此，明末出现了文人、商人身份混同的趋势。[54] 让自己的儿子们追求不同的事业，是士绅家庭常用的策略。善于读写的孩子，往往在准备科举考试时得到家里的大力支持。其他孩子则是去学做生意、管理家产。赶考的人一旦获得官职，就可以在市场上保护他们的兄弟姐妹。这种策略最早从宋朝开始沿用，以降低孤注一掷备考科举的风险，同时可以积累家庭财富。明朝豪门大族的扩张，说明很可能有不少文官都有从商的亲戚。因此，有多手准备的家庭策略，模糊了文人和商人之间的界限，进一步弱化了文人对商人的敌意。[55]

此时，文商互动也更为频繁。例如，文人画家文徵明（1470—1559）受石瀚（1458—1532）委托，为他的家庭成员写祭文，文中就赞扬了石家在商业活动上的成就。他写道："石翁宗大，自其父以纻缟起家，至翁益裕，而其业亦振。冠带衣履，殆遍天下。一时言织文者，必推之。"[56] 在文中，文徵明将丝绸贸易赞扬为支持家庭的方式。推广丝织品、创新纹样设计，正是石瀚父亲对国家作出的重大贡献。有些人还认为，于公于私，贸易都是积极的事业。同时代的学者温纯（1539—1607）也赞美了诚实的张姓商人，说他是"商而儒者"。[57] 他评论说，一个人正直的品行，比他的职业更重要。尽管温纯仍然强调了职业，说明等级观念依旧存在，但他的这种说法也反映出文人对商人的态度有了很大改善，甚至将商人纳入了儒家的思想框架之中。

据此，陆楫（1515—1552）等很多明朝文人主张要积极地看待奢侈品。[58]他认为，虽然节俭是个人和家庭的美德，但对于整个经济的发展来说未必是好事，不利于给手工艺人和普通人带来福利。他举了一个例子，说明了推广豪华的丝绸服装将为大量织工提供就业岗位：

> 159 论治者类欲禁奢，以为财节则民可与富也……吾未见奢之足以贫天下也……治天下者，将欲使一家一人富乎？抑亦欲均天下而富之乎？予每博观天下之势，大抵其地奢则其民比易为生，其地俭则其民必不易为生者也。何者？势使然也。今天下之财赋在吴越，吴俗之奢，莫盛于苏杭之民。有不耕寸土而口食膏粱，不操一杼而身衣文绣者，不知其几何也，盖俗奢而逐末者众也……彼以纨绮奢，则鬻者织者分其利……欲徒禁奢可乎？呜呼！此可与智者道也。[59]

在这段文字中，吴越地区有了正面形象，与其他记载中对其商业中心的奢侈生活的批判形成对比。豪华消费，反而给整个社会营造了舒适的生活。对精美衣物的追求，为经济发展提供了动力，并促进越来越多的普通人走入商业网络。陆楫指出，奢华的生活方式可以平衡不同阶层人民的收入，并不会减少天下的财富。他的言论，说明了市场在重新分配劳动和利润方面的作用。[60]

文人们开始对商业持开明态度，这使官方改变了关于消费和禁奢令的理念。[61]此外，正史有时将“盛”或“繁”的物质生活视为长治久安的表现。因此，官方经常陷入两难：究竟是为了维持社会秩序而限制消费，还是为了刺激经济而促进消费？官方对此犹豫不决，经常重申禁奢令，但很少会严格实施。

墨西哥的禁奢令

墨西哥的禁奢令，受到了美洲本土文化和欧洲历史的综合
影响。早在13世纪，如阿兹特克和印加等本土文明就认为，服
装可以反映一个人的身份。因此，他们的服装通常可以区分一 160
个人的年龄、职业或社会地位。经济学家何塞·达米安·冈萨雷
斯·阿尔塞（José Damián González Arce）认为，墨西哥需要在13
世纪制定禁奢令是出于经济考虑，在14世纪是由于社会对种族
隔离的需求，而在15世纪则是出于政治考虑。[62]

当西班牙人在15世纪到达美洲时，他们的禁奢令融入了美洲本土文化传统。服装在西班牙历史中扮演着更为重要的角色，能够展示一个人的社会地位。与明代中国一样，衣服是女子嫁妆的一部分，父母也经常会在婚礼上赠送衣物。每一件衣服的颜色、质地、布料、剪裁、头饰、式样和珠宝都传递了特定的信息。[63] 15世纪末，西班牙王室发现很多西班牙人花费大笔资产去购买奢侈服装，尤其是织锦。1498年，王室颁布了一项新的法令，禁止了织锦的使用。王室将禁止使用、买卖织锦的禁令散布全域，并对那些知法犯法、未经报备的人施以惩戒。1552年，历史学家路易斯·德·佩拉萨（Luis de Peraza）请求撤销这项禁奢

令，辩解说这些规则实际上是无用的，因为它只禁止西班牙人使用织锦，却同时使外国人变得更加富有，因为他们仍然有权买卖这些面料。[64]这样的排斥态度，引起了西班牙人和外国人之间的矛盾。尽管禁奢令遭到了反对，但是王室在1611年又重新颁布了禁止使用织锦的法令。新的禁令针对的是西属美洲殖民地上的所有人，禁止使用锦缎、金银饰物以及其他各种类型的丝织品。

对西班牙帝国而言，奢侈品对其权威构成了威胁。1570年，国会提出带有奢华装饰的服饰和其他各类奢侈品，正在摧毁帝国。费利佩三世（Philip III，1578—1621，1598—1621年在位）时期，有人问议员蒂贝里奥·穆蒂（Tiberio Muti，1574—1636）是否有必要出台禁奢令。他回答道："奢侈需要通过道德话术来控制。让我们感受到羞耻，看到穷人的需求，看到富人圈子的百无聊赖。"[65]就像在中国一样，道德和公共财富成了西班牙权贵的谈资。还有人说，对装饰、丝绸、织物等所有精致商品的追求，吸引了不少商人从事进口业务。国际贸易又一次以各种非法形式运行了商品交易。因此，他想到的唯一有效的解决办法，就是禁止
161 奢侈品的进口。[66]很久以前，西班牙帝国的禁奢令就已经与外国商品的进口以及各种相关的社会问题挂钩了。

节俭法规的实施取决于严厉的惩罚。违法者不可能与司法部门和解。每个违反法律或穿着不当的人，都将失去大笔财产，无法挽回，而罚款将被分发给法官和检举人。织造奢侈服装的裁缝和工匠，都将受到双倍重罚，其中一半的罚款，与所制作服装的价值相当。除了罚款外，他们还将被流放两年。奢侈服装将被没收，并移交给教堂或其他公共机构。[67]如果再次违法，那么罚

款则将加倍，如果继续违法，那么将被罚去一半的财产，并且被永久流放。[68]中国和西班牙都对生产奢华织物的人采取严刑重罚，而且都预料到有可能会产生惯犯。

柯律格指出，相比之下，当中国表面上放松了禁奢令时，欧洲国家正在颁布新规。[69]为了管制奢华的丝绸，费利佩二世在1563年至1594年之间颁布了八项禁奢令，之后他的儿子又颁布了另外四项。费利佩四世还在1623年颁布了一项法律，即禁止在不同的丝绸制上使用金银饰物，并且规定禁止平民、丝工、农民、工匠和黑人妇女穿戴丝绸。[70]此外，西班牙人还使用卡斯塔肖像画，来规范不同族裔、年龄段和社会经济群体的着装。[71]大部分的严苛法令，都只是为了防止人们身份的混淆。

与中国社会相比，墨西哥有着更为复杂的服装等级。这是因为他们有殖民关系、奴隶制度和各种复杂的种族身份。如丽贝卡·厄尔所说，由于这样的身份区分是殖民治理的基础，所以西属美洲的禁奢令一直都需要参照殖民政治或种族控制。[72]简言之，禁奢令的基础，是等级、道德、性别和声望之间的关系。西班牙人颁布禁奢令，也是用来维护他们的社会优越感，因为他们想与克里奥尔人（Los criollos，即某些出生于美洲的西班牙人）区别开来。然而，这些克里奥尔人却利用这些禁奢令为自己谋得福利。他们依照这些法律规范，提升了自己的社会地位，并与其他社会群体区分开来，尤其是那些经历跨种族、跨阶级婚姻的人。总的来说，禁奢令旨在通过区分种族，将欧洲人、非洲人和美洲原住民分隔开来，以维护卡斯塔制度。在卡斯塔制度中，出 162
生于西班牙但为王室去美国工作的人，有着最高的地位。在美洲出生的西班牙人虽为二等公民，但是仍然比印第安人、非洲人和越来越多的混血人口地位更高。

最初，这些法令主要是针对那些有非洲血统的人。按规定，他们无权穿戴丝绸、黄金、白银、珍珠或宝石等奢侈品。后来，这些法令转而针对美洲土著。人们担心土著人和非洲奴隶如果能够通过着装重新定义自己的地位，那么将会扰乱殖民统治的进程。因此，美洲官员和定居美洲的富人极力希望与土著、非洲人和欧洲人划清界限。为此，传教士、官员和其他人意识到了服装的力量，并努力改变被奴役人民的着装规定。[73]最终，混血女性被全面禁止穿戴丝绸。[74]此外，土著无权穿着西班牙风格的衣服。[75]1628年，费利佩四世下令："所有印第安人都不能穿[进口]面料制成的服装，不能拥有剑、匕首、长矛、步枪或枪支，骑马也不能用鞍和缰绳。若有违反，衣服、武器、鞍、缰绳和马都将充公。"[76]那几个世纪的西班牙和美洲作家、教士和官员都很担心，如果不受管控，那么时尚将"导致道德沦丧、社会混乱"。[77]对于明代中国和西班牙，社会秩序都是国家的核心，但它们却有着不同倾向。西班牙人想维护自身的优越性以巩固殖民统治地位，而明朝则想稳定儒家社会结构。

禁奢令还有强化宗教差异的作用。服装的法律，在全球范围内都可用于标志种族或宗教信仰，而不一定是专注于规范奢侈行为。在1492年之前，西班牙的犹太人和穆斯林需要穿着独特的服装以便和基督徒区分开来。为了缓和与大部分基督徒的关系，犹太教领袖们为自己的社区颁布禁奢令，限制犹太女性穿戴奢华的衣服和珠宝。[78]1604年，人们在墨西哥城举行了一次违反禁奢令的审判，指控金银匠克里斯托巴尔·穆格尔（Cristóbal Muguel）违反禁奢令。克里斯托巴尔·穆格尔是路德教徒，他本来无权穿戴特定类型的衣服。多数市民的证词，都指出许多人都看到了克里斯托巴尔·穆格尔在公共场合穿着精致的衣服。因此，克里斯托巴尔·穆格尔被宗教法庭指控“公开使用它们（佩戴金银、骑马和穿着丝绸），违抗、损害了宗教法庭的命令”。[79]这个案子所强调的是宗教等级制度及其在服装中的象征。当然，更重要的是克里斯托巴尔的行为是在公开场合发生的。

有些学术研究表明，尽管有不停更新的法律和刑罚，美洲 163
的所有阶层都仍然很流行穿戴丝绸。[80]由于服装对于稳固社会等级十分重要，早期的西班牙裔美洲人对着装的微妙之处非常敏感，无论是在墨西哥还是在秘鲁。17世纪，奥斯定会修士安东尼奥·德拉·卡兰查（Antonio de la Calancha，1584—1654）在他对利马的描述中指出：“就连印第安人、黑人和卑贱的人都穿着丝绸和条纹服饰。”他补充说，禁令几乎没有效果，因此，工匠们仍然在大量制作带有丝绒和时髦黑色斗篷的服装。[81]殖民记录常常批判那些改变服装或生活习惯，让自己看起来像别的种族的人。比方说1596年，一位利马土著女性穿着象征着安第斯山脉与全球物质文化交融的红色塔夫绸（可能源自中国）。[82]17世纪末的墨西哥城，正如一位教士所抱怨的那样，当一个土著男子穿上披风、鞋子和长袜，并留着长发时，他很快就成了梅斯蒂索（mestizo，欧洲人和土著美洲人的后代），“几天之内他就成了一个西班牙人，免交税款”。[83]作者在此指出违反禁奢令的一种普遍担忧，那就是有人会假扮成西班牙人，造成国家收入的损失。

西班牙权贵也同样担心女性使用奢侈丝绸。他们开始辩称，这种奢靡放纵的服饰，威胁到了整个社会。英国海军上校伍德斯·罗杰斯（Woodes Rogers，1679—1723）写道：

> 中华之地出产的丝绸，真材实料，近年来更是制成了赶超欧洲的华丽锦缎……这里的西班牙人大方挥霍，总是喜欢买最昂贵的服饰和用具，以彰显他们的身份地位。所以那些运来所需商品的贸易商，一定能获得最丰厚的财富……而这里的贵族女士则非常挥霍，购买最昂贵的丝绸饰品，甚至造成了国库的空虚。[84]

这段评论，说明奢华的丝绸服饰使用了源自中国的材料。这些生丝经过加工后变成精致的锦缎，深受女性们的喜爱。罗杰斯同时也提到了经济问题，指出这样的进口和丝绸时尚会损害国家的福祉。

尽管有许多人附议了禁奢令，但16、17世纪的奢华消费仍是明来暗去。正如18世纪西班牙旅行家乔治·胡安·圣塔西利亚（Jorge Juan y Santacilia，1713—1773）和安东尼奥·德·乌略亚（Antonio de Ulloa，1716—1795）所说："各个阶层之间已经没什么
164 区别了，因为任何衣物都可以穿，每个人都穿着他买到的衣物。所以经常可以看到穆拉托或工人穿着与富人同款的精美织物，他们都非常钟爱这种穿搭。"[85]这些记载都会讲到，无论是什么族裔，基本上都会追求高质量的面料。[86]这些记载还都使用了专门形容族裔的词汇。无论各个族裔在现实中有多么明显的差异，

这些记载都会将这些词汇与人们的固有印象奉为圭臬。由此，禁奢令成为人们茶余饭后的谈资，成为旧世界旅行者尤为关注的社会风貌。

卡斯塔绘画

墨西哥禁奢令还运用卡斯塔绘画进行了补充。“卡斯塔”是西班牙语词汇，意为“种族”“种类”或“血统”。卡斯塔绘画描绘不同的视觉元素，以不同肤色、服装、职业和环境来区分种族，为这些种族贴上特有标签，标志了种族、年代和社会经济的差异。绘制卡斯塔绘画，是为了回应上层社会担心殖民地的族裔等级体系崩溃的焦虑情绪。禁奢令以法律的形式管制了殖民地服装僭越的现象，而卡斯塔绘画则是以视觉形式展现了种族分类。

卡斯塔绘画的初衷，在于描绘、区分三个主要种族群体之间的混血现象，其中主要是西班牙人、非洲人和印第安人之间的混血。这些画作代表了一个理想化的等级社会，并经常被政府用来当作政治宣传的手段。其中大多是在 18 世纪绘成的，部分反映了 1700 年之前社会上的共同富裕与种族混合对欧洲等级体系的削弱。因此，这些画作强调西班牙男性的特权，划定了异族通婚子女的不同称号，加强了上层阶级的社会等级观念。

卡斯塔绘画通常是 14 张或 16 张为一组，也有的是画在一块画布上，分成多份（图 4.1 展示了 16 张卡斯塔绘画中的一张）。[87] 每一个画面里都有一个男人、一个女人和一个孩子，根据种族和地位的等级体系排列，贴上混血的标签来说明种族混合的情况。理想情况下，卡斯塔制度可以在法律上清楚划分种族类别，包括

图 4.1　卡斯塔绘画《墨西哥的中国人、印第安人与吉尼拉扎》(*De Chino, e India, Genizara, Mexico*)

资料来源：现藏于丹佛艺术博物馆（Denver Art Museum），由弗里德里克与扬·迈尔（Frederick and Jan Mayer）捐赠，馆藏号 2011.428.14。

各种混血。这些卡斯塔绘画基于禁奢令中的服装规定，直观地勾画了种族差异。虽然禁奢令含有极为严苛的规定，但是时不时就会失效。[88]实际上，这些卡斯塔绘画并没有促进法律的实施， 165
而主要是表现18世纪墨西哥的日常生活，或者说是再现了人们对不同族裔所享受的日常生活的普遍印象，其中包含了大量衣食住行的画面。在卡斯塔绘画中，西班牙男性一般被描绘成专业人 166
士或无忧无虑的闲职人士，黑人和混血种人被描绘成马车夫，而印第安人则被描绘成食品供应商。[89]

然而，卡斯塔绘画中的种族区分并不总是十分清晰。例如，图4.1的标题就代表了对“中国人”（Chinos）、“印第安人”和“吉尼扎拉”（Genizara，在西班牙殖民地常常担任仆役的美洲原住民）种族的混淆。因此，这张画中不同的家庭成员有着不同种族的特征。爱德华·斯拉克（Edward Slack）指出，尽管西语里的“中国人”最初指的是来自亚洲的移民，但它在18世纪被逐渐曲解了。在卡斯塔绘画中，“文明的墨西哥土著、具有亚洲血统（印度、菲律宾或中国）和因其黑肤色而在社会上受压迫的人”的混血通常被统称为“中国人”。[90]因此，我们或可认为这一画面中的家庭是印第安人或其他的亚洲人、原住民。

这幅画中的家庭以纺织为生。画中，妻子正在使用纺纱机，丈夫似乎手持生丝，而孩子的双手正在伸入装有生丝的篮子。这样的描绘，正契合了当时西班牙人对“中国人”在纺织生产中专业性的印象。室内装饰相当俭朴，毫不奢华，暗示这个家庭应该处于地位较低的工人阶层。然而，墙上精美的蓝白瓷器，并不完全符合多数墨西哥“中国人”家庭当时的经济状况。这些盘子很可能是通过马尼拉帆船从中国进口的，价格不低。其实，将这些盘子描画在卡斯塔绘画中，可能是为了呈现全球化的繁荣景象。这样的刻画，其实在卡斯塔绘画中并不罕见，因为它是在建构墨西哥的自身形象，契合了墨西哥的民族主义热潮。[91]社会和文化史学家海利·施罗尔（Hayley Schroer）认为，卡斯塔绘画需要展现的主要是殖民地的财富，而不是下层社会的低劣性。[92]

虽然这幅画的标题明确区分了社会阶层，但画中描绘的服装与这种区分并不相符。虽然这幅画中的家庭穿着素纱或劣质丝绸，但是妻子的裙子下摆饰有华丽的刺绣，可能是亚洲风格的花纹。部分刺绣似乎是用银线或其他精致丝线绣成的。这样的刺绣，并不应该属于墨西哥的“中国人”，但是卡斯塔绘画展示了这些细节，并且在艺术风格上与背景和红色瓷器相得益彰。不过，此画展现了服装的混合风格，融合了属于不同族裔的元
167 素，包括面料、装饰和设计。这种对风格交融的描绘，在卡斯塔绘画中很常见。例如，现藏于纽约大都会艺术博物馆、由何塞·德·伊巴拉（José de Ibarra，1685—1756）所绘制的画作《莫里斯卡，西班牙人与穆拉托的孩子》（*From Spaniard and Mulatta, Morisca*），描绘了一位西班牙父亲、一位有西班牙和非洲血统的母亲，以及他们的女儿。然而，衣服的细节并不符合他们的身份。母亲和女儿都穿着墨西哥黑人经常穿的上衣。她们的衣服，都是用豪华面料和彩色绸带制成。母亲裙子上的花纹，与亚洲风格的纹样十分相似。[93]禁奢令未能规范丝绸的穿着，而卡斯塔绘画也描绘了各种例外情况，十分复杂多样。

此外，绘制卡斯塔绘画，还有迎合欧洲人对异域风情和自然

历史的兴趣的目的。卡斯塔绘画主要是为了从墨西哥向西班牙和欧洲其他地区出口而制作的。许多收藏卡斯塔绘画的人，都是高级的殖民地政客、军官和神职人员。在完成美洲的任务后，他们就会将卡斯塔绘画带回西班牙。这些画作，呈现了西班牙治下广阔的领土和多样的民众，它们更像是文化纪念品，而不是官方的法律文件。

禁奢令的变通

针对城市居民的禁奢令，常常基于实际考量。例如，1563年的一项法律规定，如果被禁止的衣服是在禁奢令颁布前制成，那么人们可以在接下来的一段时间内继续穿着这种服装，这赋予了禁奢令一些变通的空间。考虑到女性的服装更为昂贵，所以女性的宽限期比男性更长。[94]此外，丝绸穿着的规定也可商榷、变通。1593年，有一项皇家法令传达到了基多（Quito）的高等法院，并转发给了当地的总督，回应了原住民关于穿着丝绸的请求。该法令提到，他们“在节假日穿着用丝绸制成的衬衫、披风、阿纳科斯（anacos）和利科亚（llicllas，矩形手工肩巾）”。该法令还提到，虽然“允许他们［原住民］穿着上述［丝绸衣物］”，但他们不应该“违反有关着装的法律”。[95]这个命令不仅反映了人们有了越来越多对于穿戴丝绸的请求，也证明了政府在执行禁奢令时的灵活变通。此外，禁奢令的法例本身也更为宽
松。例如，在1499年之后，服装中不同颜色的数量不再受限。拥 168
有马匹的男性及其14岁以下的儿子，有权穿着任何颜色的丝绸制成的紧身短上衣与兜帽，并可以用不超过四个手指宽的丝带进

行装饰。[96]

执行禁奢法律的灵活变通，可能也是由于人们对丝绸时尚有着不同的态度。例如，1623 年的禁奢令曾一度被叫停，以便允许人们在马德里进行奢侈消费：

> 我们的君王命令，尽管领域内关于服饰的法律与法令已经颁布，但为了庆祝威尔士亲王来到宫廷，我们暂停执行这些法规。准许在纺织品、装饰品和服装上使用金银丝绸进行刺绣，不论男女，以及允许在节日服饰和覆盖物中使用金银丝绸。同样，女性可以在衣领、袖口和斗篷上使用蕾丝装饰。商贩可以自由买卖上述物品，即使它们不符合法律规定；银匠、刺绣工和杂货商可以自由从事他们的行业，不再受限制。这一举措适用于宫廷城市，并且只在目前有效。命令将公开宣布，以通知所有人。[97]

此处的“威尔士亲王”，指的是查理一世（Charles I，1600—1649），他于 1623 年访问西班牙，与西班牙哈布斯堡王朝的玛丽亚·安娜公主（Maria Anna，1606—1646）商讨联姻事宜。为了欢迎他的到来，从前被禁的服装、精美的丝绸和饰品现在都被允许使用。在命令的最后，国王还强调要这则法令需要广而告之，以便传达给每个人。这种宽限，可能是在特殊场合下展示皇恩，也可能是在尊贵的客人面前展现市井繁荣。这种法律变通的底层逻辑，与 1593 年允许原住民在节假日穿戴丝绸相同。这种炫耀的方式说明，西班牙人认为奢侈的穿着和丝绸的普及是美好社会的标志，是值得向外国人炫耀的事情。

上层精英们强化了这种思想。例如，墨西哥天主教历史学家阿古斯丁·德·维坦库特（Agustín de Vetancurt，1620—1700）将时装视为经济繁荣的标志。“任何外人看到这里的众人，不论是王公贵胄还是手工艺人，都会认为他们的做法不明智，但这是这个国家的荣耀，它壮大了卑微的心灵，消灭了悲惨的境况。”[98]与一些中国文人类似，墨西哥也有很多人开始重新思考奢侈品消费和规范的手段。随着欧洲的禁奢令时代的结束，批评者声称，管制奢侈品的法律一定是弊大于利。正如西班牙经济学家 169
佩德罗·罗德里格兹·德·坎波马内斯·佩雷兹（Pedro Rodríguez de Campomanes y Pérez，1723—1802) 所写：“禁奢法律在某种程度上应该为我们最有价值的行业的崩溃负责。”[99]他所说的这些行业，就包括纺织业，特别是丝绸加工业。西班牙作家胡安·森佩雷·瓜里诺（Juan Sempere y Guarino）也提出，为了保护本地产业，禁奢令需要对奢侈织物征收大量税款，所以禁奢令经常只针对外国商人而非本地商人，让人啼笑皆非。[100]

地方保护主义

尽管西班牙的禁奢令总是与卡斯塔制度同步，但禁奢令的频繁颁布与西班牙的亚洲丝绸进口禁令密不可分。对奢侈织物的禁止，主要是针对那些本土产品的竞品，包括原丝的使用以及丝绸与其他面料的混合。实施禁奢令的一种方法，就是将已经拥有的奢侈品登记上报。这也从侧面反映出，墨西哥城居民拥有的大部分奢侈品都来自东方。[101]奢侈织物的登记制度，就是为了限制奢侈穿着，并且管控对外来面料的加工。因此，与强调道德教化的中国禁奢令不同，墨西哥的禁奢令主要是为了应对受到重商主义经济影响的全球贸易。[102]

从17世纪开始，地方保护主义成为颁布禁奢令的主要原因。1657年，费利佩四世颁布了一项法律，禁止各级臣民穿戴任何产自敌国的织物，其中包括法国、英格兰与葡萄牙。费利佩四世的继任者查理二世（Charles II，1661—1700，1665—1700年在位）多次重新颁布1657年的法律，并要求合法进口的面料达到国内生产的质量标准。[103]对于丝绸的管控，只是阻止原材料进口的一次尝试。因此，禁奢令的目标也从维护等级制度转移到解决经济问题上。[104]所以，关于使用奢侈丝绸最多的怨言，并不是源于人们对卡斯塔制度的关注，而是源于对购买外国商品的担忧。比如，菲律宾官员胡安·德·库埃拉表示，如果菲律宾人不穿他们无权穿戴的面料，就能防止西班牙帝国的资金流失。[105]控制精美的织物，并不是用来划清人与人之间的界限，而是为了维护国家的经济利益。

170 地方保护主义也曾遭到反对。胡安·森佩雷·瓜里诺认为，禁止原材料出口、禁止加工品（如羊毛和丝绸）进口，以及外国人免税（除非政府强制要求）等许多地方保护主义措施产生了极为消极的影响。他认为，这些禁令阻碍了生产和商业的扩张，并没有保护国家财富。[106]持有这种观点的人并非少数，还有许多人论证了货币的全球流通以及这种流通给个别国家带来的好处。

墨西哥发生的状况，让禁奢令的颁布和实施进入了新的阶段。禁奢令控制的目标发生了变化，从关注消费形式的道德或种族问题，转向了关注穿戴进口织物的经济问题。禁奢令从一种法律形式变成了保护财政和国家利益的社会态度。[107]相比之下，中国的时装限制仍然处于维护社会秩序的阶段。当西班牙王室感受到了全球市场带来的经济威胁时，中国明朝也在16世纪的海盗危机和中外接触的环境中面临着安全危机。

禁奢令的成效

禁奢令的执行通常非常混乱无序，因为人们无法预见各种超乎想象的违规行为，无奇不有。因此，这些法律需要不断地细化、完善。大多数禁奢令失效的原因在于它们刺激了人们“篡夺地位象征”的逆反心理。早在16世纪末，法国哲学家蒙田（Michel Eyquem de Montaigne，1533—1592）就提出，禁止平民穿戴什么，平民反而就会更想要什么。[108]陈步云也认为，禁奢令“不经意间使得身份象征变得与身份本身一样甚至更为重要”。[109]这些法令，为服装搭起了社会标志的竞争擂台。这些法令所规定的社会标志，成为展示特权的符号。因此，身份的视觉标志就成为权力的复制品。

为了钻禁奢令的空子，新的剪裁、染色、奢华装饰与说辞可能就会应运而生。[110]一方面，织工们运用奢华面料，生产出了质量较低的仿制品来满足贫穷消费者的需求。另一方面，全球商 171
品的传播范围越来越广，商人也越来越希望获得新颖的、未被禁止的外国织物或设计。换句话说，法律的限制可能会刺激新的工艺、机制和产品的发明，产生令人意想不到的影响。通过加大低端丝绸的供应并扩大全球货物的传播，禁奢令实际上促进了物质文化的发展。

历史学家们一直都很关注禁奢令在执行时遇到的障碍。有些人认为，禁奢令频繁颁布，恰好证明了人们不尊重这些法令。我们看到了当时有人批评他人不遵守禁奢令，也看到了有人不顾禁奢令的多次颁布，坚持自己奢侈的消费习惯。从这些角度来看，人们对禁奢令的忽视便昭然若揭。不过，这并不意味着禁奢令完全无效。若是要真正理解禁奢令的影响，那么就需要深思法例的具体实施方法及其背后所蕴含的意义。尽管禁奢令通常无法抑制奢侈消费，但它仍然象征并强化着统治者的权威。经常更新禁奢令，不仅反映了统治者对于经济和社会境况的失望，还说明统治者期望这些法令可以产生一定的社会影响，无论多么微妙、无论以何种形式。

禁奢令赋予了统治者在司法系统中的权威地位。在实施新政策、展示新权威的过程中，服装受到了高度重视。通过将服装对应人们的社会地位，统治者就能够引导社会流动的方向。这种象征性的控制，通常比实际法律法规中琐碎、细节的规定更有实操意义。[111]当费利佩四世登基时，服装改革成为头等大事。他在 1623 年发布了 23 项改革命令，其中 12 项涉及消费和他臣民的着装面貌。其中最激进的变化，是下令所有阶层的男性统一用纯白色的平直领口取代他们的拉夫领（ruff）。[112]对于新君主而言，通过这样的政策来宣示权威再有效不过。此外，从过去的法律中获得优待与豁免，也可以增强国王的权威。这正如上文中提到的新西班牙总督批准原住民社区不受法律限制的例子一样。

同样，巫仁恕在研究明朝轿子和服装法规时注意到，皇帝也可豁免一些他自己高度信任的官员。[113]皇帝的授权，有时会引起朝廷服装穿着的混乱。明朝的正史记录了这一点：“历朝赐服， 172
文臣有未至一品而赐玉带者，自洪武中学士罗复仁始。衍圣公秩正二品，服织金麒麟袍、玉带，则景泰中入拜朝廷。自是以为常。内阁赐蟒衣，自弘治中刘健、李东阳始。”[114]虽然原祖杰认为，这些破例情况“与皇帝的政策有出入，扰乱礼制，对国家级的服装法规造成了破坏”，[115]但是统治者自己造成的破例情况，也有助于在朝臣权贵之中加强他自己的权威。通过施行特赦、加恩允许使用一些违禁物，皇帝可以使法律有选择地实施。实际上，法律法规并非权威的真正源头，皇帝本人才是。

禁奢令不仅是一种法律，很多时候还承担了国家与社会之间的某种协调媒介。国家与社会的协调，在明朝对待那些不满于失去特权的文人时尤为显著。禁奢令不仅是对百姓着装的约束，还是统治者应对文人不满情绪的举措。这样的法令，很快就能有效打消文人的怨气。这样的协调，加上特定情况下的破例，有助于加强统治者的权威并维持基本的社会秩序。

不过我们需要知道，禁奢令不过是统治者众多举措中的一个。文化和政治史学家索尔·马丁内斯·贝尔梅霍（Saúl Martínez Bermejo）提议，要想理解禁奢令的实施，我们需要承认“在近代世界中所使用的协商与和迫害手段，通常与我们在现代法律中熟悉的情况截然不同”。[116]明朝非常注重对地方社会的契约精神与道德教化。比如，吕坤曾推广他的《乡甲约》，回答了民间应该管控什么、如何管控的问题。乡约起源于11世纪，但它到了16世纪就已成为一种规范化的契约，由朝臣权贵实行，以确保乡里遵守各种国家规范。乡约也是法律规定的一部分。乡约的存在和其中的说辞，说明法律管控存在着很多灰色地带，以及官方规范与大众之间的非正式接触。所有乡约，都以道德教化的形式强调勤俭节约的重要性。虽然乡约并没有明确提出正确的消费能够巩固这些规范，但如果我们阅读吕坤的著作，这一点就显而易见了。[117]吕坤坚持认为，社会和谐是终极目标。但是如果富人只着力于炫耀、攀比财富，而不是去接济穷人，那么这将破坏社会
173 的和谐。[118]有时，禁奢令更像是奢侈品税。[119]此外，禁奢令并不孤立存在，因为有一系列其他法规支撑着统治者对于着装的规定。

禁奢令在执行和接受上的复杂性，揭示了近代法律法规的几个重要特点。首先，统治者的权威是制定这些法规的中心。批准破格的例子，可以说明统治者其实凌驾于法律法规之上。其次，有些法规并不仅仅为了管制下级社会，而更是一种社会契约或是为了应对上层社会。再次，法律法规的执行，需要结合其他辅助实现同一政治目标的经济和社会手段来加以理解。

小结

太平洋贸易路线两端的禁奢令，有很多相似性，也有错综复杂的联系。这说明当时的人们对丝绸日益强烈的渴望挑战了社会

等级制度和法律制度。在不同的社会、时代背景下审视禁奢令的实施，揭示了禁奢令为了应对全球市场而进行了变通与转型的情况。在16世纪和17世纪，随着商品经济和国际丝绸贸易的兴起，不同的政府都要面对高速发展的丝绸时尚所带来的挑战。中国和西班牙统治者试图采用禁奢令来约束奢侈消费，但由于执行效果不佳，两国都遇到了重重阻碍。

禁奢令涵盖了越来越多关于进口产品和外国商品消费的规定。在划分种族、展现威望时，帝国和殖民政府都极力捍卫其等级制度。这两种情况，在全球化的世界都面临着分崩离析的风险。此外，由于越来越多未受教育的平民热衷于奢侈消费，所以中国和西班牙统治者对此作出回应，使用了视觉形象来澄清禁奢令所传达的信息。

不同地区的禁奢令有不同的形式。第一个区别就是禁奢令所针对的人或物，换句话说，就是禁奢令所维持、展现的社会差异。[120]在墨西哥，禁奢令往往与卡斯塔制度结合在一起，针对的是不同的族裔，而中国禁奢令则是关注文人官员的特权。第二 174 个区别在于实施禁奢令的意图与理论基础。墨西哥实施禁奢令主要是为了收紧对进口商品的限制，而中国则专注于利用禁奢令维护中央管理。第三个区别则是这些禁奢令重新颁布的时期。在16世纪末和17世纪，中国的禁奢令有所放松。然而，17世纪的西班牙王室在其殖民地重新出台了严格的禁奢令。

讨论禁奢令，有助于理解近代立法和近代全球化的过渡时期。禁奢令是国家与社会相互协商的产物，需要通过象征性的司法权威等不同的方式来实施。此外，16世纪至17世纪期间，禁奢令发生了许多变化。墨西哥和许多欧洲社会的禁奢令，其目的从稳定社会等级转变为保护地方经济。明朝的法律也从划清官民区别逐渐转向应对新贵阶层带来的威胁。这些转型意味着传统社会逐渐迈向我们今天熟知的商业世界的社会。

禁奢令与现代性之间的关系，一直是学术讨论的焦点。正如法律社会学家阿兰·亨特（Alan Hunt）所说，禁奢令可被视为人们对现代化趋势的第一个反应。这些法律法规是三种现代化进程的结晶：城市化，阶级成为社会关系的形式，以及性别关系的重构。[121]在中西两国的禁奢令中都可以找到这三个元素。它们都针对商业城市中心，都与儒家或卡斯塔制度有关，且有性别的差异对待（重点规定了女性服饰）。此外，本章揭示出，禁奢令在近代经历和反映了全球市场的巨大影响。颁布、实施与违反这些法律法规，揭示了公共权力与私人爱好的交集，暗示了传统等级制度在商业时代受到威胁并引发争议，还说明了本地与全球之间的关系对法律和政府监管作出了全新的定义。所有这些转变，都预示了现代的到来。

注释

[1] Appadurai, “Introduction: Commodities and the Politics of Value,” p.25.

[2] Hunt, *Governance of the Consuming Passions: A History of Sumptuary Law*.

[3] 巫仁恕：《品味奢华》; Shively, “Sumptuary Regulation and Status in Early Tokugawa Japan” ; Earle, “Luxury, Clothing and Race in Colonial Spanish America.”

[4] Watt, *Dress, Law and Naked Truth*, p.4.

[5] Rublack, *Dressing Up*, pp.25–26.

[6] Walker, *Exquisite Slaves*, p.97.

[7]（宋）许奕：《周礼讲义》。还可参见陈步云《穿戴忠诚之冠：明代中国的帝制权力与服装变革》（“Wearing the Hat of Loyalty: Imperial Power and Dress Reform in

Ming Dynasty China”)，第 420 页。

[8]《管子》是一本论证法家和儒家思想的文集，包含七十篇，具体作者不详。

[9] 巫仁恕：《品味奢华》，第 36 页。

[10]（明）姚广孝、（明）夏元吉：《明太祖实录》，卷三十，页五二五。英文译文可见于陈步云《穿戴忠诚之冠：明代中国的帝制权力与服装变革》，第 416 页。

[11]《明太祖实录》，卷五十五，页一零七六。

[12]《明太祖实录》，卷三十，页五二五。英文译文可见于陈步云《穿戴忠诚之冠：明代中国的帝制权力与服装变革》，第 416 页。

[13] Hucker, *The Traditional Chinese State in Ming Times*, p.68.

[14] 原祖杰：《为权力着装：明代中国的仪式、服装与国家权威》（“Dressing for Power: Rite, Costume, and State Authority in Ming Dynasty China”），第 184 页。

[15]（明）张卤：《皇明制书》，卷一，页五十二。

[16] 柯律格：《明朝的消费规范与道德纠偏的机制》（“Regulation of Consumption and the Institution of Correct Morality by the Ming State”），第 42 页。

[17]《客座赘语》，卷九，页二十一上至下。更详细的讨论，可见于安东篱《中国不断发展的服饰：时尚、历史与国家》，第 44 页。

[18] 柯律格：《明朝的消费规范与道德纠偏的机制》，第 42 页。

[19] 瞿同祖：《中国法律与中国社会》（*Law and Society in Traditional China*），第 152 页。

[20]（清）张廷玉等编：《明史》，卷六十七，页一六四九。

[21] 官袍是由官方工场制作的，而法律规范也规定了非正式礼服和官员妻子的穿着允许使用什么图案和纺织品。

[22]《留青日札》，页四二七。

[23]（明）李东阳：《大明会典》，页六十至六十一。

[24]《大明会典》，卷一七三，页一三六上。

[25]《大明律例》，卷十二，页十六上。

[26]（明）李开先：《中麓画品》，页一零零八至一零零九。

[27]（明）沈德符：《万历野获编》，卷一，页二十九上。英文译文引自原祖杰《为权力着装：明代中国的仪式、服装与国家权威》，第 200—201 页。

[28] 有关礼制之争的讨论，可参考卡尼·T. 费舍尔（Carney T. Fisher）《天选之人》（*The Chosen One: Succession and Adoption in the Court of Ming Shizong*）；王安（Ann Waltner）：《烟火接续：明清的收继与亲族关系》（*Getting an Heir: Adoption and the Construction of Kinship in Late Imperial China*），第 1—4 页。

[29]（清）张廷玉等编：《明史》，卷六，页一六四九至一六五零。

[30] 柯律格：《明朝的消费规范与道德纠偏的机制》，第 48 页。

[31] 陈步云：《穿戴忠诚之冠：明代中国的帝制权力与服装变革》，第 425 页。

[32]（清）张廷玉等编：《明史》，卷六十七，页一六三九。
[33] 陈步云：《穿戴忠诚之冠：明代中国的帝制权力与服装变革》，第424—425页。
[34] 董莎莎：《宏伟的幻象：晚明女性服饰中身份与财富的感知》，第47页。
[35] 柯律格：《长物：早期现代中国的物质文化与社会状况》，第151页。
[36] 董莎莎：《宏伟的幻象：晚明女性服饰中身份与财富的感知》，第53页。
[37] 原祖杰：《衣装国家、衣装社会：明代中国的礼仪、道德与炫富消费》，第207页。
[38]（明）张瀚：《松窗梦语》，卷四，页十八上。英文译文引自柯律格《长物：早期现代中国的物质文化与社会状况》，第153—154页。
[39] 勒米尔：《全球贸易与消费文化的演变》，第92页。
[40] 嘉靖《江阴县志》，卷四，页二下。英文译文引自原祖杰《衣装国家、衣装社会：明代中国的礼仪、道德与炫富消费》，第142页。
[41]（明）沈德符：《万历野获编》，卷五，页一四七至一四八。英文译文引自陈步云《穿戴忠诚之冠：明代中国的帝制权力与服装变革》，第432页。
[42]（明）沈明臣等编：《通州志》，卷二，页四十七下。
[43]（明）洪文科：《语窥今古》，卷四，页二下至三上。
[44]（明）李乐：《见闻杂记》，卷四，页三十九上。英文译文引自卜正民《纵乐的困惑：明代的商业与文化》。
[45]（清）西周生：《醒世姻缘传》，卷二十六，页一九七至一九八。英文译文引自刘晓艺《衣食行：〈醒世姻缘传〉中的物质生活》（"Clothing, Food and Travel: Ming Material Culture as Reflected in Xing shi yinyuan zhuan"），第108页。
[46]（明）吕坤：《实政录》，卷四，页八十八上。
[47]（明）陈继儒、（明）汤大节：《眉公先生晚香堂小品》，卷十六，页三十一上。参见董莎莎《宏伟的幻象：晚明女性服饰中身份与财富的感知》，第65页。
[48]（明）徐咸：《西园杂记》，卷一，页八十至八十二。
[49]《西园杂记》，卷一，页八十二。
[50]（明）周世昌：《（万历重修）昆山县志》，卷一，页六上。
[51]（明）孙旬：《皇明疏抄》，卷四九，页三七三零。
[52] 巫仁恕：《品味奢华》，第153页。
[53]《客座赘语》，卷九，页二九三。
[54] 柯律格：《两者之间：明代中国的辉煌与过度》（"Things in Between: Splendor and Excess in Ming China"），第49页。
[55] 卜正民：《家族延续与文化支配：宁波的士绅（1368—1911）》（"Family Continuity and Cultural Hegemony: The Gentry of Ningbo, 1368-1911"）。
[56]（明）文徵明：《文徵明集》，周道振辑要，页一五零七。
[57]（明）温纯：《温恭毅集》，卷八，页五八九至五九零。

[58] 卜正民:《纵乐的困惑: 明代的商业与文化》, 第 147 页。

[59] (明)陆楫:《蒹葭堂杂著摘抄》, 卷三十七, 页三上。

[60] 更多有关陆楫的讨论和他论述的译文, 可见于原祖杰《衣装国家、衣装社会: 明代中国的礼仪、道德与炫富消费》, 第 158 页。

[61] 巫仁恕发现, 虽然陆楫在明朝只是少数派, 但是清朝地方志对于奢华服饰的态度就比明朝地方志温和了许多。详见《品味奢华》, 第 36 页。

[62] Damián González Arce, *Apariencia Y Poder: La Legislación Suntuaria Cas tellana En Los Siglos Xiii Y Xv.*, p.18. 有关阿兹特克的禁奢令, 还可详见 Anawalt, "Costume and Control"。

[63] Lipsett-Rivera, "Clothing in Colonial Spanish America."

[64] Sempere y Guarinos and Rico Giménez, *Historia Del Lujo Y De Las Leyes Suntuarias De España*, pp.23, 26.

[65] *Historia Del Lujo Y De Las Leyes Suntuarias De España*, p.97.

[66] Elvira Vilches, *New World Gold: Cultural Anxiety and Monetary Disorder in Early Modern Spain*, p.169.

[67] Puerta, "Sumptuary Legislation and Restriction on Luxury in Dress," pp.209-231.

[68] *Historia Del Lujo Y De Las Leyes Suntuarias De España*, p.87.

[69] 柯律格:《明朝的消费规范与道德纠偏的机制》, 第 45 页。

[70] Fisher, "Trade Textiles: Asia and New Spain," p.185.

[71] Walker, *Exquisite Slaves*, p.106.

[72] Earle, "Race, Clothing and Identity," p.326.

[73] 勒米尔:《全球贸易与消费文化的演变》, 第 108 页。

[74] Phipps, "Textiles as Cultural Memory," p.152.

[75] Phipps, "'Tornesol:' a Colonial Synthesis of European and Andean Textile Traditions," p.834.

[76] Earle, "Race, Clothing and Identity," p.326.

[77] "Race, Clothing and Identity," p.337.

[78] Wunder, "Spanish Fashion and Sumptuary Legislation from the Thirteenth to the Eighteenth Century," p.251.

[79] Chuchiak, *The Inquisition in New Spain, 1536-1820*, p.259.

[80] Walker, *Exquisite Slaves*, pp.126-127.

[81] Calancha, *Corónica moralizada del orden de San Agustín en el Perú*, p.67. 另可参考 Earle, "Race, Clothing and Identity," p.332。

[82] Graubart, "The Creolization of the New World: Local Forms of Identification in Urban Colonial Peru, 1560-1640," p.495.

[83] "Race, Clothing and Identity," p.332.

[84] Israel, *Race, Class, and Politics in Colonial Mexico, 1610–1670*, p.192.

[85] Ulloa and Juan, *Voyage to South America*, pp.195–196. 另外还可参考 Earle, "Two Pairs of Pink Satin Shoes!!," pp.182–184。

[86] Earle, "Luxury in the Eighteenth Century," pp.219–220.

[87] 有关这组 16 幅卡斯塔绘画的研究，可以参考 Smarthistory, "Constructing Identity in the Spanish Colonies in America"。

[88] Bagneris, "Reimagining Race, Class, and Identity in the New World," p.164； 勒米尔：《全球贸易与消费文化的演变》，第 110 页。

[89] Smarthistory, "Constructing Identity in the Spanish Colonies in America."

[90] Slack, "The Chinos in New Spain," p.64.

[91] Pierce, "De Chino, e India, Genizara."

[92] Schroer, "Race versus Reality," p.22.

[93] See MET, "From Spaniard and Mulatta, Morisca (De español y de mulata, morisca)."

[94] Puerta, "Sumptuary Legislation and Restriction on Luxury in Dress," p.231.

[95] "Should Indians be Allowed to Wear Silk? Quito, 1593," from Leibsohn and Mundy, eds., *Vistas: Visual Culture in Spanish America, 1520–1820*, p.2015.

[96] Wunder, "Spanish Fashion and Sumptuary Legislation from the Thirteenth to the Eighteenth Century," p.254.

[97] Bermejo, "Beyond Luxury: Sumptuary Legislation in 17th-Century Castile," pp.107–108.

[98] Earle, "Luxury, Clothing and Race in Colonial Spanish America," p.221.

[99] Wunder, "Spanish Fashion and Sumptuary Legislation from the Thirteenth to the Eighteenth Century," pp.265, 271.

[100] *Historia Del Lujo Y De Las Leyes Suntuarias De España*, p.74.

[101] Canepa, *Silk, Porcelain and Lacquer*, p.72.

[102] 这些法律在欧洲很常见，英国议会在 1701 年至 1721 年间就对印度棉花实施了一系列禁令，因为那对英国的羊毛工业构成了威胁。Maynes, "Technology, Entrepreneurialism, the Household, and the State," p.4.

[103] Wunder, "Spanish Fashion and Sumptuary Legislation from the Thirteenth to the Eighteenth Century," p.265.

[104] Hunt, *Governance of the Consuming Passions*, p.391.

[105] *The Philippine Islands*, vol. 8, pp.78–89.

[106] Elvira Vilches, *New World Gold: Cultural Anxiety and Monetary Disorder in Early Modern Spain*, p.202。

[107] *Governance of the Consuming Passions*, p.391.

[108] Riello and Rublack, *The Right to Dress*, p.1.

[109] 陈步云:《拜金女：唐代中国的丝绸与自我妆扮》[“Material Girls: Silk and Self-Fashioning in Tang China (618–907)”]，第 9 页。

[110] *The Right to Dress*, p.14.

[111] 原祖杰:《衣装国家、衣装社会：明代中国的礼仪、道德与炫富消费》，第 10 页。

[112] “Spanish Fashion and Sumptuary Legislation from the Thirteenth to the Eighteenth Century,” p.254.

[113] 巫仁恕:《品味奢华》，第 88—110 页。

[114]（清）张廷玉等编:《明史》，卷六十七，页一六四零。英文译文引自原祖杰《为权力着装：明代中国的仪式、服装与国家权威》，第 203—204 页。

[115] 原祖杰:《为权力着装：明代中国的仪式、服装与国家权威》，第 205 页。

[116] Bermejo, “Beyond Luxury: Sumptuary Legislation in 17th-century Castile,” p.105.

[117] 柯律格:《明朝的消费规范与道德纠偏的机制》，第 45—47 页。

[118]（明）吕坤:《实政录》，卷三，页十九上至下。

[119] 在墨西哥，调节价格是管制奢华服装的一种有效办法。加施·托马斯就发现，中国征收非常高的丝绸税。参见 Gasch-Tomas, “Transport Costs and Price of Chinese Silk in the Spanish Empire: The Case of New Spain”。

[120] 列略:《时尚与世界的四个部分：早期近代的时间、空间与变化》。

[121] Hunt, *Governance of the Consuming Passions*, p.9.

179 # 结语

尽管中国限制与外国的正式贸易，西班牙也一再禁止进口外国丝绸，但跨太平洋贸易在19世纪依然保持着繁荣。这得益于人们对价格实惠的丝绸织物的巨大需求。即使在19世纪40年代之后，中国陷入与欧洲列强的斗争，无法再出口足够的纺织品，但明治时期（1868—1912）迅速兴起的日本丝绸产业开始接手，其产品在20世纪备受墨西哥市场的追捧。[1]

苏布拉曼扬在讨论关联史时提出："近代突破了人类世界的局限，这很大程度上是因为近代是旅行和发现的时代，是重新界定地理知识的时代。因此，各族人民进行了各种不同的尝试，来推翻14世纪50年代以来人们对世界的认知。"[2]直到最近，人们还认为无论是中国、美洲还是其他国家或地区，世界上各个的民族都是相互分隔的。然而实际上，环太平洋地区的文明和民族至迟在16世纪时就已经在遥相呼应了。

在中国与墨西哥之间的丝绸贸易的故事中，商品、人员和技术的流动标志了全球网络的一个全新阶段。在近代世界越来越多的互动和交流背景下，物质的流动比以往任何时候都要频繁。自16世纪开始，对于丝绸的超高需求连接了两个遥远的大陆，并形成了跨太平洋的贸易市场。马尼拉帆船顺着常规贸易路线从亚洲航行至美洲；全球贸易给中国内部水路、亚洲国家之间以及墨西哥境内的运输提供了便利。中国的生丝在美洲市场上随处可见， 180
并由墨西哥的丝绸工人加工。丝绸织造所需的原材料和技术知识，也有了前所未有的流通。其中就包括翻译中国农书、将蚕虫和桑树引进新大陆，以及向欧洲出口红色染料。

在这段鲜活的历史中，技术知识的推广、对奢侈品的欲望以及国内贸易壁垒的降低，反映出丝绸的重要性。监管的界限时常会发生变化。全球网络在走私商、外贸商、丝绸工、官员以及中国、马尼拉和墨西哥消费者之间存续。追求、利用与控制丝绸时尚等欲望，导致各方之间的斡旋普遍存在。

这场旷日持久的太平洋贸易，反映了时尚对丝绸贸易的强力推动。太平洋航路上的其他时尚趋势，继续促进商品、人口与文化信息的流动。亚洲与美洲之间的丝绸往来，展示了大众文化的崛起。织物的贸易，正是这种大众文化的基础。由于技术或环境的限制，各式各样的织物涌入了原本较为封闭的社区与地区。时尚因此将物质世界和社会群体联系在一起，使人们能够构想他们自己的历史定位。时尚还将主观性和客观性结合在一起，以丝绸制品的形式刺激人们追求感官的愉悦、追求身份的认同。丝绸已然是一种“尤物”，反映了有序和混乱之间的循环往复。

大众的物质文化，引发了全球社会风尚的融合和官方治理的分歧。对于生丝和丝织品的需求，形成了全世界共同的时尚趋势。全球各地的这种时尚趋势，基本上都有一些相似之处，包括对奢侈织物的需求、对鲜艳色彩的运用，以及对外国产品的追求。在全球范围内，丝织品的消费为人们构建了与外部世界交流

的平台。然而，全球各地的丝绸时尚也具有地方特色，包括很多
当地文化孕育出的独有风格、设计与色彩。这些地方特色，大多
依赖于不同地区的环境条件，比如特殊的树木和染料。受地方特
181 色的影响，生丝和丝绒比经过加工的织物更受欢迎、流通更广。

尽管太平洋丝绸贸易受到两大洲商人的欢迎，但中国和西班牙官方都对贸易不满意，并且试图限制彼此间的联系。太平洋的贸易充满活力，但常常是非法的。这样的贸易环境，反映了两个国家统治者权威的衰落。丝绸的时尚，不断挑战着两国对于稳定社会等级制度所制定的政策。一个国家的权力，很大程度上依赖其调节社会、动用资源的能力。但是，晚期的明朝和西班牙王室在这些方面都受到了威胁。

日益紧密的全球联系导致国家无法管控地方经济发展，这一点在明朝体现得淋漓尽致。国家与社会之间的分歧，源于开国皇帝朱元璋宽松的政策，由明中期开始加速的城市化进程拉大，并因全球市场的发展而进一步加剧。尽管国家推崇的儒家思想认为，蚕业是具有性别分工的小农经济，并试图推广这种意识，但是地方社会却经历了更为细化的劳动分工和商品化进程，从而导致紧密的市场合作。蚕农普遍采用的“桑基鱼塘”农业模式，使许多村庄放弃生产大米等官方想要的日常必需品。此外，丝绸的普及着实挑战了已有的社会结构，并催生了反复更新但总体无效的禁奢令。在沿海城市，生丝被非法出售给未登记在案的外国商人，引发了国家对边境安全的注意，并破坏了传统儒家的朝贡体系。

西班牙人也发现地方政府削减了它们向王室缴纳的税收。西

班牙的殖民地与外国，都不完全服从西班牙王室。墨西哥和菲律宾在丝绸生产与贸易上展现了自己的追求，而这样的思路经常不符合王室的要求。墨西哥极力发展本地的丝绸产业，极力改变美洲在欧洲体系中的地位。殖民地不再满足于作为原材料供应商的特定角色，反而要求减少进口产自欧洲大都市的织物。此外，丝织品普及也逐一挑战、打破了卡斯塔制度和社会对性别的刻板印象。从美洲与亚洲的帝国扩张中大获裨益的，其实是殖民地而不是王室。

摆脱殖民者和帝国的管制，很大程度上与核心—边缘的周期变化以及国家和社会的分离相辅相成。在这个过程中，旧的中心 182
有了不同的地位，新的中心则不断涌现。政治和经济中心通常随着社会的两极分化而分离。在中国，广州与苏州竞相成为丝绸织造中心，而漳州取代了泉州，成为进入东南亚的主要港口城市。马尼拉和墨西哥城成为亚欧商品流通的枢纽，也威胁到了印度洋和大西洋的贸易路线。生活在这些新兴中心的人们，开始了解外部世界，并与其建立了日益密切的联系。其间，他们的思维方式和移动路径转变很大，比以前更具全球视野。

在有关近代全球化的讨论中，仍有许多问题未得到回答。其中一个值得进一步研究的问题，就是全球互动如何被地方的地理知识影响与界定。比如，中国人称菲律宾为“东洋”，而西班牙人却称其为“中国”（la China）。[3]不论是从海陆关系的层面，还是从另一个传统帝国的替身层面，人们主要都是从东南亚与亚欧大陆的关系来解释、理解东南亚。不同的记载者，都在史料中以不同的视角阐释了这个世界。中国认为自己是世界的中心，因此古人以海洋的不同方向命名外部世界。相比之下，欧洲将美洲视为自身的新版本，并使用“东西对比”（East versus West）的理念来指涉亚洲。这种对比，揭示了近代全球互动中各国对于彼此的错综复杂的认知。一旦两个地区相互了解，它们彼此之间的联系就不再是被动地由对商品的渴望所驱动，而是主动地由人们对于生活在遥远国度的好奇心所驱动。这一点从马尼拉甚至墨西哥的中国移民身上就可见一斑。对彼此的地理描述以及出于不同原因的双向迁移，在后日的跨太平洋航路上更为常见。虽然本书的重点不在于此，但近代贸易中的空间结构与联系值得进一步探究。

近代的中西丝绸贸易的遗存，在今天仍然影响着这些地区。在今天的墨西哥，瓦哈卡地区仍然是丝绸的产地。那里的生产者面临着来自中国同行的强烈竞争，他们都想占据美国的服装市场。[4]与此同时，进口丝绸与本土丝绸之间的竞争，对墨西哥丝绸产业仍然是一个挑战。尽管现在的墨西哥政府正在通过推广中国的家蚕、采用中国的缫丝技术来促进丝绸养蚕业的复兴，但这些计划已经饱受非议，因为人们认为它们没有发扬独特的本地美学。[5]

183 此外，除了丝绸往来，中墨两国之间的交流也从未停歇。在过去的十年中，随着中国的“一带一路”倡议在加勒比地区和拉丁美洲取得重大进展，中墨已签署了双边投资协定。[6]据中国商务部的统计数据，截至 2018 年 12 月，中国是墨西哥第四大的出口市场和第二大的进口来源。[7]近年来，中国经常回溯海上丝绸之路的历史，以促进两国之间的关系。[8]作为《全面与进步跨太平洋伙伴关系协定》(Comprehensive and Progressive Agreement for Transpacific Partnership)的11个成员国之一，墨西哥也盛赞太平洋市场的重要性。墨西哥的主流报纸《太阳报》(*El Sol de México*)热烈讨论了这条新丝绸之路所带来的机遇。[9]

从16世纪到现在，连接拉丁美洲和中国的太平洋贸易网络引发了多次经济危机与政治斗争。全球往来和本地发展之间的对峙与共处，仍是重大议题。就像只有认真对待本地问题才能写出全球史一样，如今的全球化也只有珍视本地传统才能有最佳的收获。

注释

[1] Middleton, *Industrial Mexico: 1919 Facts and Figures*, p.131. 二战期间，日军甚至将人造丝绸出口，以此来抗议墨西哥的反日立场。US Department of Defense, The "Magic" Background of Pearl Harbor, vol. 3, p.177.

[2] Subrahmanyam, "Connected Histories," p.737.

[3] (明)何乔远:《镜山全集》，页六七五；Basarás and Katzew, *Una Visión Del México Del Siglo De Las Luces*, p.185。

[4] Grace, *460 Years of Silk in Oaxaca*, p.2.

[5] Patricia Careyn Armitage, "Silk Production and Its Impact on Families and Communities in Oaxaca, Mexico," p.7.

[6] Silk Road Briefing, "The Belt & Road Initiative in Mexico & Central America."

[7] 新华社:《墨西哥大使:"一带一路"高峰论坛促与会成员互联互通》。

[8] 相关例证可见于 Qiu, "Revigoricemos la 'Ruta Marítima de la Seda'"。

[9] Becerra, "Relación China y México, en su mejor momento, dice el embajador Qiu Xiaoqi."

参考文献

传统文献

中文

（明）艾儒略:《职方外纪校释》，谢方校释，北京：中华书局，1996。

（唐）白居易:《白氏长庆集》,《四库全书》本。

（宋）蔡襄:《蔡忠惠公文集》，“中国哲学书电子化计划”本。

（清）曹雪芹:《红楼梦》，“中国哲学书电子化计划”本。

陈恒力:《补农书研究》，北京：中华书局，1958。

（清）陈梦雷:《钦定古今图书集成》，“中国哲学书电子化计划”本。

（明）陈继儒、（明）汤大节:《眉公先生晚香堂小品》，哈佛燕京图书馆善本丛书数字化资料。

（清）程岱:《西吴蚕略》，收入《续修四库全书》，卷九七八，上海：上海古籍出版社，2002。

《成家宝书》，收入《中国古代当铺鉴定秘籍：清钞本》，北京：全国图书馆文献缩微复制中心，2001。

（明）戴瑞卿、（明）于永享:《万历滁阳志》，收入《稀见中国地方志汇刊》，北京：中国书店据日本内阁文库藏清顺治十八年刻本影印，1992。

（明）方以智:《物理小识》，“中国哲学书电子化计划”本。

（明）冯梦龙:《古今谭概》，收入《冯梦龙全集》，上海：江苏古籍出版社，1993。

（明）冯梦龙:《醒世恒言》，“中国哲学书电子化计划”本。

（明）冯梦龙:《警世通言》，“中国哲学书电子化计划”本。

（明）顾启元:《客座赘语》，北京：中华书局，1991。

（明）顾炎武:《天下郡国利病书》，收入《四部丛刊续编》，台北：商务印书馆，1966。

（清）管同:《禁用洋货议》，收入《因寄轩文集》（1833）,《初集》，卷二，页十一至十二。北京：北京爱如生数字化技术研究中心，2009。

（明）何乔远：《镜山全集》，福州：福建人民出版社，2015。
（明）洪文科：《语窥今古》，收入《笔记小说大观》，第三十八编，第四册，台北：新兴书局，1977。
（明）胡侍：《真珠船》，收入《丛书集成简编》，第一三六册，台北：台湾商务印书馆，1966。
黄彰健编：《明神宗实录》，台北："中研院"历史语言研究所，1967。
黄彰健编：《明世宗实录》，台北："中研院"历史语言研究所，1967。
黄彰健编：《明穆宗实录》，台北："中研院"历史语言研究所，1967。
（北魏）贾思勰：《齐民要术》，"中国哲学书电子化计划"本。
（西汉）贾谊：《新书》，《四部丛刊初编》本。
（明）蒋以化：《西台漫记》，"中国哲学书电子化计划"本。
（明）邝璠：《便民图纂》，"中国哲学书电子化计划"本。
（明）兰陵笑笑生：《金瓶梅》，"中国哲学书电子化计划"本。
（清）李德淦、（清）洪亮吉：《泾县志》，收入《天一阁藏明代方志选刊续编》，第三十六册，上海：上海书店出版社，2014。
（明）李东阳等编：《大明会典》，上海：上海古籍出版社，1995。
（清）李亨特、（清）平恕：《绍兴府志》，收入《中国地方志集成：浙江府县志集》，第三十九至四十册，上海：上海书店，1993。
（明）李开先：《中麓画品》，"中国哲学书电子化计划"本。
（明）李乐：《见闻杂记》，"中国哲学书电子化计划"本。
（清）李渔：《闲情偶寄》，"中国哲学书电子化计划"本。
（明）梁兆阳、（明）蔡国祯等编：《崇祯海澄县志》，收入《日本藏中国罕见地方志丛刊》，北京：书目文献出版社，1992。
（唐）刘恂：《岭表录异》，"中国哲学书电子化计划"本。
（明）陆楫：《蒹葭堂杂著摘抄》，成都：巴蜀书社，1993。
（明）陆容：《菽园杂记》，"中国哲学书电子化计划"本。
（明）吕坤：《实政录》，上海：上海古籍出版社，1995。
（清）屈大均：《广东新语》，北京：中华书局，1978。
（明）沈长卿：《沈氏日旦》，"中国哲学书电子化计划"本。
（明）沈德符：《万历野获编》，北京：中华书局，1980。
（明）沈明臣、（明）陈大科、（明）顾养谦编：《通州志》，上海：上海古籍书店影印，1981。
（清）沈廷芳：《广州府志》，"中国哲学书电子化计划"本。
（明）沈氏：《沈氏农书》，《学海类编》本。
（明）史树德：《新修余姚县志》，收入《中国方志丛书》，第501册，台北：成文出版社，1983。
（元）司农司：《农桑辑要》，“中国哲学书电子化计划”本。
（明）宋濂：《元史》，北京：中华书局，1995。
（清）宋如林、（清）孙星衍、（清）莫晋：《嘉庆松江府志》，收入《中国地方志集成》，上海：上海书店出版社，2010。
（明）宋应星：《天工开物译注》，潘吉星译注，上海：上海古籍出版社，2016。
（明）宋应星：《天工开物》，钟广言注释，广州：广东人民出版社，1976。
（明）孙承泽：《春明梦余录》，“中国哲学书电子化计划”本。
（明）孙旬：《皇明疏抄》，哈佛燕京图书馆善本丛书数字化资料。
（明）田艺衡：《留青日札》，上海：上海古籍出版社，1992。
（明）王圻、（明）王思义：《三才图会》，《续修四库全书》本。
（明）王世贞：《觚不觚录》，收入《丛书集成初编》，上海：商务印书馆，1937。
（清）王沄：《漫游记略》，《笔记小说大观》本。
（明）王穉登：《客越志略》，收入王英编，《明人日记随笔选》，上海：南强书局，1935。
（明）温纯：《温恭毅集》，“中国哲学书电子化计划”本。
（明）文徵明：《文徵明集》，周道振编，上海：上海古籍出版社，1987。
（清）吴震方：《岭南杂记》，收入《说铃》，第三册，北京：中华书局，1985。
（清）西周生：《醒世姻缘传》，济南：齐鲁书社，1993。
（明）谢肇淛：《五杂俎》，上海：上海书店出版社，2001。
（明）徐咸：《西园杂记》，北京：中华书局，1985。
（宋）许奕：《周礼讲义》，“中国哲学书电子化计划”本。
（元）徐一夔：《始丰稿》，“中国哲学书电子化计划”本。
（明）姚广孝、（明）夏元吉等编：《明太祖实录》，台北：“中研院”历史语言研究所，1962。
（明）叶梦珠：《阅世编》，上海：上海古籍出版社，1981。
（明）袁宏道：《袁宏道集笺校》，上海：上海古籍出版社，1981。
（明）张瀚：《松窗梦语》，“中国哲学书电子化计划”本。
（清）张俊哲、（清）张壮行、（清）马士騭：《顺治祥符县志》，收入《稀见中国地方志汇刊》，北京：中国书店据日本内阁文库藏清顺治十八年刻本影印，1992。
（明）张卤：《皇明制书》台北：成文出版社，1969。
（清）张廷玉等编：《明史》，北京：中华书局，1975。
（明）张燮：《东西洋考》，收入《四库全书》，第五九四册，台北：商务印书馆，1979。
（明）赵锦、（明）张衮编：《（嘉靖）江阴县志》，收入《天一阁藏明代方志选刊》，上海：上海古籍书店，1981。
（清）周世昌：《（万历重修）昆山县志》，扬州：广陵书社，2013。
（清）周硕勳：《（乾隆）潮州府志》，收入《日本藏中国罕见地方志丛刊》，北京：书目文献出版社，1991。
（明）周元：《泾林续记》，收入《涵芬楼秘笈》，卷八，页三十七，台北：商务印书馆，1967。
（清）朱次琦、（清）冯栻宗、（清）黎璿：《（光绪）九江儒林乡志》，收入《中国地方志集成》，南京：江苏古籍出版社，1992。
（宋）祝穆：《方舆胜览》，"中国哲学书电子化计划"本。
（宋）朱申、（春秋）左丘明、（明）孙矿、（明）顾梧芳、（明）余元长：《重订批点春秋左传详节句解》，"中国哲学书电子化计划"本。
（明）朱元璋等编：《大明律例》，"中国哲学书电子化计划"本。
（清）邹兆麟、（清）蔡逢恩：《（光绪）高明县志》，"中国哲学书电子化计划"本。

外文

Archive of the Naval Museum. Fernández Navarrete Collection, Nav., XVIII, fol. 298. Last accessed October 17, 2017. https://www.upf.edu/asia/projectes/che/s16/felipe.htm.

Basarás, Joaquín Antonio de and Ilona Katzew. *Una Visión Del México Del Siglo De Las Luces: La Codificación De Joaquín Antonio De Basarás: Origen, Costumbres Y Estado Presente De Mexicanos Y Filipinos, 1763*. México, D.F.: Landucci, 2006.

Bonoeil, John. *Obseruations to be Followed, for the Making of Fit Roomes, to Keepe Silk-Wormes in: As Also, for the Best Manner of Planting of Mulberry Trees, to Feed Them. Published by Authority for the Benefit of the Noble Plantation in Virginia*. London: Imprinted by Felix Kyngston, 1620.

Calancha, Antonio de la (1584–1654). *Corónica moralizada del orden de San Agustín en el Perú*. Barcelona, 1638.

Careri, Gemelli, Giovanni Francesco, and Awnsham Churchill. *A Voyage Round the World: In Six Parts, Viz. I. of Turky. Ii. of Persia. Iii. of India. Iv. of China. V. of the Philippine Islands. Vi. of New Spain. [Vii. Containing the Most Remarkable Things He Saw in Spain, France and Italy]*. London: Printed for Henry Lintot and John Osborn, at the Golden-Ball in Paternoster row, 1744.

Cervantes de Salazar, Francisco. *Mexico en 1554*. Mexico, 1939.

Chimalpahin Cuauhtlehuanitzin, Domingo Francisco de San Antón Muñón (1579 1660), Susan Schroeder, and Francisco López de Gómara (1511–1564). *Chimalpahin's Conquest: A Nahua Historian's Rewriting of Francisco López de Gómara's La Conquista De México*.

Stanford, California: Stanford University Press, 2010.

Clennell, John. "The Natural, Chemical and Commercial History of Cochineal, For the Tradesman." *The Tradesman*, no. iv, vol. v, 14 (April 1815): 269–74.

Codex Sierra-Texupan (1550–1564). Benemerita Autonomous University of Puebla. Last accessed July 1, 2021. http://www.bidilafragua.buap.mx:8180/dig/browse/book_cover.jsp?key=book_9c680a.xml&id=docs_patrim.

Cortés, Hernaán (1485–1547). *Cartas De Relación De La Conquista De Méjico*. Colección Austral, V. Extra 547. Buenos Aires: Espasa-Calpe Argentina, 1945.

Cortés, Hernán, and J. H Elliott. *Letters from Mexico*. Edited by Anthony Pagden. New Haven: Yale University Press, 1986.

Damián González Arce, José. *Apariencia Y Poder: La Legislación Suntuaria Castel lana En Los Siglos Xiii Y Xv*. Jaén: Universidad de Jaén, 1998.

Gage, Thomas. *Thomas Gage's Travels in the New World*. Norman: University of Oklahoma Press, 1985.

———. *The English-American: A New Survey of the West Indies 1648*. Edited by A. P. Newton, and Arthur Percival Newton. Taylor & Francis Group, 2004.

Gómez de Cervantes, Gonzalo. *La vida económica y social de Nueva España al finalizar el siglo XVI*. Vol. xix, Biblioteca Histórica Mexicana de Obras Inéditas, Mexico, 1944.

González de Mendoza, Juan. *Historia de las cosas más notables, ritos y costumbres del gran reyno de la China*. Rome, 1585. Last accessed June 28, 2021. https://gal lica.bnf.fr/ark:/12148/bpt6k75292n.

Humboldt, von Alexander, Giorleny D Altamirano Rayo, and Tobias Kraft. *Political Essay on the Kingdom of New Spain: A Critical Edition*. Chicago: University of Chicago Press, 2019.

Humboldt, von Alexander, Kutzinski, Vera M., and Ette, Ottmar. *Political Essay on the Kingdom of New Spain*, Volume 2. Chicago: University of Chicago Press, 2020.

Mexico City (Mexico) Cabildo, and Ignacio Bejarano. "Canete to Philip II, April 12 1594." *Actas de Cabildo del Ayuntamiento de la ciudad de Mexico*, Vol. IX, 317.

Middleton, P. Harvey. *Industrial Mexico: 1919 Facts and Figures*. New York: Dodd, Mead, 1919.

Rickett, Allyn. *Guanzi: Political, Economic, and Philosophical Essays from Early China; a Study and Translation*. Boston: Cheng & Tsui, 2001.

Robertson, Alexander James, Emma Helen Blair, Edward Gaylord Bourne, and Antonio E. A. Defensor eds. *The Philippine Islands, 1493–1898*. Quezon City: Bank of the Philippines, 2013. Project Gutenberg.

Sempere y Guarinos, Juan (1754–1830), and Rico Giménez Juan. *Historia Del Lujo Y De Las Leyes Suntuarias De España*. Estudi General, Textos Valencians, 2. Valencia: Alfons el Magnànim, 2000.

Ulloa, Antonio de (1716–1795), Jorge Juan, and trans., John Adams. *A Voyage to South America*. New York: Knopf, 1964.

US Department of Defense. *The "Magic" Background of Pearl Harbor*. Washington: Dept. of Defense, U.S.A., 1978.

Veytia, Mariano Fernández Echeverría y (1718–ca.1780). Historia De La Fundación De La Ciudad De La Puebla De Los Angeles, 2 vols. Puebla, 1931; first edition published in 1790.

近代论著

中文

陈博翼:《亚洲的地中海：近代华人东南亚贸易组织研究评述》,《南洋问题研究》, 2016年第2期(总第166期)。

陈丽珍:《明清商业网络的活化研究》,《人文及管理学报》, 第6期(2009年11月)。

陈宗仁:《西班牙文献中的福建政局(1626—1642)——官员、海盗及海外敌国的对抗与合作》, 收入吕理政编,《帝国相接之界：西班牙时期台湾相关文献及图像论文集》, 台南:"台湾历史博物馆", 2006。

陈宗仁、李毓中、陈巧颖:《略述巴塞罗那大学所藏〈漳州话语法〉》,《闽南西班牙历史文献丛刊》, 2018, 于2021年7月8日访问: http://thup.site.nthu.edu.tw/var/file/210/1210/img/1088/380665250.pdf。

杜新豪:《地域转移、读者变更与晚明日用类书农桑知识的书写》,《中国农史》, 2020年第4期。

范金民:《贩番贩到死方休——明代后期(1567—1644年)的通番案》,《东吴历史学报》, 第18期(2007年)。

范金民:《16至19世纪前期中日贸易商品结构的变化——以生丝、丝绸贸易为中心》,《安徽史学》, 2012年第1期。

范金民:《衣被天下：明清江南丝绸史研究》, 南京：江苏人民出版社, 2016。

范金民、金文编:《江南丝绸史》, 南京：农业出版社, 1993。

郭文韬:《我国古代保护生物资源和合理利用资源的历史经验》,《自然资源》, 1984年第1期(总第6期)。

黄启臣:《明清珠江三角洲的商业与商业资本初探》, 收入广东历史学会编,《明清广东社会经济形态研究》，广州：广东人民出版社，1995。
黄维敏：《晚明大红大绿服饰时尚与消费心理探析：基于〈金瓶梅词话〉的文本解读》，《中华文化论坛》，2012年第6期。
李伯重：《从“夫妻并作”到“男耕女织”——明清江南农家妇女劳动问题探讨之一》，收入《多视角看江南经济史，1250—1850》，北京：生活·读书·新知三联书店，2003。
李伯重：《“男耕女织”与“半边天”角色的形成——明清江南农家妇女劳动问题探讨之二》，收入《多视角看江南经济史，1250—1850》。
林仁川：《明代漳州海上贸易的发展与海上反对税监高寀的斗争》，《厦门大学学报》，1982年第2期。
刘文龙：《马尼拉帆船贸易——太平洋丝绸之路》，《复旦学报》，1994年第5期。
罗荣渠：《中国与拉丁美洲的历史联系（十六至十九世纪）》，《北京大学学报》，1986年第2期。
梅影诗魂：《明代中晚期马面裙裙襕与衣服的搭配问题》，于2020年12月20日访问：https://weibo.com/ttarticle/p/show?id=2309404057428227403160。
聂开伟：《论漳缎艺术形式的历史沿承关系》，《辽宁丝绸》，2011年第3期。
潘吉星：《〈天工开物〉在国外的传播和影响》，《北京日报》，2013年1月，于2021年6月14日访问：http://m.cqn.com.cn/wh/content/2013-01/28/content_1739006.htm。
钱江：《十六到十八世纪国际间白银流动及其输入中国之考察》，《南洋问题研究》，1988年第2期。
全汉昇：《自明季至清中叶西属美洲的中国丝货贸易》，《中国文化研究所学报》，1971年第2期（总第4期）。
全汉昇：《明清间美洲白银的输入中国》，收入《中国经济史论丛》，第1册，北京：中华书局，2012。
唐文基：《福建古代经济史》，福州：福建教育出版社，1995。
王加华：《教化与象征：中国古代耕织图意义探释》，《文史哲》，2018年第3期。
王建革：《宋元时期家湖地区的水土环境与桑基农业》，《社会科学研究》，2013年第4期。
王建革：《明代家湖地区的桑基农业生境》，《中国历史地理论丛》，2013年第3期。
王兆木，陈跃华，陈友强：《红花》，北京：中国中医药出版社，2001。
巫仁恕：《品味奢华：晚明的消费社会与士大夫》，北京：中华书局，2008。
巫仁恕：《奢侈的女人——明清时期江南妇女的消费文化》，台北：三民书局股份有限公司，2018。
新华社：《墨西哥大使：一带一路高峰论坛促与会成员互联互通》，2021年3月21日。
叶显恩：《明清珠江三角洲商人与商人活动》，《中国史研究》，1987年第2期。

张金兰:《金瓶梅:女性服饰与文化》，台北：万卷楼图书有限公司，2001。
张铠:《中国与西班牙关系史》，北京：五洲传播出版社，2013。
张世均:《论十七世纪中国丝绸对拉美的影响》,《求索》，1992年第1期。
张湘雯:《海西集卉：清宫园囿中的外洋植物》,《故宫文物月刊》，2016年3月刊（总第396期）。
赵丰:《红花在古代中国的传播、栽培和应用——中国古代染料织物研究之一》,《中国农史》，1987年第3期。
赵丰:《唐代丝绸与丝绸之路》，西安：三秦出版社·陕西省新华书店经销，1992。
周安邦:《由明代日用类书〈农桑门〉中收录的农耕竹枝词探究吴中地区的蚕业活动》，兴大人文学报，2015年第9期（总第55期）。
周青:《河网、湿地与蚕桑——嘉湖平原生态史研究（9—17世纪）》，上海：复旦大学博士论文，2011。
朱鸿:《〈徐显卿宦迹图〉研究》,《故宫博物院院刊》，2011年第2期。
朱新予:《浙江丝绸史》，杭州：浙江人民出版社，1985。

外文

Anawalt, Patricia. “Costume and Control: Aztec Sumptuary Laws.” *Archaeology*, vol. 33, No. 1 (January/February 1980): 33–43.
Andrade, Tonio. “Beyond Guns, Germs, and Steel: European Expansion and Maritime Asia, 1400–1750.” *Journal of Early Modern History* 14, no. 1–2 (2010): 165–186.
Appadurai, Arjun, Ethnohistory Workshop (1983: University of Pennsylvania), and Symposium on the Relationship between Commodities and Culture (1984: Philadelphia, PA.). *The Social Life of Things: Commodities in Cultural Perspective*. Cambridge: Cambridge University Press, 1986.
Armitage, Patricia Careyn. “Silk Production and Its Impact on Families and Communities in Oaxaca, Mexico.” PhD diss., Iowa State University, 2008.
Arzáns de Orsúa y Vela, Bartolomé. *Historia De La Villa Imperial De Potosí*. Edited by Lewis Hanke and Gunnar Mendoza L. Providence: Brown University Press, 1965.
Ashcraft, Eve and Heather Smith MacIsaac. *The Right Color*. New York: Artisan, 2011.
Atwell, S William. “Another Look at Silver Imports into China, ca. 1635–1644.” *Journal of World History* 16, no. 4 (2005): 467–89.
Bagneris, Mia L. “Reimagining Race, Class, and Identity in the New World.” In *Behind Closed Doors: Art in the Spanish American Home, 1492–1898*, edited by Mia L Bagneris, Michael A Brown, Jorge Rivas, Suzanne L Stratton-Pruitt, Richard Aste, Brooklyn Museum, Albuquerque Museum, John and Mable Ringling Museum of Art,

and New Orleans Museum of Art, 161–208. Brooklyn, NY: Brooklyn Museum, 2013.

Bailey, A Gauvin. "A Mughal Princess in Baroque New Spain. Catarina de San Juan (1606–1688), The China Poblana." *Anales del Instituto de Investigaciones Esté ticas de la Universidad Nacional Autónoma de México, núm.* 71 (1997): 37–73.

Bancroft, Howe Hubert. *History of Mexico: Being a Popular History of the Mexican People from the Earliest Primitive Civilization to the Present Time*. New York: Bancroft Company, 1914.

Barrientos, Jesús. "The Sierra-Texupan Codex: Three Cultural Traditions, Two Writing Systems, and One Shopping List," June 28, 2019. Last accessed March 20, 2020. https://brewminate.com/the-sierra-texupan-codex-three-cultural-traditions two-writing-systems-and-one-shopping-list/.

Bazant, Jan. *Evolution of the Textile Industry of Puebla, 1544–1845*. Hague: Mouton, 1964.

Becerra, Bertha. "Relación China y México, en su mejor momento, dice el embajador Qiu Xiaoqi." *El Sol de México*, March 20, 2017. Last accessed June 30, 2021. https://www.elsoldemexico.com.mx/mexico/Relaci%C3%B3n-China y-M%C3%A9xico-en-su-mejor-momento-dice-el-embajador-Qiu-Xiaoqi-218837. html.

Berg, Maxine. "In Pursuit of Luxury: Global History and British Consumer Goods in the Eighteenth Century." *Past & Present* 182, no. 182 (2004): 85–142.

Bermejo, Saúl Martínez. "Beyond Luxury: Sumptuary Legislation in 17th-Century Castile." In *Making, Using and Resisting the Law in European History*, edited by Eero Medijainen Günther Lottes and Jón Viðar Sigurðsson, 93–108. Pisa: Plus-Pisa University Press, 2008.

Bigelow, Allison Margaret. "Gendered Language and the Science of Colonial Silk." *Early American Literature*, vol. 49, no. 2 (2014): 271–325.

Bjork, Katharine. "The Link that Kept the Philippines Spanish: Mexican Merchant Interests and the Manila Trade, 1571–1815." *Journal of World History* 9, no. 1 (1998): 25–50.

Blussé, Leonard. *Visible Cities: Canton, Nagasaki, and Batavia and the Coming of the Americans*. Cambridge, Mass. Harvard University Press, 2008.

Borah, Woodrah. *Silk Raising in Colonial Mexico*. Berkeley: University of California Press, 1949.

———. *Early Colonial Trade and Navigation between Mexico and Peru*. Berkeley and Los Angeles: University of California Press, 1954.

Boyer, E. Richard and Geoffrey Spurling eds. *Colonial Lives: Documents on Latin American History, 1550–1850*. New York: Oxford University Press, 2000.

Bray, Francesca. *Technology and Gender: Fabrics of Power in Late Imperial China*. Berkeley and Los Angeles: University of California Press, 1997.

Breward, Christopher. *The Culture of Fashion: A New History of Fashionable Dress*. Manchester: Manchester University Press, 1995.

Brook, Timothy. *The Confusions of Pleasure: Commerce and Culture in Ming China*. Berkeley: University of California Press, 1998.

———. "Communications and Commerce." In *The Cambridge History of China*, vol. 8, edited by Frederick W. Mote and Denis Twitchet, 579–707. Cambridge: Cambridge University Press, 1998.

———. *The Troubled Empire: China in the Yuan and Ming Dynasties*. Cambridge, MA: Belknap Press of Harvard University Press, 2010.

———. "Family Continuity and Cultural Hegemony: The Gentry of Ningbo, 1368 1911." In *Chinese Local Elites and Patterns of Dominance*, edited by Joseph Esherick and Mary Backus, 27–50. Berkeley: University of California Press, 1990.

Burke, Peter. "Res et Verba: Conspicuous Consumption in the Early Modem World." In *Consumption and the World of Goods*, edited by John Brewer and Roy Porter, 148–161. London and New York: 1994.

Burkholder, A. Mark. "Crown, Cross, and Lance in New Spain, 1521–1810: An Empire Beyond Compare." In *The Oxford History of Mexico*, edited by Michael C Meyer and William H Beezley, 115–150. New York: Oxford University Press, 2000.

Canepa, Teresa. *Silk, Porcelain and Lacquer: China and Japan and Their Trade with Western Europe and the New World, 1500–1644*. London: Paul Holberto publishing, 2016.

Carr, Dennis. "Asia and the New World." In *Made in the Americas: The New World Discovers Asia*, edited by Dennis Carr, Gauvin A Bailey, Timothy Brook, Mitchell Codding, Karina Corrigan, and Donna Pierce, 19–37. Boston, MA: Museum of Fine Arts Publications, 2015.

Chan, Albert. *The Glory and Fall of the Ming Dynasty*. Norman: University of Oklahoma Press, 1982.

Chang Pin-tsun. "The Rise of Chinese Mercantile Power in Maritime Southeast Asia, c. 1400–1700." *Crossroads Studies on the History of Exchange Relations in the East Asian World* 6 (2012): 205–230.

Chen, Bo-yi. "Beyond the Land and Sea: Diasporic South Fujianese in Hội An, Batavia, and Manila, 1550–1850." PhD diss., Washington University in St. Louis, 2019.

Chen, Buyun. *Empire of Style: Silk and Fashion in Tang China*. Seattle: University of

Washington Press, 2019.

———. "Wearing the Hat of Loyalty: Imperial Power and Dress Reform in Ming Dynasty China." In *The Right to Dress: Sumptuary Laws in a Global Perspective, 1200–1800*, edited by Giorgio Riello and Ulinka Rublack, 416–434. Cambridge: Cambridge University Press, 2019.

———. "Material Girls: Silk and Self-Fashioning in Tang China (618–907)." *Fashion Theory*, vol. 21, 1 (2017): 5–33.

Chen, Min-Sun [Chen Mingsheng]. *Mythistory in Sino-Western Contacts*. Ontario: Lakehead University Printing Services, 2003.

Chenciner, Robert. *Madder Red: A History of Luxury and Trade*. London: Routledge, 2011.

Chia, Lucille. "The Butcher, the Baker, and the Carpenter: Chinese Sojourners in the Spanish Philippines and Their Impact on Southern Fujian (Sixteenth-Eighteenth Centuries)." *Journal of the Economic and Social History of the Orient* 49, no. 4 (2006): 509–34.

Chuchiak, F John. *The Inquisition in New Spain, 1536–1820: A Documentary History*. Baltimore: Johns Hopkins University Press, 2012.

Ch'ü, T'ung-tsu. *Law and Society in Traditional China*. Paris: Mouton, 1961.

Clark, Hugh R. *Community, Trade, and Networks: Southern Fujian Province from the Third to the Thirteenth Century*. Cambridge: Cambridge University Press, 1991.

Clossey, Luke. "Merchants, Migrants, Missionaries, and Globalization in the Early Modern Pacific." *Journal of Global History* 1, no. 1 (2006): 41–58.

Clunas, Craig. *Superfluous Things: Material Culture and Social Status in Early Modern China*. Urbana: University of Illinois Press, 1991.

———. "Regulation of Consumption and the Institution of Correct Morality by the Ming State." In *Norms and the State in China*, edited by Chung-Chieh Huang and Erik Zürcher, 39–49. Leiden, the Netherlands: Brill, 1993.

———. *Fruitful Sites: Garden Culture in Ming Dynasty China*. Durham, NC: Duke University Press, 1996.

———. "Things in Between: Splendor and Excess in Ming China." In *The Oxford Handbook of the History of Consumption*, edited by Frank Trentmann, 47–63. New York: Oxford University Press, 2012.

Coclanis, Peter A. "Drang Nach Osten: Bernard Bailyn, the World-Island, and the Idea of Atlantic History." *Journal of World History* 13, no. 1 (2002): 169–182.

———. "Atlantic World or Atlantic /World?" *The William and Mary Quarterly*, vol. 63, no. 4 (October 2006): 725–742.

Crooks, Peter, and Timothy H. Parsons, eds. *Empires and Bureaucracy in World History: From Late Antiquity to the Twentieth Century*. Cambridge: Cambridge University Press, 2016.

Cushner, P. Nicholas. *Spain in the Philippines, from Conquest to Revolution*. Quezon City: Ateneo de Manila University, 1971.

Dauncey, Sarah. "Illusions of Grandeur: Perceptions of Status and Wealth in Late Ming Female Clothing and Ornamentation." *East Asian History*, 25/26 (2003): 43–68.

de Vries, Jan. "The Limits of Globalization in the Early Modern World." *The Economic History Review* 63, no. 3 (2010): 710–733.

de Zwart, Pim. "Globalization in the Early Modern Era: New Evidence from the Dutch-Asiatic Trade, c. 1600–1800." *Journal of Economic History* 76, no. 2 (2016): 520–58.

Donkin, A. Robert. *Spanish Red: An Ethnogeographical Study of Cochineal and the Opuntia Cactus*. Philadelphia: American Philosophical Society, 1977.

Dreyer, Edward L. *Zheng He: China and the Oceans in the Early Ming Dynasty, 1405–1433*. The Library of World Biography. New York: Pearson Longman, 2007.

Dunmire, W. William. *Gardens of New Spain: How Mediterranean Plants and Foods Changed America*. Austin: University of Texas Press, 2004.

Earle, Rebecca. "'Two Pairs of Pink Satin Shoes!!' Race, Clothing and Identity in the Americas (17th-19th Centuries)." *History Workshop Journal*, 52 (2001): 175–195.

———. "Luxury, Clothing and Race in Colonial Spanish America." In *Luxury in the Eighteenth Century: Debates, Desires and Delectable Goods*, edited by Maxine Berg and Elizabeth Eger, 219–27. Houndmills, Balsingstoke, and Hampshire: Palgrave, 2003.

———. "Race, Clothing and Identity: Sumptuary Laws in Colonial Spanish America." In Riello and Rublack eds., *The Right to Dress: Sumptuary Laws in a Global Perspective, 1200–1800*, 325–45.

Ebrey, Patricia B. "Sericulture." *A Visual Sourcebook of Chinese Civilization*. Last accessed June 3, 2021. https://depts.washington.edu/chinaciv/clothing/11sericu.htm#:~:text=If%20properly%20coddled%2C%20the%20worms,produce%20 one%20pound%20of%20silk.

Feng, Menglong, Shuhui Yang, and Yunqin Yang. *Stories to Awaken the World*. A Ming Dynasty Collection, vol. 3. Seattle: University of Washington Press, 2009.

Fernando, Cauti Iwasaki. "La Primera Navegación Transpacífica." *Extremo Oriente y Perú en el siglo XVI*. Spain: Editorial MAPFRE, 1992.

Finnane, Antonia. "Yangzhou's 'Mondernity' : Fashion and Consumption in the Early-Nineteenth-Century World." *Positions: East Asia Cultures Critique* 11, no. 2 (2003): 395–425.

———. *Changing Clothes in China: Fashion, History, Nation*. New York: Columbia University Press, 2008.

Fisher, Carney T. *The Chosen One: Succession and Adoption in the Court of Ming Shizong*. Boston: Allen & Unwin, 1990.

Fisher, Sue Abby. "Trade Textiles: Asia and New Spain." In Mayer Center Symposium, Pierce et al., eds. *Asia & Spanish America: Trans-Pacific Artistic and Cultural Exchange, 1500–1850*, 175–90.

Flynn O. Dennis and Arturo Giráldez. "Arbitrage, China and World Trade in the Early Modern Period." *Journal of the Economic and Social History of the Orient* 38, 4 (1995): 429–48.

———. "Silk for Silver: Manila-Macao Trade in the 17th Century." *Philippine Studies* vol. 44, no. 1 (1996): 52–68.

———. "Path Dependence, Time Lags and the Birth of Globalization: A Critique of O'rourke and Williamson." *European Review of Economic History* 8, no. 1 (2004): 81–108.

François, Gipouloux. *The Asian Mediterranean: Port Cities and Trading Networks in China, Japan and South Asia, 13th–21st Century*. Cheltenham, UK: Edward Elgar, 2011.

Frankopan, Peter. *The Silk Roads: A New History of the World*. New York: Alfred A. Knopf, 2016.

Freudenberger, Herman. "Fashion, Sumptuary Laws, and Business." *The Business History Review* 37, no. 1/2 (1963): 37–48.

Gabriel Angulo ed. *Colonial Spanish Sources for Indian Ethnohistory at the Newberry Library* M.A LIS. Last accessed June 29, 2021. https://www.newberry. org/sites/default/ files/researchguide-attachments/ColonialSpanishSourcesforIndi anEthnohistory.pdf.

Gasch-Tomás, José Luis. "Asian Silk, Porcelain and Material Culture in the Definition of Mexican and Andalusian Elites, c. 1565–1630." In *Global Goods and the Spanish Empire, 1492–1824: Circulation, Resistance and Diversity*, edited by Bethany Aram and Bartolomé Yun Casalilla, 153–173. Houndmills, UK: Palgrave Macmillan, 2014.

———. "Transport Costs and Price of Chinese Silk in the Spanish Empire: The Case of New Spain, C. 1571–1650." *Revista de Historia Industrial*, 24, 60 (2015): 15–47.

———. *The Atlantic World and the Manila Galleons*. Leiden, the Netherlands: Brill, 2018.

———. "The Manila Galleon and the Reception Chinese Silk in New Spain, c 1550 1650." In Schäfer, Riello, and Molà eds., *Threads of Global Desire: Silk in the Pre-Modern World*, 251-264.

Gay, José Antonio. *Historia De Oaxaca*. "Sepan Cuantos," 373. México: Editorial Porrúa, 1998.

Gealogo, Francis A. "Population History of Cavité during the Nineteenth Century." *Journal of History* 51, nos. 1-4 (January-December 2005): 308-339.

Gebhardt, Jonathan. "Microhistory and Microcosm: Chinese Migrants, Spanish Empire, and Globalization in Early Modern Manila." *Journal of Medieval and Early Modern Studies* 47, no. 1 (2017): 167-92. https://doi.org/10.1215/10829636 3716626.

Gerritsen, Anne. *The City of Blue and White: Chinese Porcelain and the Early Modern World*. Cambridge: Cambridge University Press, 2020.

Giráldez, Arturo. *The Age of Trade: The Manila Galleons and the Dawn of the Global Economy*. Lanham, MD: Rowman & Littlefield, 2015.

Gitlin, Jay, Barbara Berglund, and Adam Arenson. *Frontier Cities: Encounters at the Crossroads of Empire*. Philadelphia: University of Pennsylvania Press, 2013.

Grace, Leslie. *460 Years of Silk in Oaxaca, Mexico*. University of Nebraska, Lincoln, 2004. Last accessed July 21, 2017. http://digitalcommons.unl.edu/tsaconf/482.

Grajales Porras, Agustín. "La China Poblana: Indian Princess, Slave, Married Yet Virgin, Beatified Yet Condemned." In *India-Mexico: Similarities and Encounters throughout History*, edited by Eva Alexandra Uchamny, 110-137. New Delhi: Indian Council for Cultural Relations, 2003.

Graubart, B. Karen. "The Creolization of the New World: Local Forms of Identification in Urban Colonial Peru, 1560-1640." *Hispanic American Historical Review* 89, 3 (2009): 471-499.

Guampedia. "Navigation and Cargo of the Manila Galleons." Last accessed December 8, 2020. https://www.guampedia.com/navigation-and-cargo-of-the-manila -galleons/.

Hammers, Roslyn Lee. *Pictures of Tilling and Weaving: Art, Labor and Technology in Song and Yuan China*. Hong Kong: Hong Kong University Press, 2011.

———. *The Imperial Patronage of Labor Genre Paintings in Eighteenth-Century China*. Milton: Taylor & Francis Group, 2021.

Hartwell, Robert M. "Demographic, Political and Social Transformations of China, 750-1550." *Harvard Journal of Asian Studies* 42, 2 (1982): 365-442.

Han, Jing. "The Historical and Chemical Investigation of Dyes in High-Status Chinese Costume and Textiles of the Ming and Qing Dynasties (1368-1911)." PhD thesis,

University of Glasgow, 2016.

Hang, Xing. *Conflict and Commerce in Maritime East Asia: The Zheng Family and the Shaping of the Modern World, c. 1620–1720*. Cambridge University Press, 2015.

Haring, C. H. *Trade and Navigation between Spain and the Indies in the Time of the Hapsburgs*. Gloucester, Mass: P. Smith, 1964.

He Yuming. *The Home and the World: Editing the "Glorious Ming" in Woodblock Printed Books of the Sixteenth and Seventeenth Centuries*. Cambridge, MA: Harvard University Asia Center, 2013.

Hegel, Robert E. *Reading Illustrated Fiction in Late Imperial China*. Stanford, CA: Stanford University Press, 1998.

Heng, Derek Thiam Soon. *Sino-Malay Trade and Diplomacy from the Tenth through the Fourteenth Century*. Athens: Ohio University Press, 2009.

Ho, Ping-ti. *Studies on the Population of China, 1368–1953*. Cambridge, MA: Harvard University Press, 1959.

Hoàng, Anh Tuan. *Silk for Silver: Dutch-Vietnamese relations, 1637–1700*. Leiden, the Netherlands: Brill, 2007.

Hoberman, Louisa. *Mexico's Merchant Elite, 1590–1660*. Durham, NC: Duke University Press, 1991.

Huang, Ray. *Fiscal Administration during the Ming Dynasty*. New York: Columbia University Press, 1969.

Hucker, Charles O. *The Traditional Chinese State in Ming Times (1368–1644)*. Tucson: University of Arizona Press, 1961.

Hunt, Alan. *Governance of the Consuming Passions: A History of Sumptuary Law*. New York: St. Martin's Press, 1996.

Hunt, Lynn. *Writing History in the Global Era*. New York: W. W. Norton, 2015.

Hunt, Patrick. "Late Roman Silk: Smuggling and Espionage in the 6th Century CE." Stanford University. Last accessed November 25, 2020. https://archive.is/20130626180730/http:/traumwerk.stanford.edu/philolog/2011/08/byzantine_silk_smuggling_and_e.html.

Israel, Jonathan I. *Race, Class, and Politics in Colonial Mexico, 1610–1670*. London: Oxford University Press, 1975.

Kamen, Henry. *Golden Age Spain*. Houndmills, Basingstoke, Hampshire: Palgrave Macmillan, 2004.

Karras, Alan L. *Smuggling: Contraband and Corruption in World History*. Lanham, MD: Rowman & Littlefield, 2010.

Kelleher, M. Theresa, "San-ts'ung ssu-te." In *The Illustrated Encyclopedia of Confucianism*, edited by Rodney L. Taylor and Howard Y. F. Choy, 496. New York: The Rosen Publishing Group, 2005.

Kenji, Igawa. "At the Crossroads: Limahon and Wakō in Sixteenth-century Philippines." In *Elusive Pirates, Pervasive Smugglers*, edited by Robert J. Antony, 73–84. Hong Kong University Press, 2010.

Kim, Yong-sik. *Questioning Science in East Asian Contexts: Essays on Science, Confucianism, and the Comparative History of Science*. Leiden, the Netherlands: Brill, 2014.

Ko, Dorothy. *Teachers of the Inner Chambers: Women and Culture in Seventeenth Century China*. Stanford, CA: Stanford University Press, 1994.

Lacan, Jacques. *The Four Fundamental Concepts of Psychoanalysis*. New York: W. W. Norton, 1998.

Lam, Joseph S. C. *State Sacrifices and Music in Ming China: Orthodoxy, Creativity, and Expressiveness*. Albany: State University of New York Press, 1998.

Lee, L. Raymond. "Cochineal Production and Trade in New Spain to 1600." *The Americas* 4, no. 4 (1948): 449–473.

Leibsohn, Dana and Barbara Mundy, eds. *Vistas: Visual Culture in Spanish America, 1520–1820*, 2015. Last accessed July 21, 2017. http://vistas-visual-culture.net.

Leibsohn, Dana and Meha Priyadarshini eds. "Transpacific: Beyond Silk and Silver." *Colonial Latin American Review* 25, 1 (2016): 1–17.

Lemire, Beverly. *Global Trade and the Transformation of Consumer Cultures: The Material World Remade, c. 1500–1820*. Cambridge: Cambridge University Press, 2018.

Lemire, Beverly, and Giorgio Riello. "East & West: Textiles and Fashion in Early Modern Europe." *Journal of Social History* 41, no. 4 (2008): 887–916.

———. *Dressing Global Bodies: The Political Power of Dress in World History*. Abingdon, Oxon: Routledge, 2019.

Li, Qingxin and William W. Wang. *Maritime Silk Road*. Beijing: China Intercontinental Press, 2006.

Licuanan, Benitez Virginia and José Llavador Mira, eds. *The Philippines under Spain: A Compilation and Translation of Original Documents*, vol. 4. Manila: National Trust for Historical and Cultural Preservation of the Philippines, 1990.

Lipovetsky, Gilles. *The Empire of Fashion: Dressing Modern Democracy*. Princeton, NJ: Princeton University Press, 1994.

Lipsett-Rivera, Sonya. "Clothing in Colonial Spanish America." In *Iberia and the*

Americas: Culture, Politics, and History: A Multidisciplinary Encyclopedia, edited by Michael J. Francis, 239–45. Santa Barbara, CA: ABC-CLIO, 2006.

Liu, Xiaoyi. "Clothing, Food and Travel: Ming Material Culture as Reflected in Xing shi yinyuan zhuan." PhD diss., University of Arizona, 2010.

Lockard, Craig. "'The Sea Common to All': Maritime Frontiers, Port Cities, and Chi nese Traders in the Southeast Asian Age of Commerce, c. 1400–1750." *Journal of World History* 21, 2 (2010): 219–247, 225.

Look Lai, Walton and Chee-Beng Tan. *The Chinese in Latin America and the Carib bean. Leiden*, the Netherlands: Brill, 2010.

Marks, B. Robert. *Tigers, Rice, Silk, and Silt: Environment and Economy in Late Imperial South China*. Cambridge: Cambridge University Press, 1998.

———. *The Origins of the Modern World: A Global and Environmental Narrative from the Fifteenth to the Twenty-First Century*. Lanham, MD: Rowman & Little field, 2015.

Marmé, Michael. *Suzhou: Where the Goods of All the Provinces Converge*. Stanford, CA: Stanford University Press, 2005.

Marsh, Ben. "Spain and New Spain." In *Unraveled Dreams: Silk and the Atlantic World, 1500–1840*, 43–97. Cambridge: Cambridge University Press, 2020.

Mayer Center Symposium, Donna Pierce, Ronald Y. Otsuka, Frederick, Jan Mayer Center for Pre-Columbian and Spanish Colonial Art, and Denver Art Museum, eds. *Asia & Spanish America: Trans-Pacific Artistic and Cultural Exchange, 1500–1850: Papers from the 2006 Mayer Center Symposium at the Denver Art Museum*. Denver, CO: Denver Art Museum, 2009.

Maynes, Mary Jo. "Technology, Entrepreneurialism, the Household, and the State: the European Textile Labor Force in the Long Eighteenth Century." Unpublished paper for American Society for Eighteenth-Century Studies Conference, Minneapolis, MN, 30 March-2 April 2017, 4.

McAlister, N. Lyle. Spain and Portugal in the New World, 1492–1700. Minneapolis: University of Minnesota Press, 1984.

McCants, E. C. Anne. "Exotic Goods, Popular Consumption, and the Standard of Living: Thinking About Globalization in the Early Modern World." Journal of World History 18, no. 4 (2007): 433–462.

McCarthy, J. William. "Between Policy and Prerogative: Malfeasance in the Inspec tion of the Manila Galleons at Acapulco, 1637." Colonial Latin American Histori cal Review 2, no. 2 (Spring 1993), 163–183.

Metropolitan Museum of Art. "From Spaniard and Mulatta, Morisca (De español y de mulata, morisca)." Last accessed April 21, 2020. https://www.metmuseum.org/art/collection/search/719284.

Miller, Hubert J. *Juan de Zumarraga: First Bishop of Mexico*. Edinburg, TX: New Santander Press, 1973.

Molà, Luca. *The Silk Industry of Renaissance Venice*. Baltimore, MD: Johns Hopkins University Press, 2000.

Newberry Library. "The Persistence of Nahua Culture," *The Aztecs and the Making of Colonial Mexico*, virtual exhibition, 2006–2007. Last accessed June 29, 2021. https://publications.newberry.org/aztecs/section_4_home.html.

Ng, Chin-Keong. *Trade and Society: The Amoy Network on the China Coast, 1683 1735*. Singapore: National University of Singapore Press, 2015.

Ngan, Quincy. "Indigo in Two Fifteenth-Century Chinese Paintings." Unpublished Talk at Seattle Asian Art Museum, October 31, 2020.

O'Brien, Patrick. "Historiographical Traditions and Modern Imperatives for the Restoration of Global History." *Journal of Global History* 1, no. 1 (2006): 3–39.

Oleksy, Walter G. *Maps in History*. New York: Franklin Watts, 2002.

O'Rourke, H Kevin and Jeffrey G Williamson. "When Did Globalisation Begin?" *European Review of Economic History* 6, no. 1 (2002): 23–50.

Parker, Geoffrey, and Lesley M Smith. *The General Crisis of the Seventeenth Century*. London: Routledge, 1997.

Perez, E Pablo. *Spain's Men of the Sea: Daily Life on the Indies Fleet in the Sixteenth Century*. Baltimore, MD: Johns Hopkins University Press, 1998.

Phillips, Amanda. "The Localisation of the Global: Ottoman Silk Textiles and Markets, 1500–1790." In Schäfer, Riello, and Molà eds., *Threads of Global Desire*, 103–123.

Phipps, J. Elena. "Textiles as Cultural Memory: Andean Garments in the Colonial Period." In *Converging Cultures: Art and Identity in Spanish America*, edited by Diana Fane, Brooklyn Museum, Phoenix Art Museum, and Los Angeles County Museum of Art, 148–52. The Brooklyn Museum, NY 1997.

———. *The Colonial Andes: Tapestries and Silverwork, 1530–1830*. New York: Metropolitan Museum of Art, 2004.

———. "The Iberian Globe: Textile Traditions and Trade in Latin America." In *Interwoven Globe: The Worldwide Textile Trade, 1500–1800*, edited by Amelia Peck, 28–45. New York: Metropolitan Museum of Art, 2013.

———. "'Tornesol:' a Colonial synthesis of European and Andean textile traditions." *Textile Society of America Symposium Proceedings* (2000): 221–30. Last accessed

November 15, 2018. http://digitalcommons.unl.edu/tsaconf/834.

Pierce, Donna. "De Chino, e India, Genizara," 2015. Last accessed June 2, 2021. https://www.denverartmuseum.org/en/object/2011.428.14.

Pomeranz, Kenneth. *The Great Divergence: China, Europe, and the Making of the Modern World Economy*. Princeton, NJ: Princeton University Press, 2000.

Puerta, Ruth de la. "Sumptuary Legislation and Restriction on Luxury in Dress." In *Spanish Fashion at the Courts of Early Modern Europe*. Confluencias, vol. 1, eds. Colomer José Luis, and Amalia Descalzo, 209–32. Madrid: Centro de Estudios Europa Hispánica, 2014.

Qiu, Xiaoqi. "Revigoricemos la 'Ruta Marítima de la Seda'." *El Sol de México*, March 12, 2014.

Quan, Han-sheng. "The Chinese Silk Trade with Spanish America From the Late Ming to the Mid-Ch'ing Period." In *Studia Asiatica: Essays in Felicitation of the Seventy fifth Anniversary of Professor Ch'en Shou-yi*, edited by Laurence G. Thompson, 99–117. San Francisco: Chinese Materials Center, Inc., 1975.

Rahmathulla, V. K. "Management of Climatic Factors for Successful Silkworm (bombyx Mori L.) Crop and Higher Silk Production: A Review." *Psyche: A Journal of Entomology* (2012): 1–12.

Rees, E William. "Globalization and Sustainability: Conflict or Convergence?" *Bulletin of Science, Technology & Society* 22, no. 4 (2016): 249–68.

Reid, Anthony. *Southeast Asia in the Age of Commerce, 1450–1680*. New Haven CT: Yale University Press, 1988.

Riello, Giorgio. "Textile Spheres: Silk in a Global and Comparative Context." In Schäfer, Riello, and Molà eds., *Threads of Global Desire*, 323–41.

———. "Fashion and the Four Parts of the World: Time, Space and Change in the Early Modern Period." In Sugiura ed., *Linking Cloth/Clothing Globally*, 133–159.

———. *Cotton: The Fabric That Made the Modern World*. Cambridge: Cambridge University Press, 2013.

Riello, Giorgio and Ulinka Rublack eds. *The Right to Dress: Sumptuary Laws in a Global Perspective, 1200–1800*. Cambridge: Cambridge University Press, 2019.

Rinaldi, Bianca Maria ed. *Ideas of Chinese Gardens: Western Accounts, 1300–1860*. Philadelphia: University of Pennsylvania Press, 2016.

Robins, Nicholas A, and Nicole A Hagan. "Mercury Production and Use in Colonial Andean Silver Production: Emissions and Health Implications." *Environmental Health Perspectives* 120, 5 (2012): 627–31.

Root, A. Regina. *The Latin American Fashion Reader*. New York: Berg, 2005.

Rublack, Ulinka. *Dressing Up: Cultural Identity in Renaissance Europe*. Oxford: Oxford University Press, 2010.

Rustomji-Kerns, Roshni. "Mirrha-Catarina de San Juan: From India to New Spain." *Amerasia Journal* 28, no. 2 (2002): 29–37.

Sahagún, Bernardino de and Manuel Ballesteros Gaibrois. *Codices Matritenses De La Historia General De Las Cosas De La Nueva España De La Nueva España De Fr. Bernardino De Sahagun*. Madrid: Ediciones José Porrua Turanzas, 1964.

Schäfer, Dagmar. "Power and Silk: The Central State and Localities in State-Owned Manufacture During the Ming Reign (1368–1644)." In Schäfer, Riello, and Molà eds., Threads of Global Desire, 21–48.

———. The Crafting of the 10,000 Things: Knowledge and Technology in Seven teenth-Century China. Chicago: University of Chicago Press, 2011.

Schäfer, Dagmar, Giorgio Riello, and Luca Molà. *Threads of Global Desire: Silk in the Pre-Modern World*. Woodbridge, UK: Boydell Press, 2018.

Schlesinger, Jonathan. *A World Trimmed with Fur: Wild Things, Pristine Places, and the Natural Fringes of Qing Rule*. Stanford, CA: Stanford University Press, 2017.

Scholes, V. France. "Tributos de los Indios de la Nueva Espaiia, 1536." *Boletin del Archivo General de la Nacidn*, VII (April, 1936): 185–226.

Schottenhammer, Angela. "The 'China Seas' in World History: A General Outline of the Role of Chinese and East Asian Maritime Space from Its Origins to c. 1800." *Journal of Marine and Island Cultures* 1, no. 2 (2012): 63–86.

———. "East Asia's Other New World, China and the Viceroyalty of Peru: A Neglected Aspect of Early Modern Maritime History." *The Medieval History Journal* 23, 2 (2020): 1–59.

Schroer, Haley. "Race versus Reality: The Creation and Extension of the Racial Caste System in Colonial Spanish America." PhD diss., Texas Christian University, 2016.

Schurz, Lytle William. *The Manila Galleon*. New York: E. P. Dutton, 1939.

Screech, Timon. *Sex and the Floating World: Erotic Images in Japan, 1700–1820*. London: Reaktion Books, 1999.

Seijas, Tatiana. "Inns, Mules, and Hardtack for the Voyage: The Local Economy of the Manila Galleon in Mexico." *Colonial Latin American Review* 25, 1 (2006): 56–76.

Sheng, Angela. "Why Velvet? Localized Textile Innovation in Ming China." In Schäfer, Riello, and Molà eds., *Threads of Global Desire*, 49–74.

Shih, Min-hsiung. *The Silk Industry in Ch'ing China*. Ann Arbor: Center for Chinese

Studies, University of Michigan, 1976.

Shively, H. Donald. “Sumptuary Regulation and Status in Early Tokugawa Japan.” *Harvard Journal of Asiatic Studies* 25 (1964): 123–23.

Silberstein, Rachel. “Eight Scenes of Suzhou: Landscape Embroidery, Urban Courtesans, and Nineteenth-Century Chinese Women’s Fashions.” *Late Imperial China* 36, no. 1 (2015): 1–52.

———. *A Fashionable Century: Textile Artistry and Commerce in the Late Qing*. Seattle: University of Washington Press, 2020.

Silk Road Briefing, “The Belt & Road Initiative in Mexico & Central America,” October 23, 2020. Last accessed June 30, 2021. https://www.silkroadbriefing.com/news/2019/05/27/belt-road-initiative-mexico-central-america/.

Simmel, Georg. “Fashion.” *American Journal of Sociology*, vol. 62 (1957): 541–558.

Slack Jr., R. Edward. “Orientalizing New Spain: Perspectives on Asian Influence in Colonial Mexico.” *México Y La Cuenca Del Pacífico* 43, no. 43 (2012): 97–127.

———. “The Chinos in New Spain: A Corrective Lens for a Distorted Image.” *Journal of World History*, 20 (2009): 35–67.

Smart, Alan and Filippo M. Zerilli. “Extralegality.” In *A Companion to Urban Anthropology*, edited by Donald M. Nonini, 222–38. New Jersey: John Wiley and Sons, 2014.

Smarthistory. “Teaching Guide: Constructing identity in the Spanish colonies in America.” in *Smarthistory*, March 10, 2020. Last accessed April 21, 2020. https://smarthistory.org/seeing-america-2/social-structures/teaching-guide-constructing identity-in-the-spanish-colonies-in-america/.

So, Y. Alvin. *The South China Silk District: Local Historical Transformation and World-System Theory*. Albany: State University of New York Press, 1986.

Souza, Bryan George. *The Survival of Empire: Portuguese Trade and Society in China and the South China Sea 1630–1754*. Cambridge, UK: Cambridge University Press, 2004.

Spate, O. H. K. *The Pacific Since Magellan*. Canberra: Australian National University Press, 1979.

Subrahmanyam, Sanjay. “Connected Histories: Notes Towards a Reconfiguration of Early Modern Eurasia.” *Modern Asian Studies* 31, no. 3 (1997): 735–62.

Sugiura, Miki. “Introduction: Towards Global Studies of Use and Value of Cloth/Clothing c. 1700–2000.” In *Linking Cloth/Clothing Globally: The Transformations of Use and Value, Eighteenth to Twentieth Centuries*, 6–17. Tokyo: Hosei University, 2019.

Taylor, B. William. “Town and Country in the Valley of Oaxaca.” In *Provinces of Early*

Mexico: Variants of Spanish American Regional Evolution, eds. Ida Altman and James Lockhart, 63–95. Los Angeles: University of California Press UCLA Latin American Center, 1976.

Terraciano, Kevin. "Parallel Nahuatl and Pictorial Texts in the Mixtec Codex Sierra Texupan." *Ethnohistory*, vol. 62, no. 3 (2015): 497–524.

———. *Codex Sierra: A Nahuatl-Mixtec Book of Accounts from Colonial Mexico*. Norman: University of Oklahoma Press, 2021.

Thomas, F. Matthew. "Pacific Trade Winds: Towards a Global History of the Manila Galleon." PhD diss., College of William & Mary, 2011.

Thorstein, Veblen and Stuart Chase. *The Theory of the Leisure Class: An Economic Study of Institutions*. New York: Modern library, 1934.

Tortora, Phyllis G. and Keith Eubank. *Survey of Historic Costume: A History of Western Dress*. New York: Fairchild Publications, 2010.

Tremml, Birgit. *Spain, China and Japan in Manila, 1571–1644: Local Comparisons and Global Connections*. Amsterdam: Amsterdam University Press, 2015.

Turner, Francis. "Money and Exchange Rates in 1632." Last accessed June 8, 2021. https://1632.org/1632-tech/faqs/money-exchange-rates-1632/.

Turner, S. Terence. "The Social Skin." *Hau: Journal of Ethnographic Theory* 2, no. 2 (2012): 486–504.

Vainker, S. J. *Chinese Silk: A Cultural History*. London: British Museum Press, 2004.

Valle-Arizpe, Artemio de. *História De La Ciudad De México Segun Los Relatos De Sus Cronistas*. Mexico: Departamento del Distrito Federal, 1998.

Vilches, Elvira. *New World Gold: Cultural Anxiety and Monetary Disorder in Early Modern Spain*. Chicago: University of Chicago Press, 2010.

von Glahn, Richard. *Fountain of Fortune: Money and Monetary Policy in China, 1000–1700*. Berkeley: University of California Press, 1996.

Wallerstein, Immanuel. *The Modern World System I: Capitalist Agriculture and the Origins of the European World-Economy in the Sixteenth Century*. New York.: Academic Press, 1974.

———. *The Modern World System II Mercantilism and the Consolidation of the Euro pean World-Economy, 1600–1750*. Berkeley: University of California Press, 2011.

Walker, J. Tamara. *Exquisite Slaves: Race, Clothing, and Status in Colonial Lima*. Cambridge: Cambridge University Press, 2017.

Waltner, Ann. *Getting an Heir: Adoption and the Construction of Kinship in Late Imperial China*. Honolulu: University of Hawaii Press, 1990.

———. “Picturing the Ideal Peasant: ‘Pictures of Tilling and Weaving’ and the House hold Economy in Eighteenth-Century China.” Unpublished paper for American So ciety for Eighteenth-Century Studies Conference, Minneapolis, MN, 30 March-2 April 2017.

Wang, Guojun. *Staging Personhood: Costuming in Early Qing Drama*. New York: Columbia University Press, 2020.

Wang, Lianming. “The Last Gift from Beijing: The Jesuits and the Eighteenth-century Sino-European Botanical Exchanges.” Unpublished talk at the Virtual International Conference “Cosmopolitan Pasts of China and the Eurasian World” , Institute of Sinology and the LMU Mentoring Excellence Program, June 18, 2021.

Wang, Yuanfei. “From Java to Moluccas: A Comparative Study of Fletcher's Island Princess and Luo Maodeng's Eunuch Sanbao.” Unpublished paper for the Associa tion for Asian Studies Annual Virtual Conference, March 22–26, 2021.

Warsh, A. Molly. *American Baroque: Pearls and the Nature of Empire, 1492–1700*. Williamsburg, VA: Omohundro Institute of Early American History and Culture, 2019.

Watt, Gary. *Dress, Law and Naked Truth: A Cultural Study of Fashion and Form*. London: Bloomsbury, 2013.

Wei, Luo. “A Preliminary Study of Mongol Costumes in the Ming Dynasty.” *Social Sciences in China*. 39, 1 (2018): 165–185.

White, Sophie. “Geographies of Slave Consumption.” *Winterthur Portfolio* 45, 2/3 (2011): 229–48.

Wills, John E. Jr. “Relations with Maritime Europeans: 1514–1662.” In Mote and Twitchet eds., *The Cambridge History of China*, vol. 8, 333–75.

Wong, R. Bin. “Chinese Views of the Money Supply and Foreign Trade, 1400 1850.” *Studies in the Economic History of the Pacific Rim*, edited by Sally M. Miller, A. J. H. Latham, and Dennis O. Flynn, 172–80. London: Routledge, 1997.

Wood, Frances. *The Silk Road: Two Thousand Years in the Heart of Asia*. Berkeley: University of California Press, 2002.

Wunder, Amanda. “Spanish Fashion and Sumptuary Legislation from the Thirteenth to the Eighteenth Century.” In Riello and Rublack eds., *The Right to Dress: Sumptuary Laws in a Global Perspective, 1200–1800*, 243–72.

Yoshida, Masako 吉田雅子 . “The Embroidered Velvet Jinbaori Jacket Purportedly Owned by Toyotomi Hideyoshi: Its Place of Production, Date, and Background 伝秀吉所用の花葉文刺繍ビロード陣羽織——制作地、制作年代、制作背景の 推定 .” *Bijutsushi-Journal of the Japan Art History Society*, No.167, *Japan Art History Society*, 59, no. 1 (2009): 1–16.

Yuan, Zujie. "Dressing the State, Dressing the Society: Ritual, Morality, and Conspicuous Consumption in Ming Dynasty China." PhD thesis, University of Minnesota, 2002.

———. "Dressing for Power: Rite, Costume, and State Authority in Ming Dynasty China." *Frontiers of History in China* 2, no. 2 (2007): 181–212.

Zamperini, Paola. "Clothes that Matter: Fashioning Modernity in Late Qing Novels." *Fashion Theory* 5.2 (2001): 195–214.

索 引

A

Acapulco 阿卡普尔科 68，73，75，79，87，92，124，128
Acasta, Joseph de 约瑟夫·德·阿卡斯塔，50
Accumulated Prosperity of the Imperial City (Huangdu jisheng tu)《皇都积胜图》，109—110
Appadurai, Arjun 阿尔君·阿帕杜莱，17，145
Arrázola, Francisco de 弗朗西斯科·德·阿拉佐拉，78
Atwell, William 艾维泗，88

B

bans and restrictions 禁令与限制：delicate patterns, prohibitions on 对精美纹饰的禁令，150，171；Fu, comments on silk trade bans 傅元初对于禁令的评论，79—80；as ineffective 无效的禁令，96—97；Spanish bans on transpacific trade 西班牙对于跨太平洋贸易的禁令，68，179
Barreto de Castro, Isabel 伊莎贝尔·巴雷托·德·卡斯特罗，124
Berg, Maxine 马克辛·博格，25
Bilateral Investment Treatises (BIT) 双边投资协定，183
Bocarro, António 安东尼奥·博卡罗，84
boletas (ballots) system "选票" 制度，78
Bonoeil, John 约翰·博诺尔，29
Book of Guanzi (Guanzi)《管子》，148
Borah, Woodrow 伍德罗·博拉，6，50，58
Breward, Christopher 克里斯托弗·布瑞瓦德，116
brocade 锦缎："Brocade Weaving" poem《攀花》诗提到的锦缎，30，41；Japanese brocade 日本锦缎，115；luxury, as a sign of 锦缎作为奢华的标志，76，112，119，159；Song brocade 宋代锦缎，113；sumptuary laws, use regulated by 用以管制锦缎使用的禁奢令，153，160
Brook, Timothy 卜正民，14，46，106，138
Burke, Peter 彼得·伯克，109
buzi (insignia badges) 补子，129

C

caja (chest) system 钱箱制度，50—51
Calancha, Antonio de la 安东尼奥·德拉·卡兰查，163
Calbacho, Luís 路易斯·卡尔巴乔，59
Canton region 广州：广州地区，79，83，91，110，113；in Mulberry Embankment and Fish Pond model 广东的桑基鱼塘模式，45—46；overseas trade, merchant participation in, 广州商人参与的海外贸易，78，84；Suzhou, competing with 广州与苏州的竞争，34，182
Careri Gemelli, John Francis 约翰·弗朗西斯·格梅利·卡雷里，75
Carr, Dennis 丹尼斯·卡尔，125
Casas, Bartolomé de las 巴托洛梅·德拉斯·卡萨斯，47
Casta 卡斯塔：casta system 卡斯塔制度，181；casta paintings 卡斯塔绘画，161，164—167；fashion within the levels of 卡斯塔各个阶级的时尚，107；racial categories set out in 卡斯塔系统中的种族

区分，15，161—162，164；sumptuary law, coupling with 与卡斯塔系统同步推行的禁奢令，169，173—174
Cervantes de Salazar, Francisco 弗朗西斯科·塞万提斯·德·萨拉萨尔，132—133
Chang Pin-tsun 张彬村，71
Charles I, Princc of Wales 威尔士亲王查理一世，168
Charles II, King 查理二世，169
Charles V, King 查理五世，47，132
Chen Buyun 陈步云，106，170
Chen Jiru 陈继儒，117，156
Chen Zizhen 陈子贞，70
Chia, Lucille 贾晋珠，84，88
Chinese silk 中国丝绸：中国丝绸，1，5，9，43，84，91，115，126；Chinese images of silk raising 中国的丝织图像，56—58；global demand for 全球对于中国丝绸的需求，25，42，45，59，89—90，95；government policies on 官方针对中国丝绸的政策，32—34；New Spain and 中国丝绸与新西班牙，8，94，96—97，125；paintings, steps of production shown in 绘画中展现的中国丝织步骤，31；profit in trade of 买卖中国丝绸带来的利润，77—79；sericulture and agriculture treatises 蚕业与农业论著，34—42；silk growing as a family business 丝织作为家族产业，41，49；silver, merchants trading for 商人用银两换取中国丝绸，13，44，88；Yangzi lower region, raising silk in 江南的丝织业，28，40，42，44，46，111
Chinos (Chinese Indians)“中国人”（“中国印第安人”），127，128—129，165—166
Christianity: 基督教：clothing, non-Christians distinguished trough 基督徒与非基督徒的着装差异，162；New World, Christian influence in 基督教对于新世界的影响，15，128；phoenix, redesign of Christian symbol into 将基督教纹饰重新设计成凤凰，129—130
Clunas, Craig 柯律格，11，14，106，152，161
cochineal dye 胭脂虫红，50，56，126，131—136
Coclanis, Peter 彼得·科克兰尼斯，4
Codex Sierra Texupan《特乌巴法典》:《特乌巴法典》，25，48；Chinese images, comparing with 法典中与中国图像的比较，56—58；tithe payments for silk production 法典提到的为丝织业支付的什一税，50；visual look at sericulture 法典对蚕业的视觉呈现，51—56
colonialism 殖民主义：殖民主义，7，15，61，69，166；prohibition of silk apparel for colonials 殖民者的丝织服饰禁令，160；raw materials, colonies as sources of 殖民地出产的原材料，25—26；sericulture practice in colonies 殖民地的蚕业实践，10，31，47；silk importation to colonies 殖民地进口的丝绸，16，95
Commentaries of Master Zuo's Tradition (Zuo zhuan)《左传》，119—120
Confucianism 儒家：儒家，7，14，34，41，46，137，158，162；government profit, Confucian ideology on 儒家有关官府获利的观点，8，80；idealized Confucian society 理想化的儒家社会，57，61；mandatory needlework training for women 妇女必须接受的针线活训练，118；“men tilling and women weaving” social model “男耕女织”的社会模式，40；rank, hyperawareness of 对于阶层划分的高度重视，153，154；sericulture system and 儒家与蚕业系统，35，181；sumptuary laws and 儒家与禁奢令，147—149，155—156，174
Corcuera, Sebastián Hurtado de 塞巴斯蒂安·乌塔多·德·科尔克瓦拉，86—87
Corsuccio, Giovanni Andrea 乔万尼·安德烈·柯苏乔，28
Cortés, Hernán 埃尔南·柯尔特斯，49，132

G

Gage, Thomas 托马斯·盖奇，123—125，128
Galleons 大帆船，1，8，16，72—79，87，179
Gao Cai 高寀，83—84
Gao Gong 高拱，83
Gasch-Tomás, José Luis 何塞·路易斯·加施·托马斯，95
Gerritsen, Anne 何安娜，2，3，5，195
Gipouloux, François 吉浦罗，14
Giráldez, Arturo 阿图罗·吉拉德斯，3
Gomes Solis, Duarte 杜阿尔特·戈麦斯·索利斯，84
Cervantes, Gonzalo Gómez de 冈萨罗·戈麦斯·德·塞万提斯，133—134，136
González de Mendoza, Juan 胡安·冈萨雷斯·德·门多萨，91
Grand Ming Legislation (Daming Lü)《大明律》，157
Grau y Malfalcon, Juan 胡安·格劳·马尔法尔孔，97
Great Ritual Controversy 礼制之争，151
Gu Qiyuan 顾启元，111，157
Gu Yanwu 顾炎武，78，80，82

H

Hammers, Roslyn Lee 韩若兰，36
Han, Jing 韩婧，122
Hangzhou 杭州：city of 杭州城，33；Hangzhou silk robes 杭州丝袍，155；luxury life in 杭州城的奢华生活，159；silk textile operations 丝织业务，34，42—43
"Hatching Silkworm Eggs" poem《下蚕》，36—38
He Qiaoyuan 何乔远，42，70，77
He Yuming 何玉明，117—118
Hideyoshi, Toyotomi 丰臣秀吉，70
Historia de la conquista de la China por el Tartaro (Palafox y Mendoza)《鞑靼征服中国史》(帕拉福克斯·门多萨作)，91
Hong Wenke 洪文科，154
Hongzhi reign 弘治年间，114
Ho Ping-ti 何炳棣，84—85
Hucker, Charles 霍克，149
Humboldt, Alexander von 亚历山大·冯·洪堡，49，78，92，134—135
Hunt, Alan 阿兰·亨特，3
Hu Shi 胡侍，109
Huzhou region 湖州地区，110
Huzhou 湖州：silk 湖丝，77，155；silk floss, as known for 以丝线闻名，43；silkworm raising in 湖州养蚕，27，33，88

I

Ibarra, José de 何塞·德·伊巴拉，167
Illustrated Encyclopedia for the Convenience of the People (Bianmin tuzuan)《便民图纂》，23，35—36，46
indigenous communities 原住民社区：原住民社区，15，26，49，58，138，171；Casta paintings as portraying 描绘原住民社区的卡斯塔绘画，54，166；in codex documentation 法典中记录的原住民社区，23，25，51，52，57；dyeing practices of 原住民社区的染织，131，133—135；indigenous textile patterns 原住民的纺织纹样，126；mestizos, passing for 对梅斯蒂索的通融，163；red, cultural value of 红色的文化意义，137；in silk raising industry 原住民社区在丝织业中的意义，5，47—48，56，59—60，95，98，158—159；silkworm cultivation and 养蚕与原住民社区，31，50；sumptuary laws superadded to 在原住民社区中增设禁奢令，160，162；tax collection system, incorporating into 将原住民社区纳入税收系统，48，61；wearing of silk by 原住民社区的丝绸穿戴，92，125，127，167—168
insects 昆虫：昆虫，31，48；economic value of 昆虫的经济价值，60；insect dyes

昆虫染料，121，131—137；shipping, insect damage during 运输过程中的虫蛀，76

J

Japan 日本：日本，31，67，145；Cipango, otherwise known as 又名“西邦戈”，128；Japanese brocade, popularity of 日本锦缎的流行，115；Japanese satin 日本绸缎，43；localized silk production 本土化的丝织业，25；Mexico and 墨西哥与日本，179；silk textile transports to 运输到日本的丝织品，73；smuggling activity in 日本的走私活动，69—70
Jiajing Emperor (Shizong) 嘉靖皇帝（明世宗），33，71，108—109，151
Jia Yi 贾谊，108
Julien, Stanislas Aignan 儒莲，31

K

Karras, Alan 艾伦・卡拉斯，97
kermes (insect dye) 绛蚧（昆虫染料），121，132，136
Ko, Dorothy 高彦颐，118
Korea 韩国，70，83，114，138，155
kuzhe garments 袴褶，114

L

Lam, Joseph 林萃青，33
Lavezaris, Guido de 吉多・德・拉韦扎里斯，72
Lee, Raymond 雷蒙德・李，135
Lemire, Beverly 贝弗利・勒米尔，6，17，106，126，129—130
Liang Fangzhong 梁方仲，85
Li Dongyang 李东阳，172
Li Le 李乐，118
Lin Daoqian 林道乾，72
Lin Feng 林凤，72
Liu Jian 刘健，172
Liu Yaohui 刘尧诲，72
Li Yu 李渔，112
local protectionism 地方保护主义，19，96，169—170
Longqing Emperor (Muzong) 隆庆皇帝（明穆宗），67，82，83
López de Legazpi, Miguel de 米格尔・德・洛佩兹・德・莱加斯皮，73
Lu Ji 陆楫，158
Lü Jing 吕经，36
Lü Kun 吕坤，156，172—173
Luo Furen 罗复仁，172
Lu Rong 陆容，114
luxury 奢侈品：奢侈品，71，85，95，116，123，146，151；of altar decorations 奢华的祭坛装饰，55；brocade as a luxury item 奢侈的锦缎，76，112，119，159；desire for luxuriousness 对于奢华的向往，18，180；growing development of 奢侈品的发展，10，13，125，155—157，168；luxury textiles 奢华织物，11，80，89，107，113，169；silk as a luxury good 作为奢侈品的丝绸，76，124，163；sumptuary regulations on luxury apparel 针对奢华服饰的禁奢令，145，160，162—163，170，173
Luzon, port of 吕宋港，68，72，77—78，81

M

Manila 马尼拉：马尼拉，7，92，99，180；Manila galleons 马尼拉大帆船，1，8，16，72—79，87，179；Manila shawls 马尼拉披肩，127；Ming China and 明代中国与马尼拉，68，85—88；Spanish restrictions on Manila trade 西班牙针对马尼拉贸易的禁令，93—98；as a trade hub 作为贸易中心，59，91，124，166，182；transpacific migration from 从马尼拉出发的跨太平洋移民，12，128
Manrique de Zúñiga, Alvaro 阿尔瓦罗・曼里克・德・祖尼加，97
Mantovano Guidiciolo, Levantio da 莱万乔・达・曼托瓦诺・圭迪奇奥罗，28
Marin, Francisco 弗朗西斯科・马林，50
Marin brothers 马林兄弟，48

N

时尚，106，123—126；history of 历史，14—16；luxury consumption in 奢侈消费，18，168；Manila galleon arrivals 马尼拉大帆船抵达，1，76，79；migration of Chinese to 中国人移民，68，128，182；mulberry trees in 桑树，47—48，59，61；sericulture practice 蚕业实践，2，10，18，26，49，50，57，60；silk trade 丝绸贸易，9，12，58，89—93，129，180；social order, emphasis on 对于社会秩序的重视，137，162—163，166
Ngan, Quincy 颜亦谦，35
Northern Wei dynasty 北魏，121
Nuestra Senora de la Concepcion (galleon) 圣母无染原罪号（大帆船），87

O

Oaxaca 瓦哈卡：Oaxaca region 瓦哈卡地区，5，28，59；cochineal industry in 瓦哈卡地区的胭脂红产业，133，135；Cortés Marquess of the Oaxaca Valley 瓦哈卡山谷侯爵柯尔特斯，49，132；Oaxaca silk viewed as inferior 瓦哈卡丝绸被视为次品，124；present-day silk production in 瓦哈卡地区今日的丝绸生产，182；sericulture development in 瓦哈卡地区的蚕业发展，50—51
O'Brien, Patrick 帕特里克·奥布莱恩，4
Origins of the Modern World (Marks)《现代世界的起源》(马克斯著)，6
O'Rourke, Kevin H. 凯文·欧鲁尔克，3
Orsúa y Vela, Arzáns de 阿尔赞斯·德·奥尔赛·维拉，124

P

Painting of Xu Xianqing's Resume Official (Xu Xianqing huanji tu)《徐显卿宦迹图》，120
Palafox y Mendoza, Juan de 胡安·德·帕拉福克斯·门多萨，91
pancada (job lot) system "整批交易法"制度，78
Parián market 巴里安市场，73，128
Parsons, Timothy 蒂莫西·帕森斯，82
Peraza, Luis de 路易斯·德·佩拉萨，160
Peru 秘鲁：Asian imports into 亚洲对秘鲁的出口，94；fashion in 秘鲁的时尚，124—125，163；silk textiles, flooding Peruvian market with 秘鲁市场充斥着丝织品，76—77
Philip II, King of Spain 西班牙国王费利佩二世，16，67，72，89，92—95，161
Philip III, King of Spain 西班牙国王费利佩三世，160
Philip IV, King of Spain 西班牙国王费利佩四世，87，97，161—162，169，171
Philippines 菲律宾：菲律宾，67，92，125—126；china poblana associated with "中国姑娘"与菲律宾的关系，127—128；Chinese merchants, poor treatment in 对中国商人的不公待遇，87—88；independent course in silk trade 丝绸贸易的独立进程，97，181；Luzon, also known as 又名"吕宋"，68，72，77—78，81；*The Philippine Islands 1493–1803* 1493—1803 年的菲律宾群岛，16；smuggling activity in 菲律宾的走私活动，68，71；Spanish and Chinese names for 中文与西班牙语中的菲律宾，182；sumptuary laws in 菲律宾的禁奢令，95，169
Philosophical Transactions for 1668 1668 年哲学学报，136
Pictures of Tilling and Weaving (Gengzhi tu)《耕织图》，26，35，38，41，56，61，117
Plum in the Golden Vase (Jin ping mei)《金瓶梅》，119—120
Portocarrero, León de 莱昂·德·波托卡雷罗，77
Portugal 葡萄牙，10，67，94，96，169
Potosí silver mining 波托西银矿开采，77—78，86
Puebla 普埃布拉：city of 普埃布拉城，51，

128；cochineal production in 普埃布拉的胭脂红生产，136；as a silk textile center 普埃布拉作为丝织中心，47，55；silk weaving, as known for 以丝织闻名，58

Q

Qing 清：dynasty 清代，14，42，84；abundant consumption in 清代的大量消费，12；color and dye 色彩与染料，122；private sector trade during 清代的私营贸易，78，82
Qing fashion 清代的时尚，106，112，115，118
Qiu Ying 仇英，85，120
Quan Hansheng 全汉昇，94
Quanzhou 泉州：port city 港口城市泉州，32，70，72；silk weaving, known for 以丝织闻名，44；*woduan*, popularity of textile in 倭缎在泉州的流行，115；Zhangzhou, competing with 泉州与漳州的竞争，182
Quiroge y Moya, Antonio de 安东尼奥·德·奇洛盖·莫亚，87

R

raw silk 生丝，1—2，17—18，26，28—31，44—45，48，51—52，54—57，58—60，76，79—80，84，88，90—91，96，105，107—108，120—122，126，130—137，163，166，169，180—181
Reports on the history, organization, and status of various Catholic dioceses of New Spain and Peru《关于新西班牙和秘鲁各天主教教区的历史、组织和地位的报告》，133
Requel, Hernando 赫尔南多·雷克尔，73
"Request to Life the Foreign Ban" (Fu)《开洋禁疏》(傅元初撰)，79—80
Riello, Giorgio 乔吉奥·列略，4，6，106
Rodríguez Cermeño, Sebastián 塞巴斯蒂安·罗德里格斯·塞尔梅尼奥，58
Rodríguez de Campomanes y Pérez, Pedro 佩德罗·罗德里格兹·德·坎波马内斯·佩雷兹，169
Rogers, Woodes 伍德斯·罗杰斯，163
Root, Regina 雷吉娜·鲁特，106
Rublack, Ulinka 乌林卡·鲁布拉克，146

S

safflower 红花，121—122
Salazar, Gonzalo de 贡萨洛·德·萨拉查，58
Sangley peoples 常来人，72，87，88，128
Santacilia, Jorge Juan y 乔治·胡安·圣塔西利亚，163—164
satin 绸缎，43，50，55，76，113，119，153，155
Scenery from the Prosperous Southern Capital (Nandu fanhui tu)《南都繁会图》，85，109
Schäfer, Dagmar 薛凤，33
Schlesinger, Jonathan 谢健，12
Schottenhammer, Angela 萧婷，14
Schroer, Haley 海利·施罗尔，166
Schurz, William 威廉·苏尔兹，8
Screech, Timon 泰门·斯克里奇，107
Sempere y Guarino, Juan 胡安·森佩雷·瓜里诺，169，170
sericulture 蚕业：蚕业，79，127，155，182；commercialization of 蚕业的商业化，58—59，61；Confucian idealization of 儒家理想中的蚕业，181；decline of 蚕业的衰落，88—89，95；environmental factors 环境因素，11，23，26—31；government involvement in 官方参与蚕业，10，23，25，32，60，135；in New Spain 新西班牙的蚕业，18，46—51，133；parallel development of 蚕业的并行发展，2，4—5；popular fiction depicting 描写蚕业的流行小说，43—44；visual culture of 蚕业的视觉文化，34—41，51—58，151
Shen Changqing 沈长卿，112

Shen Defu 沈德符，154
Sheng, Angela 盛余韵，115
Shen's Book on Agriculture (Shenshi nongshu)《沈氏农书》, 44—45
Shi Han 石瀚，158
Silberstein, Rachel 苏瑞丽，106—107，109，113
silk experts 丝绸专家，23，25，28，48，52，59，80，166
silk fashion 丝绸时尚：丝绸时尚，2，17，106，108，123，136，181；environment, effect on 对于环境的影响，18，23；global desire for 全球对丝绸时尚的追求，1，5，105，146，173，180；for ordinary people 普通人的丝绸时尚，110，113，117，124，137；restrictions on 对丝绸时尚的限制，149，156—157，160，161—163；silk dresses 丝绸服饰，9—11，112，119—120，127
silk guilds 丝绸商会，31，58，94，125
Silk Road 丝绸之路，1，6，9，32，69，95
silk textiles 丝织品：丝织品，2，47，55—56，77，116，147，152；demand for 对丝织品的需求，3，10，11，18，145；indigenization of commodity 丝织商品本土化，25；ordinary people, using and purchasing 普通人使用、购买丝织品，136，150；place of production, importance of 产地的重要性，5，55，76，96，122，170；social status of 丝制品的社会地位，109，153，154；white silk 白丝，1，76，90，122，126
silk trade 丝绸贸易：丝绸贸易，1，16，19，73，159，182；commercialization of industry 贸易产业的商业化，58—59，116；empowerment through the silk trade 通过丝绸贸易强化权力，11，18，29，158；as a global network 丝绸贸易的全球网络，6，9—10，16，87，105，173，179；Ming China, influences on 对明代中国的影响，79—89；silk sales 丝绸交易，52—54；tax obligations on 丝绸贸易中的纳税义务，13
silk weaving 丝织：in New Spain 新西班牙的丝织业，9，12，58，129；silk reeling 缫丝，10，23，29，34，38，40，44，52，182；silk thread 丝线，29，35，48，51，54，126；silk yarn 丝缕，1，43，45，59，77，90，95—96；as an urban enterprise 丝织业为城市企业，25，26；woodblock prints, depicting in 描绘丝织的版画，46
silk workers 丝工，7，10，23，25，29，34—36，42—44，57，60—61，89，115，126，180
Silkworm and Mulberry (Cansang tu)《蚕桑图》, 35
silkworms 蚕虫：蚕虫，10，25，40，134，180，182；the arts as portraying 描绘蚕虫的艺术作品，35—38，43—44；Chinese growing of 中国的养蚕，32；Codex documentation on 法典中对于蚕虫的记载，52，54，56；cultivation process 培养过程，26—28；New Spain cultivation 新西班牙的蚕虫培养，31，49，50，59；in sericulture process 养蚕过程，26—27；silk raising as a community-based activity 养蚕作为社区活动，133；white mulberry-fed silkworms 白桑蚕，29，48，60
silver 银：the Americas, silver exports from 从美洲出口的银两，7，9，68，73，94，136；apparel, incorporating into 将银融入服装，124，153，160—161；Chinese markets, purchasing power of silver in 中国市场的白银购买力，89；Codex mentions of 法典中提及的银两，52；Manila trade as lacking in 马尼拉贸易缺少银两，87—88；as a medium of exchange 白银作为交易媒介，16，72，84—85；monetization and urbanization of 白银的货币化和城市化，109；Potosí silver mining 波托西银矿开采，77—78，86；silk textile bolts, worth in silver 用白银衡量丝

绸价格，44—45；sliver outflow, Spanish attempts to prevent 西班牙试图阻止白银外流，98；silver thread, use in embroidery 用于刺绣的丝线，166；sumptuary laws regarding 针对白银的禁奢令，162；taxes and 白银与税款，13，34，77，80—81
Simmel, Georg 乔治·西梅尔，116
Single Whip Reform 一条鞭法，13，89
Slack, Edward 爱德华·斯莱克，128，166
Small Knowledge of the Principle of Things (Wuli xiaoshi)《物理小识》，122
Smith, Pamela 帕梅拉·史密斯，12
smuggling 走私：走私，68，71，79，83，99；as an international practice 作为国际惯例的走私，18，69，98；as a persistent issue 走私作为持续存在的问题，180；pirates 海盗，14，69，72，75，80，127，170；silk smuggling 走私丝绸，71，94；*tongfan*, smuggling cases known as "通番"（走私案的通称），70
So, Alvin 苏耀昌，46
Song Dun 宋敦，110
Song 宋：dynasty 宋代，158；Fujian, prominence during 宋代福建的繁荣，44；Quanzhou as a leading center of 泉州作为宋代的主要中心，70；Southern Song 南宋，14，32
Song Yingxing 宋应星，27，29，31，34，115，121，122
Spanish 西班牙：Empire 西班牙帝国，6，8，58，61，91，124，129；Asian goods, threatened by 受亚洲货物的威胁，99，170；casta system of 西班牙帝国的卡斯塔制度，161—167，169；chest system, establishment of 钱箱制度的创立，50—51；Chinese silk, Spanish consumption of 西班牙消费中国丝绸，1，125；Manila trade, restrictions on 对于马尼拉贸易的限制，93—98；Maria Anna as Princess of Spain 西班牙公主玛丽亚·安娜，168；New Spain, establishment of 新西班牙的建立，14—16；Philippines and 西班牙帝国与菲律宾，67—68，71—73；protectionism, Spanish regulations motivated by 西班牙的管制受保护主义的驱使，19，96；Spanish dollar used by Chinese traders 中国商人使用的西班牙货币，125；sponsorship of silk industry 对丝织业的赞助，47—48，59；sumptuary regulations in Spain 西班牙禁奢令，160—161；transpacific trade and 西班牙帝国与跨太平洋贸易，18，68，179，181
Spate, O. H. K. 斯贝特，8
Study of the East and West Oceans (Dong Xi yang kao)《东西洋考》，72
Subrahmanyam, Sanjay 桑杰·苏布拉曼扬，4，179
Sugiura, Miki 杉浦三木，11
sumptuary laws 禁奢令：禁奢令，13，18—19，98，138，149，151—152，169—173，181；in Ming China 明代中国的禁奢令，146，148—149，150，152，160—161，172，174；in New Spain 新西班牙的禁奢令，145，147，159—164，171，174；scholar complaints, responding to 对于文人学者抱怨的回应，157；violations of 违反禁奢令，150，155—156
Sun Ai 孙艾，35
Suzhou 苏州：region 苏州地区，36，118；Canton, competing with 与广州竞争，34，84，182；fashion trends in 苏州地区的时尚潮流，109，110；luxury life of 苏州地区的奢华生活，156，159；sericulture decline 蚕业衰落，88—89；silk production, as a center of 苏州作为丝绸生产中心，33，43，113

T

Table of Marriage Destinies that will bring Society to Its Sense (Xingshi yinyuan zhuan)《醒世姻缘传》，155
Tang 唐：dynasty 唐代，32，45；safflower dyeing developed during 源于唐代的红

花染色，121；“Tang dynasty scarf”“唐巾”，111，117；Tang dynasty style 唐代风格，106，111，148—149
taxation 赋税，16，48，54，61，66，68，79—85，98，109，173
Terraciano, Kevin 凯文·特拉恰诺，51
Thomas, Matthew 马修·托马斯，125
Tian Yiheng 田艺衡，112
Tortora, Phyllis 菲利斯·托尔托拉，110
tributary system 朝贡体系，7，69—70，98，181
Turner, Terence 特伦斯·特纳，11

U

Ulloa, Antonio de 安东尼奥·德·乌略亚，163—164
Unofficial Gleanings of the Wanli Era (Wanli yehuo bian)《万历野获编》，154
Urdaneta, Andrés de 安德烈·德·乌尔达内塔，73

V

Valle-Arizpe, Artemio de 阿特米奥·德·瓦勒-阿里斯佩，124
Veblen, Thorstein 托尔斯坦·凡勃仑，115—116
Velasco, Luís de 路易斯·德·贝拉斯科，67
velvet 丝绒，50，55，76，84，89，95，115，124，163
Vetancurt, Agustin de 阿古斯丁·德·维坦库特，168
Vietnam 越南，25，27，28，138
Vocabulario de la Lengua Chio Chiu (Spanish-Chinese dictionary)《潮州语词汇》(西汉词典)，91
von Glahn, Richard 万志英，81

W

Waltner, Ann 王安，41
Wang, Lianming 王廉明，127
Wang Hong 王宏，157
Wang Shizhen 王世贞，114
Wang Zhideng 王稺登，44
Wanli reign 万历年间，36，42，78，80，112，118，154，157
Wanli Emperor 万历皇帝，83—84
“Warp and Weft Threads” (poem)《经纬》，38，39
Watt, Gary 加里·瓦特，146
Wen Chun 温纯，158
Wen Zhengming 文徵明，158
Wickham, Chris 克里斯·威克汉姆，4
Williamson, Jeffrey 杰弗里·威廉森，3
woduan brocade 倭缎，115
Wong, R. Bin 王国斌，80
Wu region 吴地，38，113，119，159
Wu Renshu 巫仁恕，106，118
Wu Yue 吴越，120
Wu Zhenfang 吴震方，82

X

Xu Bo 徐勃，85
Xu Fan 徐蕃，112
Xu Xian 徐咸，156—157
Xu Xianqing 徐显卿，120
Xu Yikui 徐一夔，42
Xu Zemin 徐泽民，67

Y

Ye Mengzhu 叶梦珠，120
yesa robes 曳撒袍，114
Ye Xian’en 叶显恩，84
Yongle Emperor (Chengzu) 永乐皇帝（明成祖），13
Yuan dynasty 元代，12，32—33，70，114—115，148
Yuan Hongdao 袁宏道，110—111
Yuan Zujie 原祖杰，149，172
Yuegang, port of 月港，68，72
Yue region 越地，159
Yu Ren 余壬，120

Z

Zhang Han 张瀚，153

守 望 思 想　逐 光 启 航

LUMINAIRE
光启

尤物：太平洋的丝绸全球史

段晓琳 著

柴梦原 译

责 任 编 辑　肖　峰
营 销 编 辑　池　淼　赵宇迪
装 帧 设 计　甘信宇
示意图改绘　翁　一

出版：上海光启书局有限公司
地址：上海市闵行区号景路 159 弄 C 座 2 楼 201 室　201101
发行：上海人民出版社发行中心
印刷：上海雅昌艺术印刷有限公司
制版：南京展望文化发展有限公司

开本：890mm×1240mm　1/32
印张：9.375　字数：202,000　插页：2
2024 年 7 月第 1 版　2024 年 7 月第 1 次印刷
定价：89.00 元
ISBN: 978-7-5452-2002-5 / T · 3

图书在版编目 (CIP) 数据

尤物：太平洋的丝绸全球史 / 段晓琳著；柴梦原译 . —上海：光启书局，2024
书名原文 : An Object of Seduction: Chinese Silk in the Early Modern Transpacific Trade, 1500-1700
ISBN 978-7-5452-2002-5

Ⅰ. ①尤…　Ⅱ. ①段…　②柴…　Ⅲ. ①丝绸－文化史－历史　Ⅳ. ① TS14-091

中国国家版本馆 CIP 数据核字（2024）第 059322 号

An Object of Seduction:
Chinese Silk in the Early Modern Transpacific Trade, 1500–1700
by Xiaolin Duan

Simplified Chinese translation published by arrangement with the Rowman & Littlefield Publishing Group
through the Chinese Connection Agency, a division of Beijing XinGuangCanLan ShuKan Distribution Company Ltd., a.k.a Sino-Star